U0434683

建筑设计与模型制作

用模型推进设计的指导手册

MAKING MODELS AND ARCHITECTURAL DESIGN

A GUIDE TO IMPROVE YOUR DESIGN METHOD

黄源　著

中国建筑工业出版社

图书在版编目（CIP）数据

建筑设计与模型制作　用模型推进设计的指导手册/黄源著.—北京：中国建筑工业出版社，2009(2024.7重印)
ISBN 978-7-112-10667-7

Ⅰ.建…　Ⅱ.黄…　Ⅲ.①模型（建筑）—设计—手册②模型（建筑）—制作—手册Ⅳ.TU205—62

中国版本图书馆CIP数据核字（2009）第008422号

责任编辑：唐　旭
责任设计：董建平
责任校对：兰曼利　孟楠

建筑设计与模型制作
用模型推进设计的指导手册
黄源　著
*
中国建筑工业出版社出版、发行（北京西郊百万庄）
名地新华书店、建筑书店经销
北京图文天地制版印刷有限公司制版
建工社（河北）印刷有限公司印刷
*
开本：880×1230毫米　1/16　印张：$16\frac{3}{4}$　字数：532千字
2009年2月第一版　2024年7月第十五次印刷
定价：79.00元
ISBN 978-7-112-10667-7
(43195)

内容简介

本书的读者群为国内理工科大学和艺术院校建筑学专业、环境艺术专业的学生。模型制作在建筑设计教学中的作用近年来日益受到重视，学生亟需不同设计阶段制作模型、拍摄模型的方法。本书特点如下：

1）简明实用、针对性强

作者熟悉建筑专业本科教学，按步骤编写模型制作工艺，介绍最为实用的材料和工具，让初学者易学易用，而较为复杂的制作工艺也均以形象的图解进行直观的说明。

2）充分结合设计课程

本书充分结合设计课程的各个阶段，以大量教学案例讲解不同阶段所需模型的制作过程、制作精度要求、比例要求和所需材料工具，而不是把模型材料、制作工具笼统、简单地罗列。事实上，不同设计阶段做模型的方式是很不同的。随着设计进程会制作数个模型，学生需要在这个过程中逐步了解不同的材料的加工制作方法。本书的重点就是在构思、深入设计和完成阶段的多种模型制作方法。

3）叙述思路清晰、分步骤图解易于学生掌握

读图是设计和艺术类专业学生的阅读特点，本书精心编排了约900张图片，对每种模型的制作目的和步骤进行详细说明。大量照片和图解让阅读和学习富有趣味、形象直观。所选择的模型实例均有较高的设计水平，让读者在学习模型制作的同时，获得灵感的激发和审美的愉悦，对学生设计能力的培养、审美能力的提高大有裨益。

4）数字化设计与数控加工模型技术的结合

本书的第7章不仅仅介绍了目前已经较为常用的数控雕刻机制作模型的方法，还对当今重要的数字化设计浪潮进行了介绍与展望，意在启发学生自觉开发先进工具的潜力，在设计过程中引入新的思维方式，创造出崭新的结构形式与空间形态。

5）详尽而实用的模型摄影技术章节

本书中包含了较为详尽而实用的模型摄影技术章节，这对于学生而言是非常重要的，因为在制作方案展板、作品集、电子幻灯片演示文件（ppt文件）等重要的环节，高质量的模型照片都是基础素材。本书兼顾了在一般条件下和较为专业条件下的模型摄影技术，图文并茂。

6）扩展的模型赏析章节

本书最后一章刊登了国内外其他院校的学生模型，以及数个知名建筑设计事务所的模型，在扩展本书视野的同时，提示年轻的读者应该注意到，在实际设计工作中，建筑模型在推敲方案、推进设计方面仍然起到非常重要的作用。

目 录

实体模型（Physical Model）的总体感和栩栩如生使它成为高效的设计工具和表现工具。

1. 导言：用模型构思、用模型推敲、用模型研究、用模型表现

建筑设计是一门复杂而综合性很强的学科，与设计相关的诸多因素需要转化体现在设计成果的物质形态中，也就是说，建筑师需要把功能、造价、建筑技术因素、建造过程、气候适应性、地形特征、城市文脉、文化习俗等因素与最终的建筑形式关联起来。建筑师在此过程中是协调人的角色，协调相关的人、物与事（过程）；建筑师同时又非常关心最终的建筑形式。建筑形式在实体与空间两方面都需要体现建筑的艺术性。因此，建筑师必须是处理三维形体与空间感的专家，而设计过程所使用的设计工具也应该更为有效地帮助建筑师进行三维视觉判断。

本书主要面向建筑设计专业的学生编写，因此，重点关注学生在学习和研究阶段的设计和表现工具问题，着力推荐使用三维实体模型的方法。

本书所关注的建筑模型正是一种被广泛而长期使用的三维设计工具。本书所建议的设计模式通常是在设计构思初期就使用三维实体草模，辅之以二维纸面概念草图。随着设计过程的深入，更多因素被考虑进来以后，需要更为准确而详尽的图纸，此时，绘图工作可以转化为计算机辅助制图，而同时需要再制作更为准确而详尽的实体工作模型，深入推敲研究之后，设计成果被建筑师或专门的模型公司制作成精细的模型用于向甲方、公众展示设计方案，这被称为成果（展示）模型。这些模型可以从各角度观察判断，比较直观、全面。一些复杂的设计可能需要在之后的施工图设计阶段借助计算机建模与模拟分析软件研究结构、室内声环境、光环境、热环境甚至施工过程、设备安装工艺等复杂的技术问题。这个阶段，专业化的实体模型也可以发挥作用，比如，有用于风洞与地震模拟实验的实体结构模型，用于声学测试的剧场内部空间模型、用于测试制作与装配过程的足尺构件模型，这些模型专业化程度很高，学生在校学习阶段接触得很少。

本书中使用的安全标识，提请模型制作者注意！

使用切割垫

小心伤手

保持良好照明

佩戴防护眼镜

防止腐蚀

厚度限制3mm

厚度限制5mm

厚度限制50mm

禁止猛推

注意防火

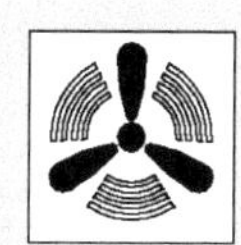
注意通风

用模型构思、用模型推敲、用模型研究、用模型表现是本书的主线。作者希望将实体模型这种三维设计工具在整个设计过程中运用，而不是仅仅在成果表现阶段发挥作用。概念草模、工作（研究）模型和成果模型是本书涉及的三类模型，这里关于成果模型的制作是配合建筑学专业学生在本科学习阶段编写的，与模型公司的制作目标和方式有所不同，模型公司的选材和制作方式需要建筑学专业学生有选择、有甄别的借鉴。本书第6章对于复杂模型制作技术的讨论目的在于帮助学生开拓设计思路，体验多种复杂形态的造型规律。脱离合理设计目的而进行的复杂形式探究不在本书讨论范围内，本书也未涉及立体构成乃至装置艺术。

需要指出，本书虽着力推介实体模型的方法，但并不否定其他设计和表现工具。借助计算机软件制作的各种表现图在成果展示方面也可以起到一定作用，相比之下，人视点高度的表现图使人有较强的现场感，帮助观者体会、理解设计的三维形态、空间感以及材料质感，而模型由于尺度较小，俯视角度不容易让人得到人视点高度的视觉体验，且由于制作工艺

图1.1

图1.2

的局限，不容易很真切地表现建材真实质感和颜色。二维图纸和三维实体模型在表达设计成果方面各有优势，而动画、虚拟现实等手段也是近年来日益流行的表现方式。实体模型、二维纸面绘图以及计算机虚拟空间中的绘图和建模都是最常用的设计手段，这些设计工具应该在设计的不同阶段、根据不同的表现意图相互补充进行使用。

阅读本书的读者可以发现，作者强调手工制作模型，直观进行多角度观察、判断和修改，目的其一在于训练学生手、眼、脑的协作能力，其二则是为了在设计中更多的融入设计者的直觉。唯有手的直接接触、眼的随时多角度观看以及大脑对于三维形态与空间关系的不间断比较与揣摩，才能将设计师的直觉与感受最大限度的调动起来。保持设计成果与人的直接联系是作者所坚持的设计观。在设计之初就使用计算机建模或者借助诸如参数化建模软件生成复杂造型的做法本质上是推崇并依赖理性计算，面对将设计问题转译、转化多次而产生的高度复杂、重复、渐变、扭曲的虚拟形态，人类的感觉、情绪和直接切入关键问题的追求不应变得黯淡无光。本书在第7章以实例展现数字化设计工具与手工感觉相结合的实验，自然物象、人脑物象与计算理性物象三者关系也将有所讨论。

本书第8章详细介绍了建筑模型摄影，优质的模型照片在成果展示、设计文本编辑、学生作品集编辑方面有着重要作用，但国内相关课程和书籍却非常少。作者希望在有限的篇幅中兼顾一般条件下和较为专业

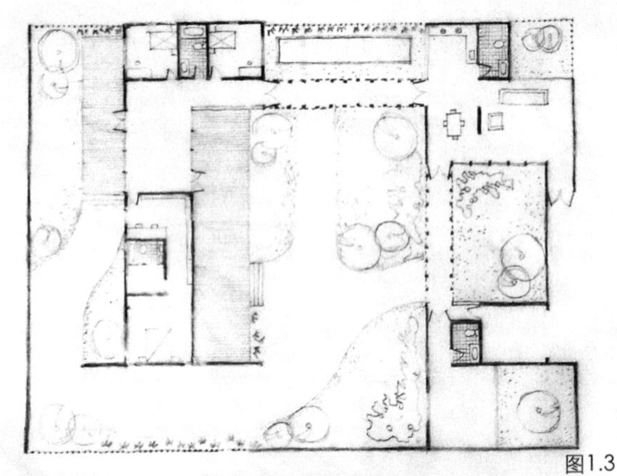
图1.3

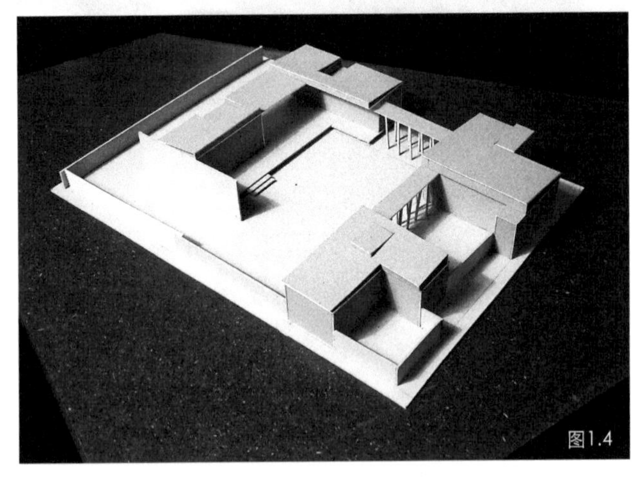
图1.4

图1.1 城市地段中的私人住宅设计草模，1:200。在首轮设计中，学生常常只关注房屋主体自身，而容易忽视对场地和院落的组织，建筑单体被孤立地放置在地块上。

图1.2 私人住宅设计草模（第二轮），1:200。院落关系和多重室内外空间转换开始引入设计。

图1.3 同步利用1:100平面图进行功能关系、空间关系推敲。

图1.4 工作模型深入研究室内外空间关系，1:100。

图1.5 城市私人住宅成果模型，1:50。

图1.6 城市私人住宅成果模型，1:50。将室内空间与室外院落在统一网格体系中，同质化地进行组织。

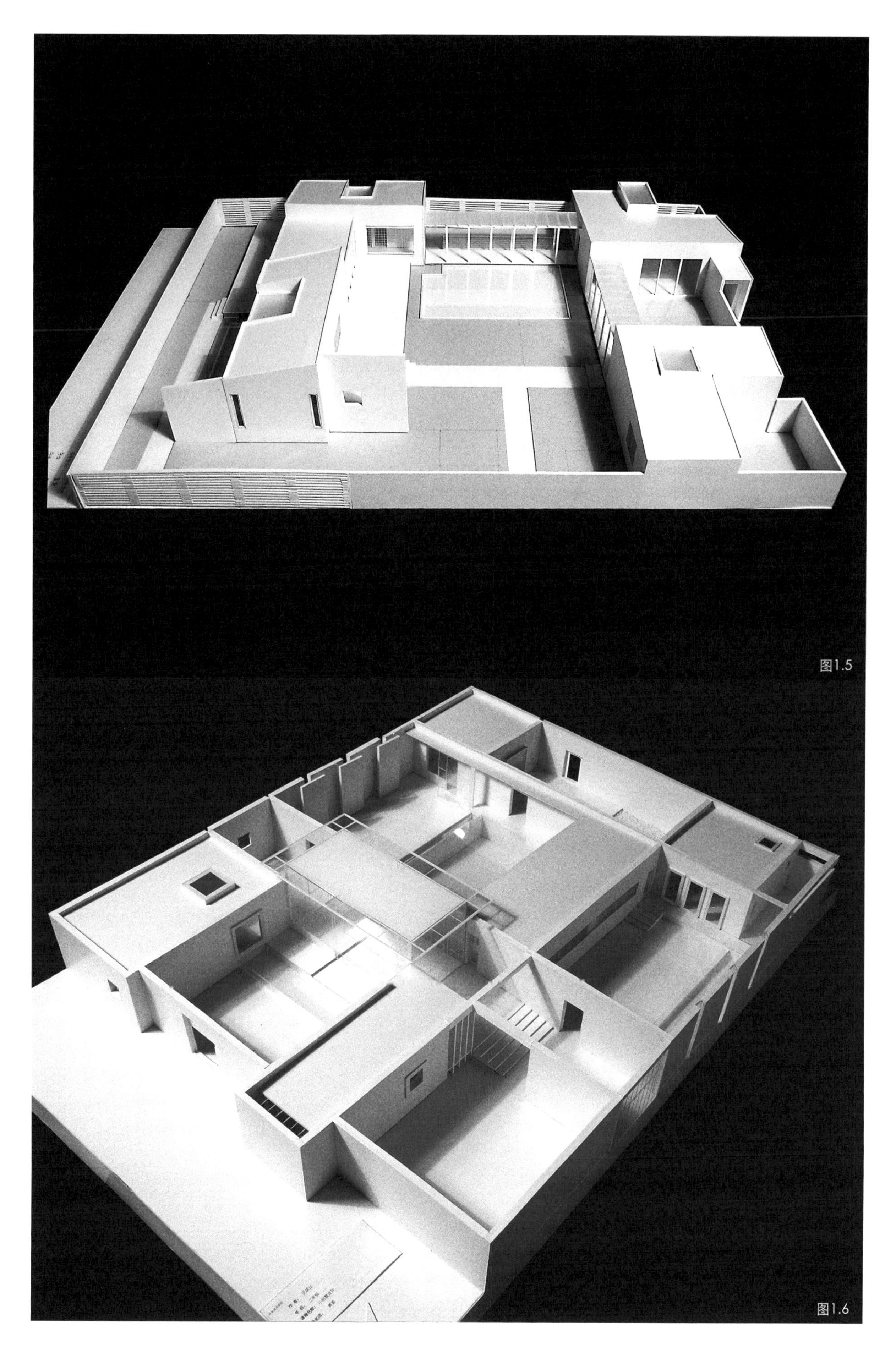

图1.5

图1.6

条件下的模型摄影技术，提供给读者实用、有效的模型拍摄方法，将模型制作的过程与成果更方便地保存与利用。有趣的是，读者将会发现，制作模型时的观察角度、参观体验真实建筑时的拍摄角度与模型摄影时的构图角度有着深刻联系。事实上，建筑师在设计时需要借助模型和图纸一幕幕地在头脑中生成建筑实

图1.7、图1.8 对建筑名作进行模型研究，制作剖切模型，展现内部空间关系。
图1.9 研究桥梁结构的纸质模型，1:50，桥梁实际跨度为50m。
图1.10 模型不仅仅作为造型研究工具，也可以是直接进行功能测试的工具。图中，纸质桥梁正在接受破坏性荷载实验。

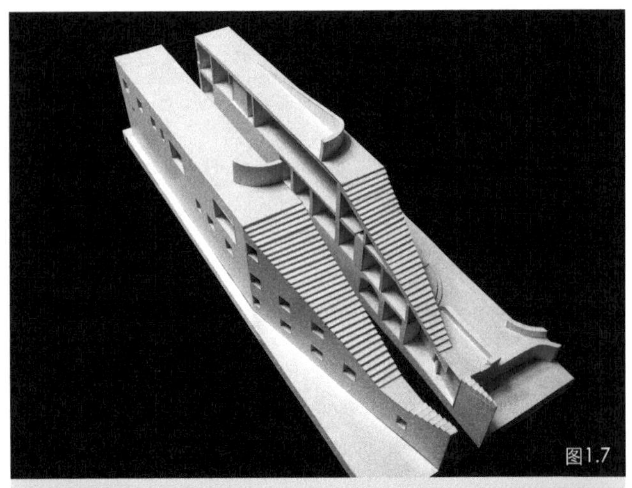
图1.7

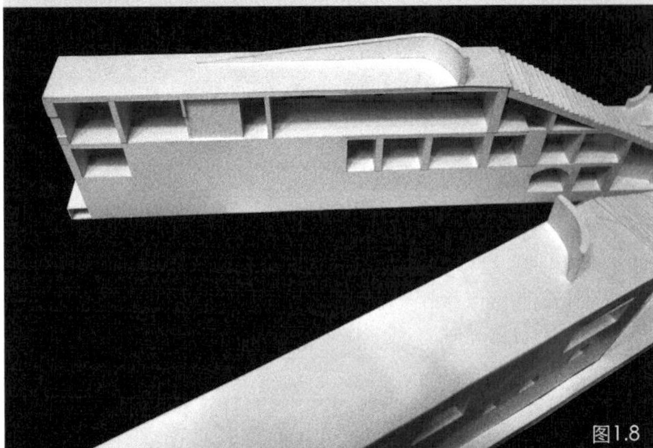
图1.8

图1.9

图1.10

图1.11

体与空间影像，将自己融入建筑的幻象中。做模型是为了作出好的设计，而一旦设计出一个好建筑之后，要选择一个好的角度、构图和光影效果拍摄模型也就不是难事了。

与建筑设计和模型制作相关的知识、技巧庞杂繁多，新的认识和技术还在不断涌现，本书不是一本大而全的资料集，重点在于通过与教学过程紧密联系的实例，以点带面地使建筑学专业学生认识到“设计结合模型”的潜力，以及三维视觉判断的重要性。对本书读者，我要说：“动手做模型吧，每个设计阶段都做，在手中旋转、揣摩、把玩你的模型，然后，修改它。”

图1.11～图1.13 “头宅”设计课题模型。仅能容纳人体头部的空间体验容器设计。内部空间形态以及光环境塑造是课题关注重点。一般建筑课题的模型制作很难让设计者直观体验内部视觉效果，没有经验的设计者常常忽视建筑内部空间的真实感受。本课题尝试进行设计思维转换，强调由内而外的思考方式。该模型由国画专业选修课学生设计制作，其“非建筑”视角恰恰能提供一些新意。

图1.14 葡萄牙建筑师阿尔瓦罗·西扎设计的一个私人别墅。

图1.15 收集上述别墅图纸资料和实景照片，制作该别墅的建筑模型，研究并学习其空间组织方法、立面与体量处理方式。模型材料为易于切割且不易受潮变形的PVC板材。

图1.12 图1.13 图1.14 图1.15

2. 材料、工具与工作场所

2.1 制作概念模型的常用材料和工具

2.1.1 体量关系草模

图2.1 方案设计与推敲过程中需要制作多个概念模型

在建筑方案的设计初期，常常需要在把握主要设计因素和针对主要问题的基础上快速制作概念模型。而制作概括简要的体量模型是研究建筑体量与周边环境关系、建筑自身体量关系的重要手段(图2.1)。

图2.2是常用的制作体量关系模型的材料，包括高密度的聚苯板、瓦楞纸板、PVC板、卡纸板、KT板（由聚苯乙烯PS颗粒经过发泡生成板芯，经过表面覆膜压合而成的一种新型材料，广泛用于广告展示）等。这些板材用裁纸刀或电热丝切割器可以很容易地制成所

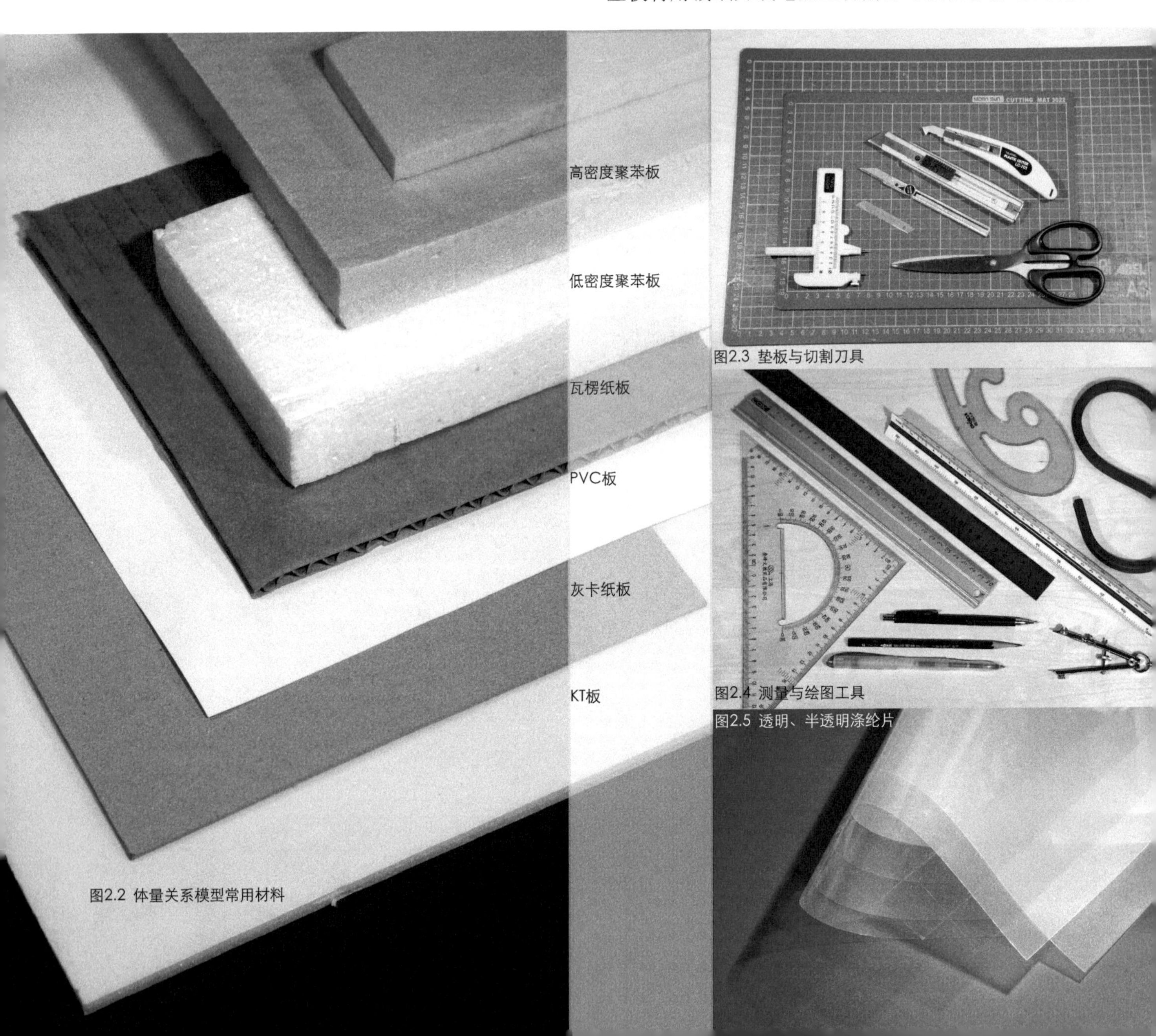

图2.2 体量关系模型常用材料

图2.3 垫板与切割刀具

图2.4 测量与绘图工具

图2.5 透明、半透明涤纶片

需形状。

图2.3是制作概念草模的常用切割工具，包括切割垫板、划圆刀（左一）、剪刀、裁纸刀（包括45° 刀片和30° 刀片），和用于切割亚克力板的勾刀（右上）。

常用的测量和切割辅助工具包括直尺（最好底面带有防滑垫的）、三角板、比例尺、曲线板、蛇尺、圆规等（图2.4）。

图2.5是透明或半透明的涤纶片，常用于图册的装订，也可以用于制作概念模型，其弹性和透明度是可以加以利用的特性。

图2.6是常用的临时固定件和粘合剂。其中有用于粘结的透明胶带、双面胶带（粘结纸制品、KT板等，接触面需较大）、半黏性的纸胶带（即美纹纸，用于临时固定）、白乳胶（可粘结木制品、中密度板等）、UHU胶（可粘结多种材料，如木制品、PVC、亚克力甚至金属材料，对KT板芯、聚苯板有腐蚀性）。

KT板可以被方便地切割，板面平整挺括，是常用的草模材料，常见的厚度为5mm左右。图2.7展示了正确的切割方式——以30° 锋利裁纸刀切割，刀刃与板面保持尽量小的夹角，不要以接近垂直的角度进行切割，否则切口将容易变得毛糙不平。

KT板在方案设计初期也可以用于制作山区地形模型，且有灰色、黑色等颜色供选择（图2.8）。

在小比例的城市肌理模型中，也可以用KT板制作建筑体块（图2.9）。

后页图2.10～图2.18是用高密度聚苯板制作城市建筑体块的实例。

图2.10是完成后的状态，由于地段是北京老城区的胡同，所以聚苯板块上涂了一层灰色丙烯颜料。

图2.11和图2.12是切割聚苯板的电热丝切割器。通过滑动悬臂上的固定件，可以调整电热丝与水平面的角度，切出带斜面的体块。

制作时首先利用垂直的电热丝切下宽度合适的聚苯板条（图2.13），将电热丝调整到倾斜角度，切出双坡屋面（图2.14～图2.16），最后再将电热丝调垂直，截断出所需要的房屋体块（图2.17、图2.18）。

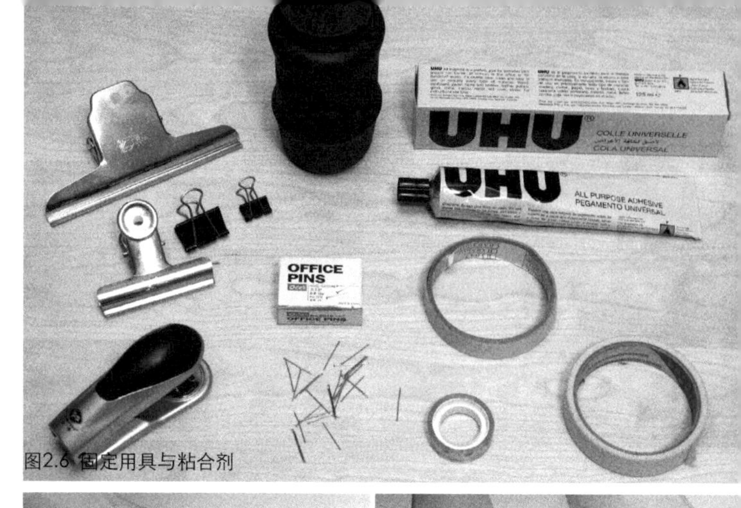

图2.6 固定用具与粘合剂

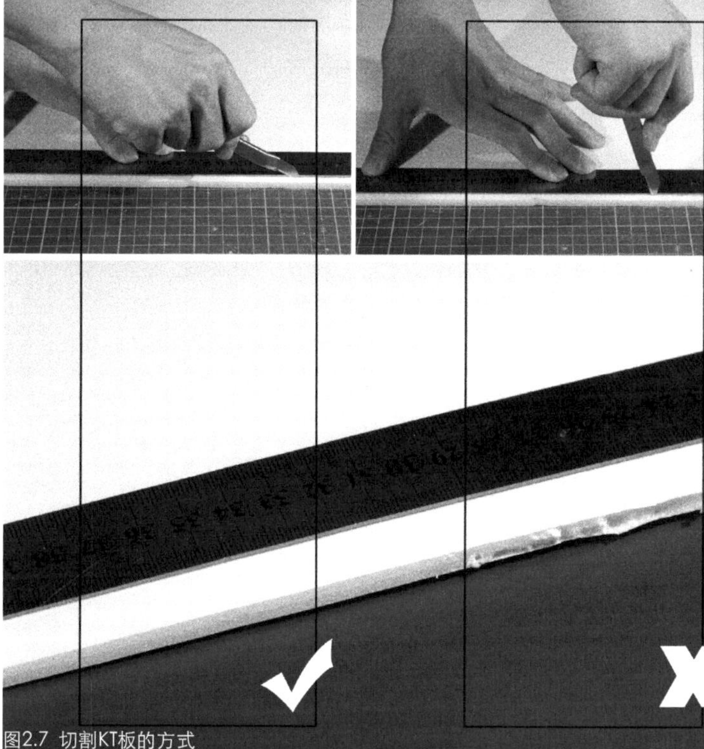
图2.7 切割KT板的方式

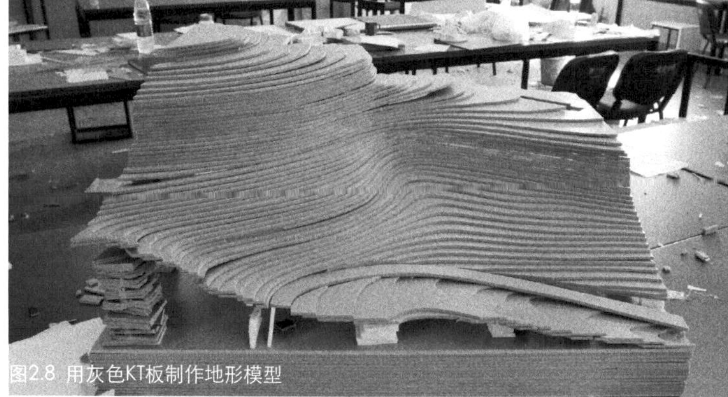
图2.8 用灰色KT板制作地形模型

图2.9 用KT板制作1:1000的城市地块模型

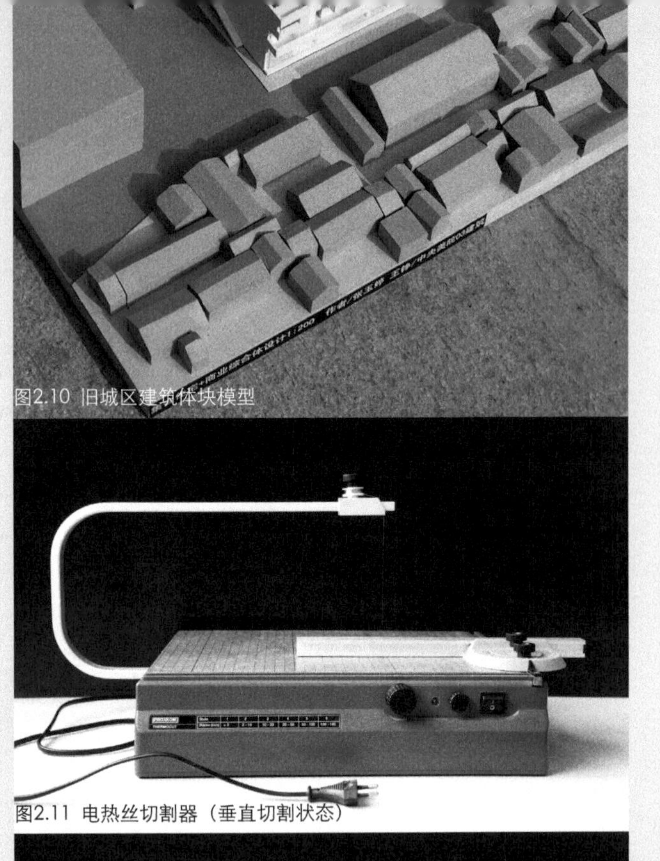
图2.10 旧城区建筑体块模型

图2.11 电热丝切割器（垂直切割状态）

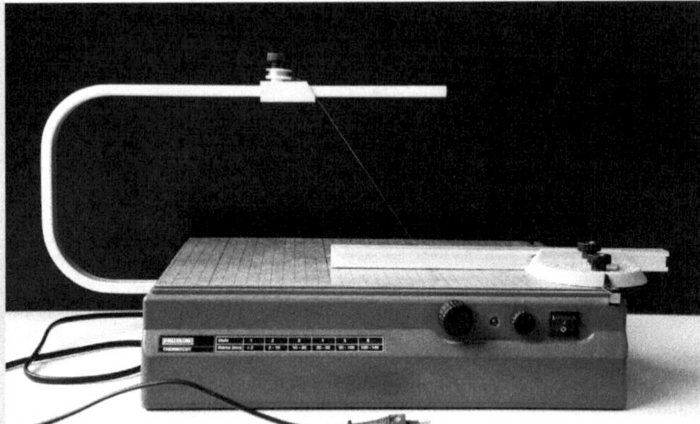
图2.12 电热丝切割器（斜切割状态）

图2.13 切割硬质聚苯板

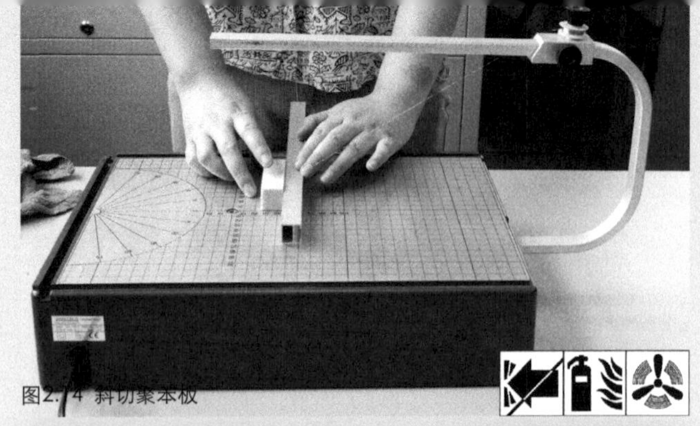
图2.14 斜切聚苯板

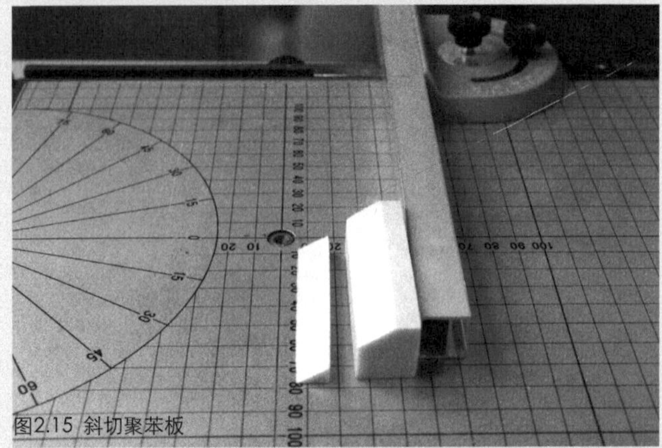
图2.15 斜切聚苯板

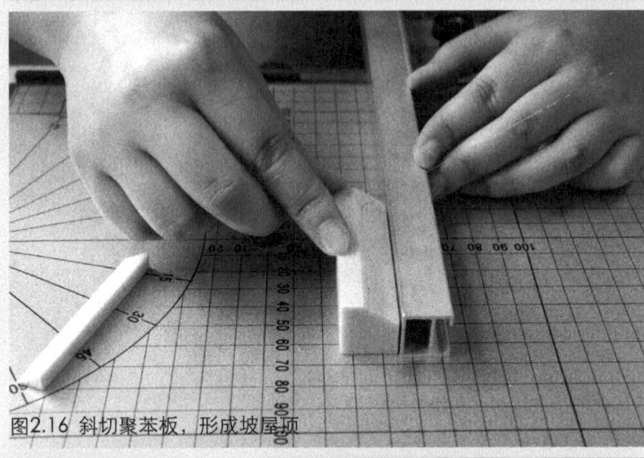
图2.16 斜切聚苯板，形成坡屋顶

图2.17 将电热丝调整为垂直状态

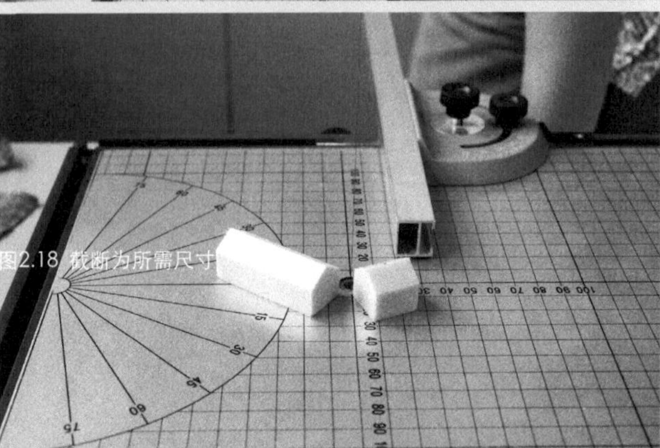
图2.18 截断为所需尺寸

2.1.2 空间关系草模

除了通过体块方式研究建筑布局的整体关系，为了深入设计建筑内部空间，制作空间关系模型也是很重要的。此类模型的设计深度已接近工作模型或研究模型。这时，建筑内部空间不再是实心的体块，建筑内部空间与外部造型之间的互动关系是关注的重点。

图2.19是上一章提及的别墅设计中期阶段模型，折板体系、多面体造型和结构体系已经初步确定。

图2.20使用0.5mm厚的薄卡纸制作空间关系草模，用美纹纸固定，亦可以方便地撕开更改。卡纸本身的弹性和弯曲度在形态推敲过程中起到了重要作用，自然形成建筑物三维曲面的部分，而弯曲卡纸时的手感对于塑形至关重要，时而舒缓时而急转直下的曲面因为手工制作而获得了力量感和所谓张力。纸张仿佛围合建筑空间的表皮，在手指间被逐步塑造，在保持自身弹性的范围内被修改。建筑体量的胖瘦、空间的开合也能够被直观。这样的草模是有效的三维设计工具，比二维草图上的抽象线条更具生命力、更能直接融入设计者的直觉和感受。

图2.21～图2.23是将折纸技巧用于表现建筑设计概念，通过切割、翻折卡纸，空间关系从一个平面里跃然而出。虚实和图底关系也成为明确可读的信息。照片拍自张永和非常建筑事务所与日本建筑师山本理显建筑展现场。展览的布置上也采用了瓦楞纸板折线分隔空间的方式，与展品相呼应。

这时的空间关系模型已经不是设计阶段的推敲工具，转变为用于展示和传播的展品。

图2.19 用KT板制作的别墅设计工作模型，1：100

图2.20 用薄卡纸制作的空间关系草模

图2.21 特殊的折纸模型，山语间别墅，非常建筑事务所

图2.22 特殊的折纸模型，水关二分宅，非常建筑事务所

图2.23 折纸建筑模型展览现场，日本模型制作者完成

图2.24是来自首届北京建筑双年展的展品。模型相当抽象地表现自由曲面体造型，内部的炫目空间和透明涤纶片上的反光交相辉映，虽然并不很实在地表现建筑本身，但却较好地营造出气氛和意境，这也是“概念”的一个层面。

图2.25和图2.26是大尺度的实体－空间关系模型，用于展览现场。它们分别是一组高层塔楼设计概念和日本建筑师安藤忠雄设计的上海某设计中心大楼。这些模型虽然个头不小，但都将细节一概略去，突出主要构思。

图2.27～图2.29是笔者在设计教学现场。学生在方案构思初期就应该制作模型，并置于地段环境模型中推敲判断与地形、与周边环境的关系，不断作出修改，制作更新的模型。

图2.24 透明概念模型

图2.25 高层建筑体量模型

图2.26 展览中的建筑体量模型

图2.27 别墅设计概念草模

图2.28 休闲亭体量草模

图2.29 将草模放置在地形模型中研讨

图2.30 桌面研究模型

图2.31 书架研究模型

图2.32 坐具研究模型 1

图2.33 坐具研究模型 2

图2.34 室外坐具研究模型

2.1.3 家具设计草模

从大规模建筑群体设计到建筑单体设计、从室内设计到家具和陈设设计，在不同尺度下，模型都可以发挥作用。

图2.30是对于桌面和桌腿支撑关系的实验研究。

图2.31是五角星形搁物架的草模。

图2.32、图2.33是可绕轴旋转展开的双人沙发，合并与打开之后呈现不同的组合关系，可以用于关系密切者也可以适当疏远。

图2.34是一组在公共场合使用的座椅系列，高高的曲线靠背，可以用于分隔空间，远看亦成为一组起伏的造型。

2.2 制作工作模型和成果模型的常用材料和工具

制作较为正式的工作模型或成果模型对于场地和工具的要求比制作草模要高一些。因为所加工的材料往往强度、硬度更大，耐久性也更好，对于制作的工艺和精度要求也更高。

一处面积足够、设备和工具完善、照明条件良好的加工车间是建筑院校所需要的。设备和工具应按照加工工序合理摆放，配备必要的除尘通风设备，防潮防火也是必需的条件。通常应该安排专职技师，指导学生使用电动工具，对较危险的圆锯机等设备应重点关注。

图2.37和图2.38是放置在桌面上的微型圆锯机，由于功率有限，只适合切割3～5mm厚度的薄木板和约1cm见方的小木方。

图2.39是直径约300mm的圆盘打磨机，适合将切割后的木质构件进行磨光磨边处理，其平台可以调整倾斜角度。

图2.40是微型台钻，可以使用直径1～3mm左右的钻头钻微型孔。电机部分也可以取下来作为手持电钻使用。

图2.41是中型木工砂带机，可以打磨较大尺寸工件，打磨速度较快，并配有较完善的联动吸尘装置。

图2.42为固定在工作台上的台钳。

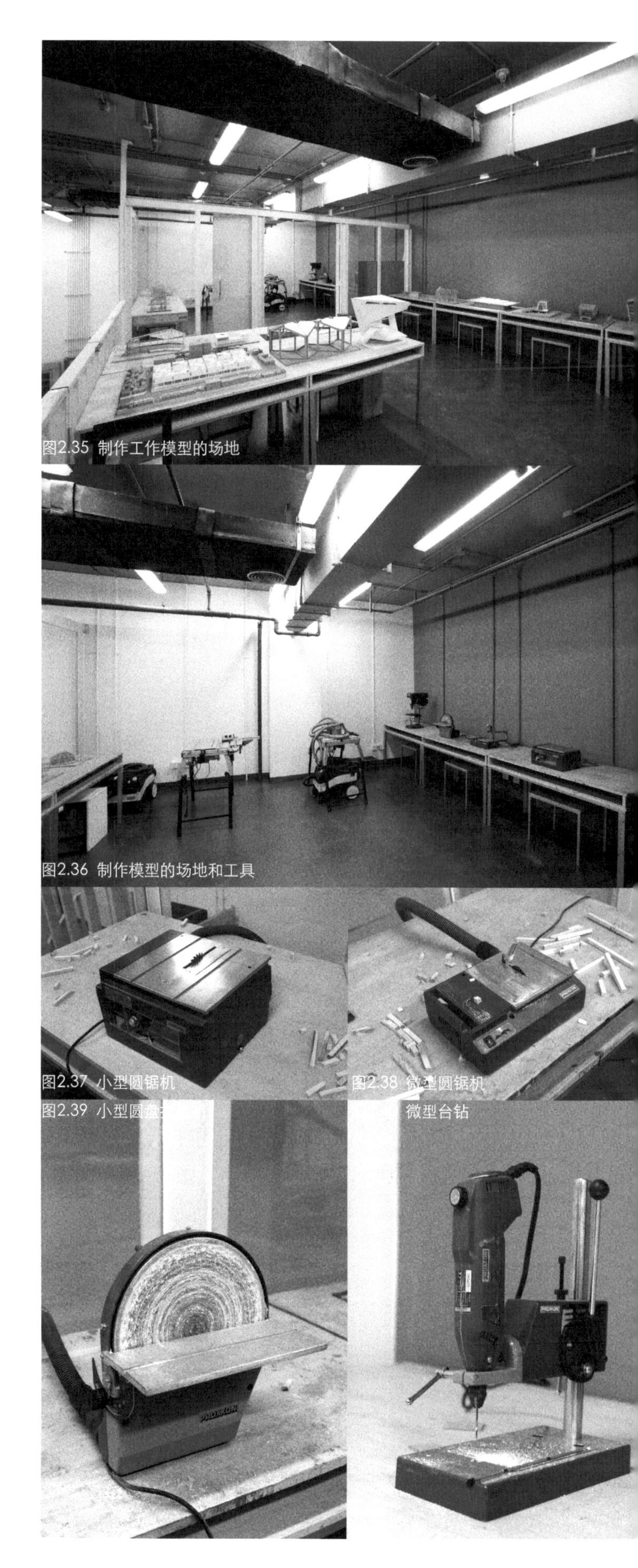

图2.35 制作工作模型的场地

图2.36 制作模型的场地和工具

图2.37 小型圆锯机

图2.38 微型圆锯机

图2.39 小型圆盘

微型台钻

图2.41 中型砂带机

图2.42 台钳

图2.43 台钻

图2.44 空气压缩机

图2.43是较大功率的台钻，可以加工1～10mm直径的圆孔。

图2.44是空气压缩机，作为射钉枪或气动工具的压缩动力源。

设备和工具不再一一列举了。需要注意的是，在配置这些电动工具时，需专业电工技师在考量工具设备电功率后合理安全地进行配电。相关的安全规定和管理条例也应切实执行，避免安全事故的发生。

图2.45和图2.46是制作工作模型和成果模型的常用木质板材。从上至下依次为：

1. 椴木片。通常厚度1.5～3mm，宽度约20～30cm，长度约1m。可用于制作模型主体、等高线地形等。

2. 中密度板。常用厚度为3mm、5mm、8mm、10mm、12mm等。应选择木质紧密、木色自然、颜色较浅、甲醛释放量低的板材。可用于制作模型主体、底板、边框等。

3. 细木工板。这是一种内部由小块木材粘接拼合，双面贴以厚度约1.5mm木皮的复合板材。可用于制作底座边框等受力部分。

图2.47中是一些宽度较小的木片板、不同边长的方形截面木线和一些塑料材质的管材。可用于制作建筑物的墙板和柱子。

图2.48是一些有机材料。

ABS板—质地较硬、适合使用数控铣床雕刻切割，适合喷漆等表面处理，用于制作建筑内外墙体。

亚克力板—有透明、半透明、蓝色、黑色、红色等多种选择，通常用于制作建筑模型玻璃的部分，适合用数控激光切割机加工，也可以手工使用勾刀切割，可喷漆。

PVC板—质地较软，用裁纸刀可以较轻易裁切，不易吸湿变形，可以用数控铣床加工，适合做建筑墙体，楼板等。对油漆等有机溶剂的反应需实验。

关于数控设备加工请参阅本书第7章。

图2.49是使用小型圆锯机截断小木方的实例。该操作切忌猛推工件，切忌加工尺寸过大的材料，防止工具超负荷运转烧毁电机。手握工件平缓前推，手指保持与锯片的距离，防止伤手。佩戴防护眼镜，防止切削下来的木屑飞入眼部。使用后及时清理木屑，有

图2.45 工作模型和成果模型材料

图2.46 木质板材

图2.47 木质与ABS模型材料

图2.48 ABS板、透明亚克力板和PVC板

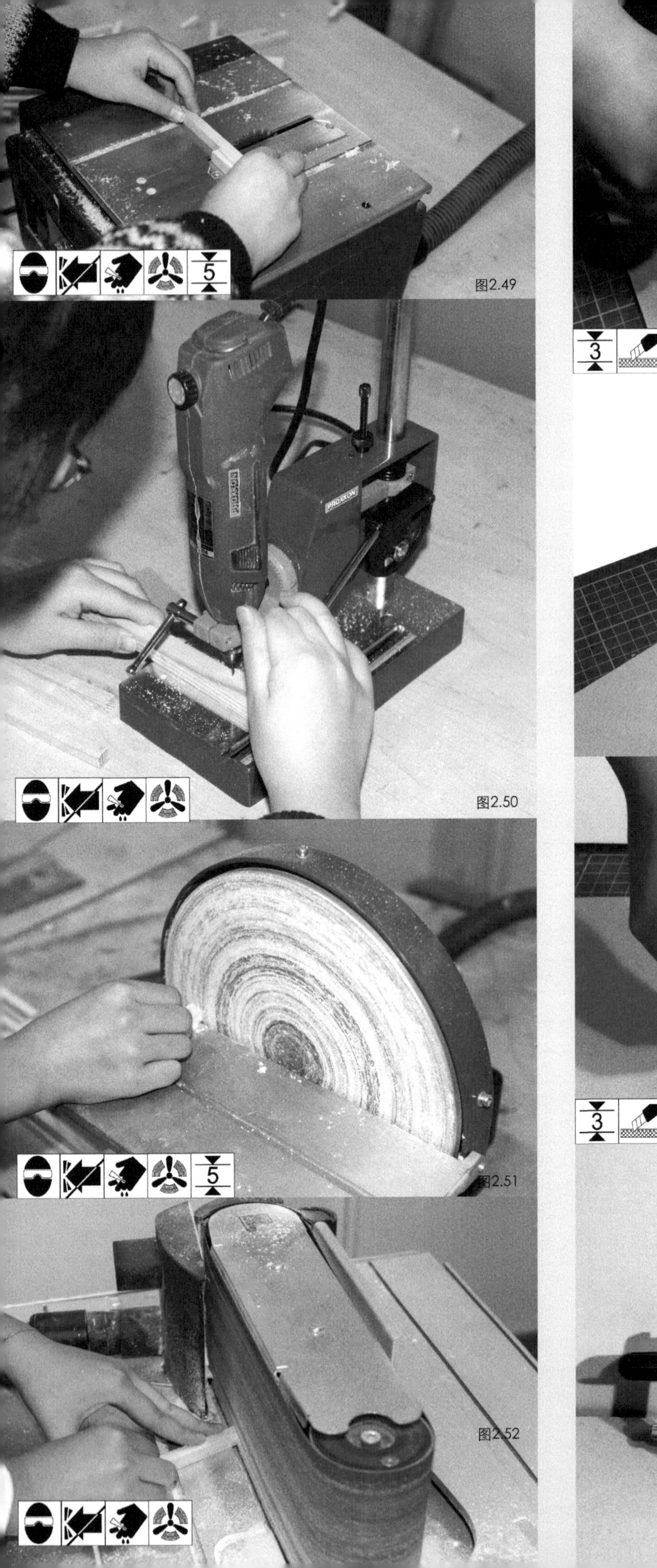

图2.49

图2.50

图2.51

图2.52

图2.53

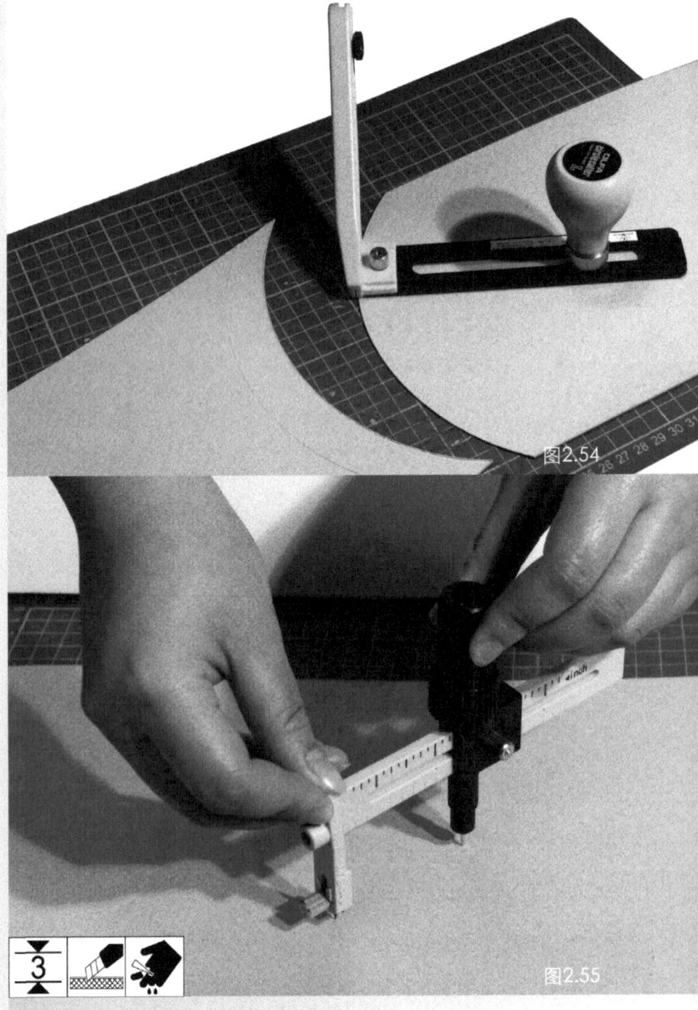

图2.54

图2.55

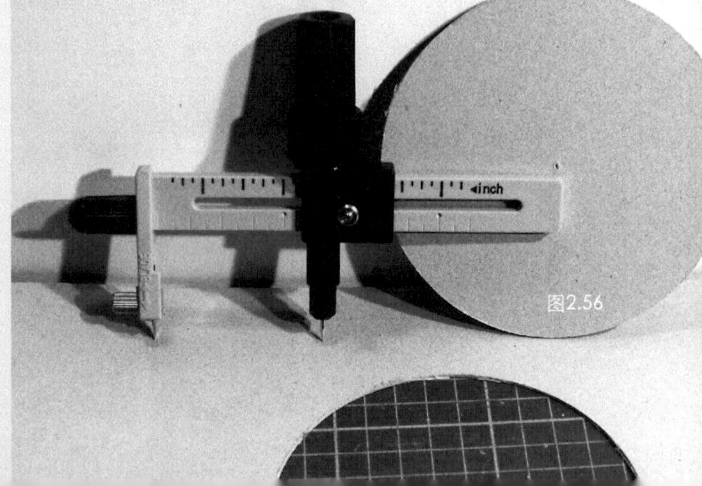

图2.56

条件的应接驳吸尘器。

图2.50是使用微型电钻在木方上钻孔的实例。同样应平稳下压钻头、平稳抬起。由于此工具功率很小，不适合在金属构件上打孔。

图2.51是使用圆盘打磨机的实例。应依靠平台平稳前推工件，注意圆盘旋转方向，防止工件被砂盘意外带起。图中的圆盘是逆时针旋转，故选择在圆盘左侧打磨工件，利用圆盘旋转时的下压力稳定工件。

图2.52是使用水平旋转的砂带机打磨工件的实例。同样应注意砂带旋转方向，切忌向前猛推工件。由于砂带打磨速度较快，应事前在工件上画线标记，磨到线标记即停。

图2.53和图2.54是划圆工具刀，适合切割卡纸、软木板类薄材料。在板材上定好圆心和半径后，按下刀柄切割材料，获得圆弧形状。图2.55和图2.56是另一款较简单的划圆工具刀。

图2.58是在卡纸或较软材料上切出45°斜面的专用刀具。切断的板材可以直接用于拼接直角转折。

在用手工刀具切割板材时应让刀刃紧靠直尺，切割时用力不宜过猛，可通过2～3次重复切割断开板材（图2.59、图2.60）。

使用勾刀切割亚克力板时，可在同一位置重复刻划几次，将亚克力板刻出一条凹槽，然后顺着凹槽掰开即可（图2.61、图2.62）。

熟悉制作各阶段模型的材料和工具以后，应该明确，模型是推进设计方案的工具、是表现设计构思的媒介。模型材料的选择和制作技巧应该与设计意图相结合，服务于设计表达。

图2.63是私人住宅设计模型，由于在形式处理手法上采用了墙体与屋面板的穿插，因此用PVC板材进行切割和制作较为合适。

图2.57

图2.58

图2.59

图2.60

图2.61

图2.62

图2.49 使用小型圆锯机切割小木方
图2.50 使用微型电钻钻孔
图2.51 使用圆盘打磨机打磨构件断面
图2.52 使用砂带机打磨
图2.53～图2.56 使用划圆工具
图2.57 两种划圆工具
图2.58 切45°斜边刀具
图2.59、图2.60 切割PVC板材
图2.61、图2.62 用勾刀切割亚克力板

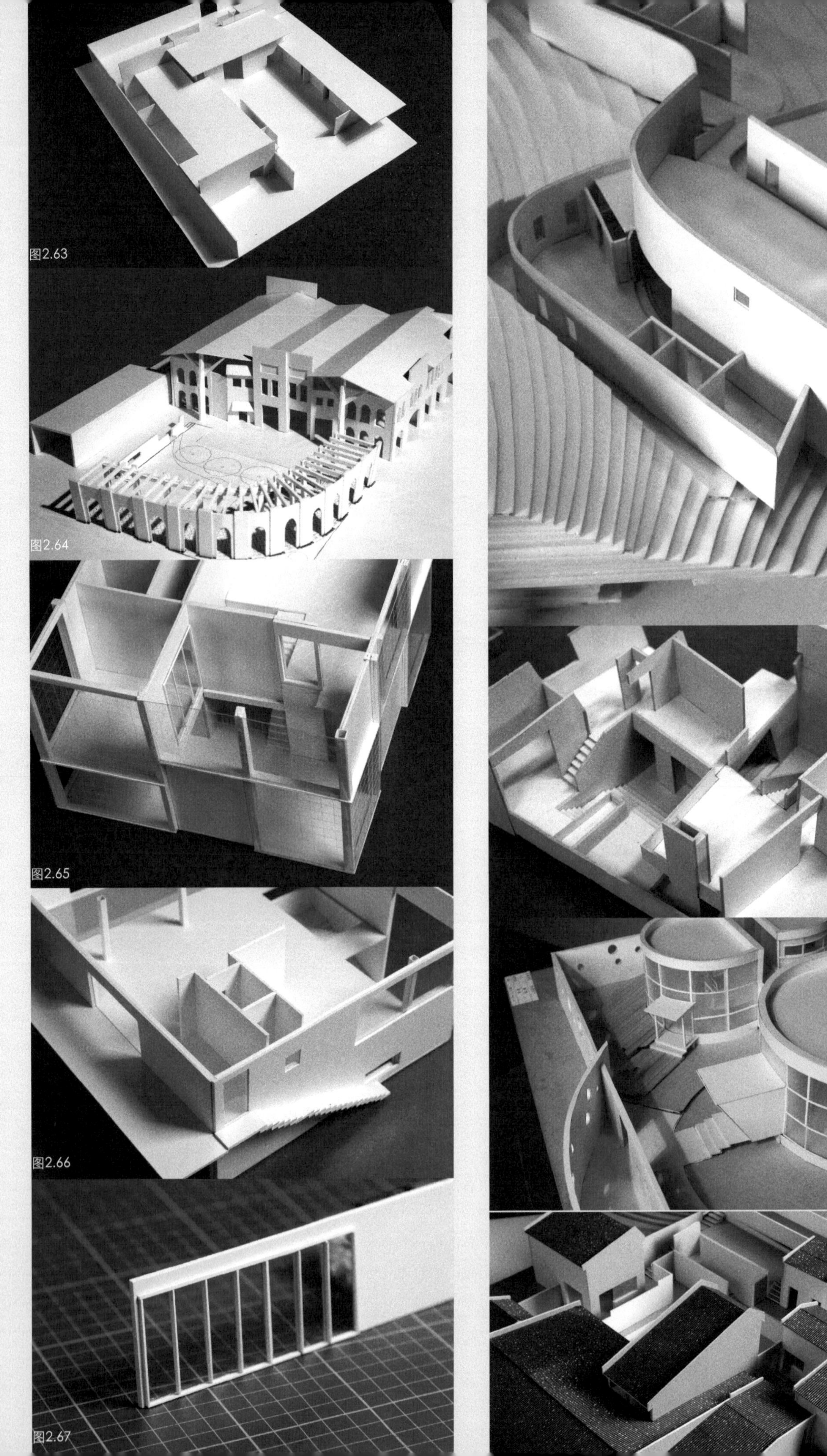

图2.63

图2.64

图2.65

图2.66

图2.67

图2.68

图2.69

图2.70

图2.71

而PVC板材同样也可以用于制作较为复杂的建筑立面。图2.64是完全用手工切割雕刻的建筑模型，其中，位于街角的弧线廊架，以及由多样店面组合而成的建筑主体立面是表现的重点。

图2.65是综合使用方形管材、PVC板、亚克力板制作的建筑模型。在亚克力板上用勾刀刻出玻璃幕墙的分格效果也是常用的方法。

模型制作是一项需要耐心的细致工作，图2.66和图2.67是经过精确手工切割、组装而成的模型局部。墙体挺拔、边缘清晰锐利，甚至连窗框与玻璃的组合也得到了精确表现。

PVC板材有适度的可弯曲性，可通过直接弯曲或适当用电吹风加热来制作曲面墙体。如图2.68所示。

较厚的卡纸板也可以用来制作建筑模型，虽然可能因为受潮而有变形之虞，但是其表面质感受到部分人的喜爱。如图2.69。

图2.70～图2.72是一组表现墙面和屋面材质肌理效果的实例—在卡纸板上刻出圆洞，将裁切好的卡纸条粘附在半透明涤纶片上模拟窗框效果，使用深灰色带楞纸板模拟瓦屋面。

图2.73和图2.74是木结构建筑设计模型，重点表现了木质结构系统本身。图2.73中，采用4根小木柱组合而成主要柱子，同时可以方便地穿插固定正交分布的主次木梁。这种使用小断面木材进行结构构件组合的方式在欧洲、北美建筑中较为常见。图2.73中还用切割过的窄木片对外墙肌理进行了表现。而图2.74是两条异面直线之间连接杆件构成直纹曲面形态的外墙。

当然，使用木制材料制作模型的建筑并不都是真正的木结构建筑，图2.75是日本建筑师安藤忠雄的设计作品，实际的建筑材料为钢筋混凝土。

图2.72

图2.73

图2.74

图2.75

图2.63 别墅设计空间关系草模
图2.64 街角长廊和建筑模型
图2.65、图2.66 别墅设计正式模型局部
图2.67 落地窗部件
图2.68～图2.72别墅设计正式模型局部
图2.73、图2.74 木结构设计模型，1:100
图2.75 木制建筑模型，安藤忠雄事务所设计

制作研究模型，对建成建筑作品分项研究也是重要的范畴。对于建筑设计初学者而言，制作著名建筑的模型是揣摩设计方法、体会名作空间关系的有效手段之一。

图2.76和图2.77是美国建筑师路易斯•康设计的一个游泳池更衣室研究模型。位于主要方形空间四角的U形承重结构同时也是小的服务空间，这个建筑体现了路易斯•康所说的“服务空间与被服务空间”的关系——它们是功能、建筑结构系统、建筑设备系统与建筑图式的结合。

图2.80和图2.81是为了研究美国建筑师Rodney Walker的自宅所做的模型，分别是1:100的空间关系模型和1:30的结构体系模型。这个设计是美国一批建筑师在20世纪四五十年代所做CASE STUDY HOUSE的相关项目。

其空间关系模型给出了空间组织方式和内外墙体封闭与开敞的方式。而结构模型则揭示了建筑物轻型木结构体系。为了暴露内部结构，采用了磨砂亚克力板封闭墙体。此类模型的制作需要在充分收集掌握一手资料的前提下进行，保证准确与严谨。

图2.76 名作研究模型

图2.77 名作研究模型

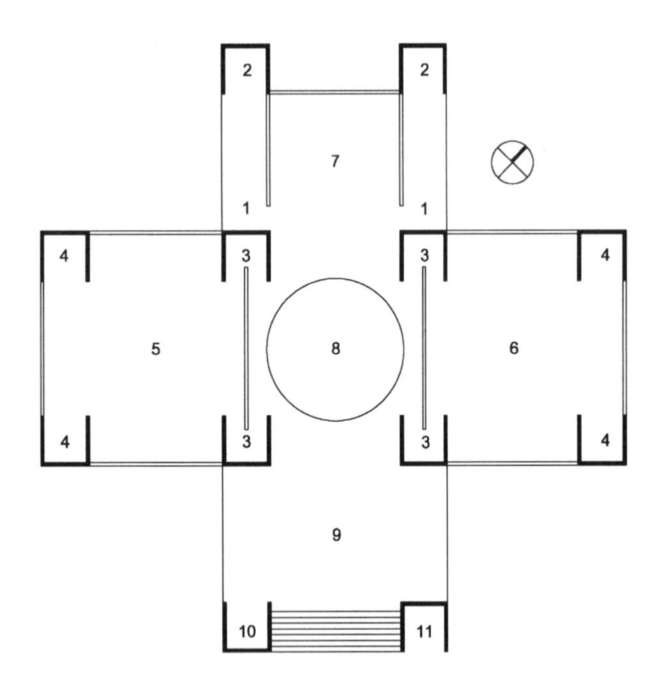

图2.78 特伦顿犹太人社区中心游泳池浴室平面图，路易斯•康设计
1.入口 2.储藏室 3.男女更衣室隐蔽入口 4.卫生间 5.男淋浴、更衣室 6.女淋浴、更衣室 7.休息室 8.中庭（露天） 9.入口 10.消毒室 11.值班室

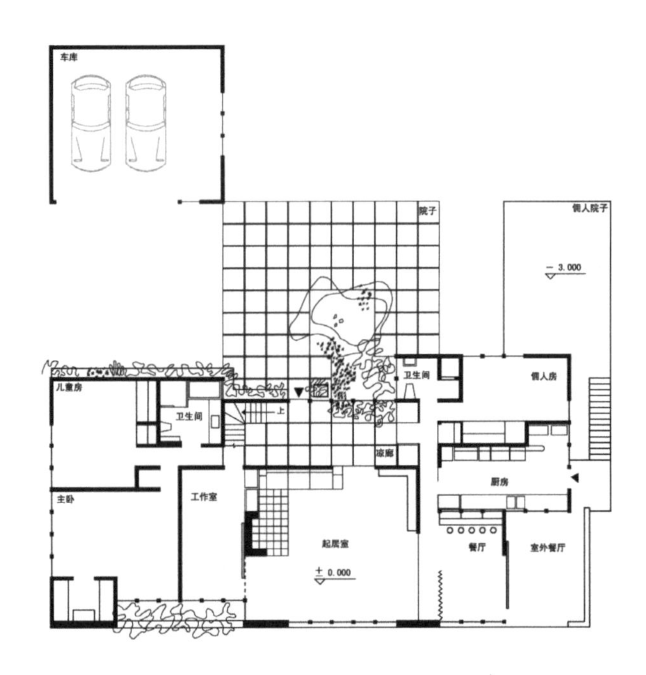

图2.79 Rodney Walker自宅首层平面图

图2.80 用PVC板和灰色KT板制作的空间关系模型，1：100。

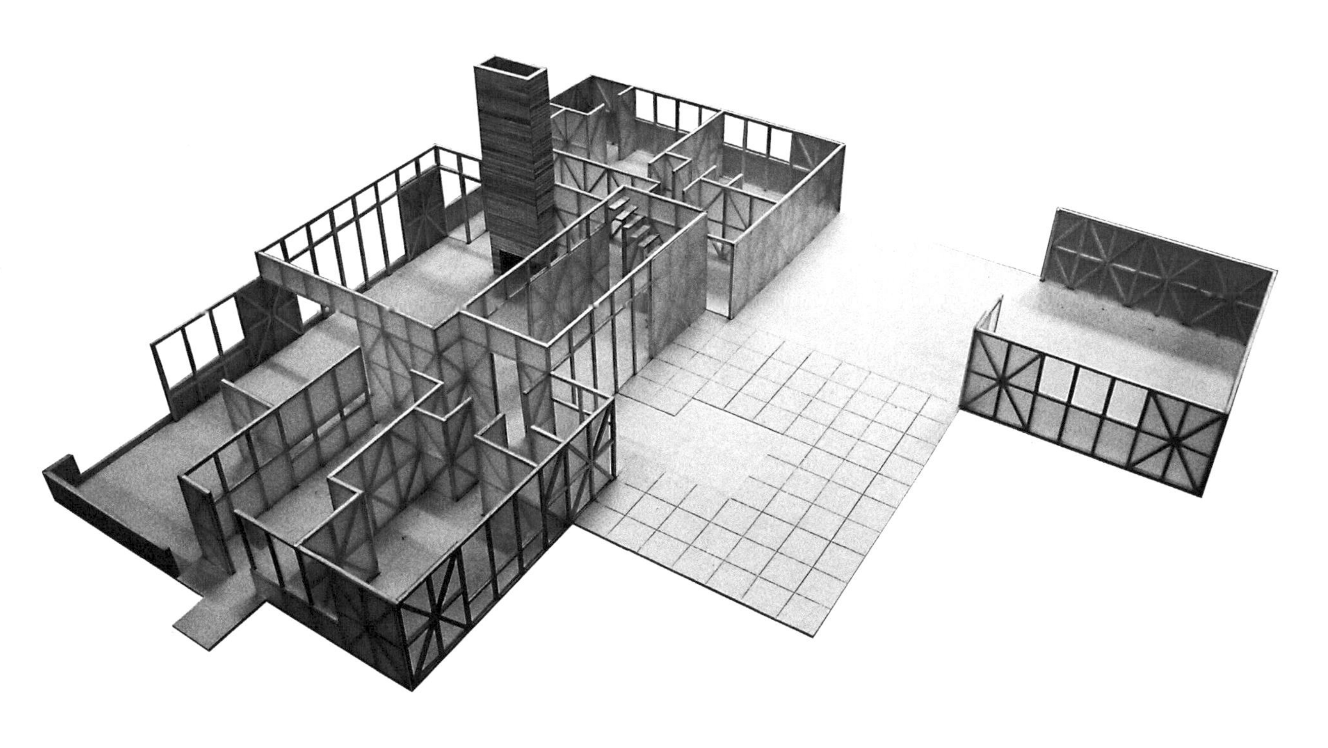

图2.81 用中密度板、木方、磨砂亚克力板、木片板制作的结构系统模型，1：30。

3. 环境模型与等高线地形模型

3.1 城市环境模型

建筑设计无法忽视其所处的环境，在城市或是自然环境中，对于环境因素常常是最先思考的几个问题之一：

新建筑以什么姿态介入现有基地？

是保持基地现有景观重要还是构成建筑物自身的景观重要？

是与景观强烈对比的精确几何建筑形式并架空与基地分离，还是让人感觉建筑从基地中生长出来，人为的建造痕迹被自然环境吸收？

环境因素强烈影响着建筑设计。图3.1是日本建筑师安藤忠雄在原曼哈顿世贸中心遗址上所做的纪念性场所设计。其设计本身只是一个微微隆起的圆丘，而制作展示模型时则花费了大量时间和费用精细制作出几乎曼哈顿所有重要的摩天楼。密集的塔楼与空旷的圆丘形成强烈的对比和反差，作者以此来传达喧嚣世界里的空寂、哀思与想象。

图3.2是安藤在另一老城区里的建筑扩建设计方案（较矮的灰色平顶建筑），虽然周围环境和建筑用白色材质制作，但仍然可以看出新的建筑尊重老城区城市尺度和肌理，以顺从谦虚的姿态植入老城区的街块之中。

图3.3是新的城市区域设计，突出了建筑体量关系以及外部空间环境的关系。

图3.4来自日本建筑师山本理显的设计，周边的现存建筑体量上被贴上了各类街景照片，以拼贴的手法凸显城市生活的复杂性与丰富性，别有一番情趣。

实际上，作为建筑设计初学者，在每一个设计方案的初期就应该制作环境模型，时刻将自己的新建筑方案放置于其中全面考量，高度、立面尺度划分、场地关系、甚至色彩关系、通透程度都是需要思考和判断的内容。

使用高密度聚苯板和电热丝切割器制作城市地段环境模型是常用的便捷方法。

图3.1 纽约世贸中心纪念物概念模型

图3.2 老城区建筑改建加建设计

图3.3 城市设计体量模型

图3.4 用拼贴手法制作的城市环境模型

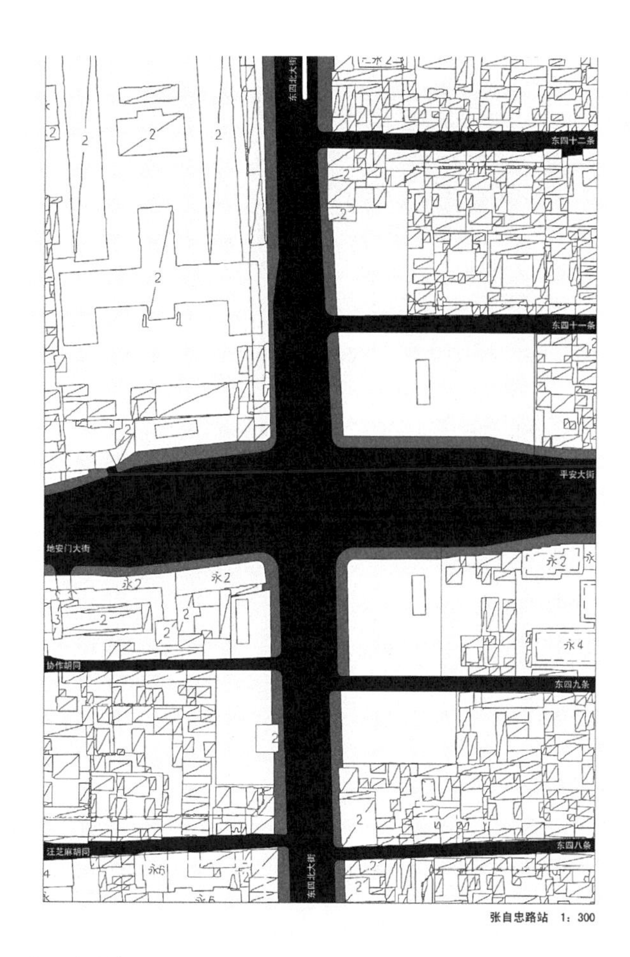

图3.5 先将地段平面图描绘出来，或打印后裱贴在KT板上，区分街道、广场和建筑，可以同时将街道名称、比例尺和模型名称的信息标注在图版上。

这里是位于北京东四大街的一处地段，以胡同肌理和单层双坡屋顶建筑为主，工作模型用于初步设计阶段，比例为1:300。

图3.6 通过电热丝切割器将高密度聚苯板切割成所需要的建筑体量，坡屋面切割方法前面已经介绍过。小组合作的流水线生产方式将大大提高制作效率。方案构思阶段，通常可以让小组内数名成员共用一个地段环境模型。

裁纸刀、切割垫、双面胶带、丙稀颜料、刷子等工具是这一阶段需要的小工具。

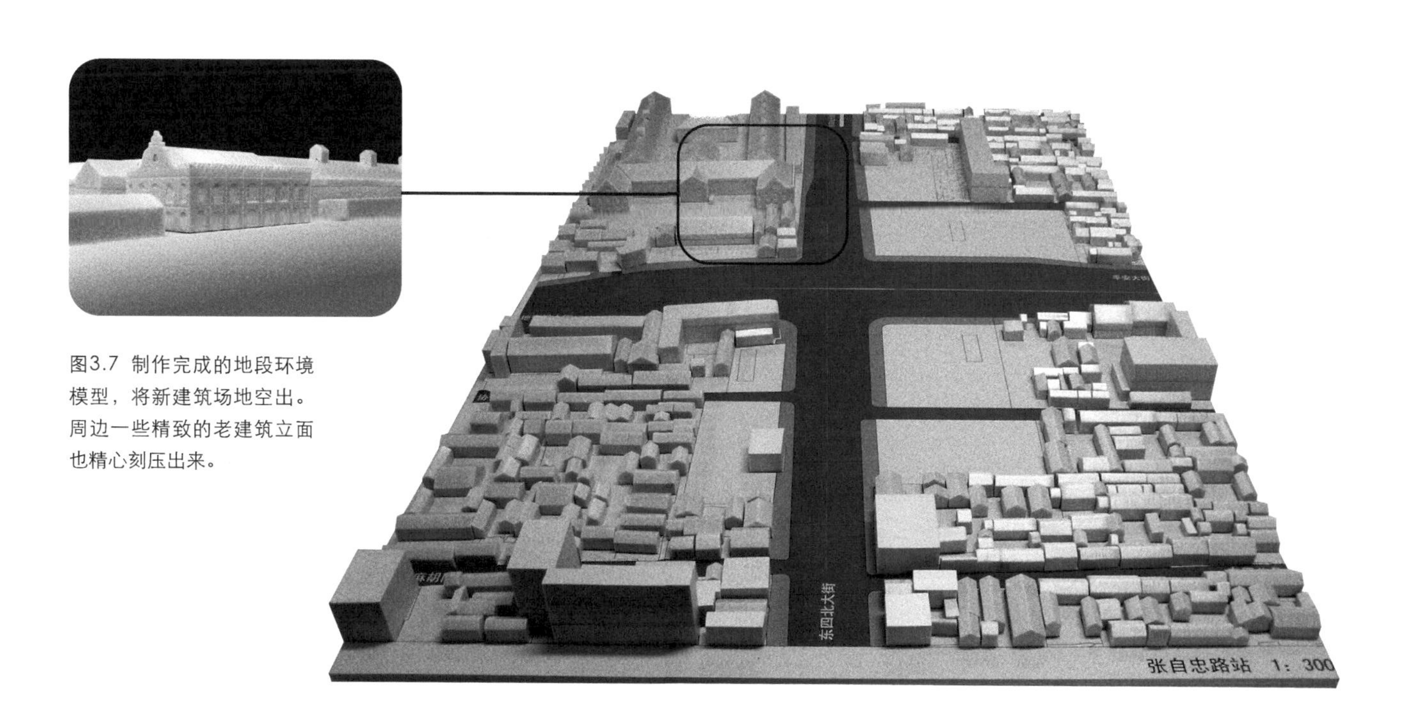

图3.7 制作完成的地段环境模型，将新建筑场地空出。周边一些精致的老建筑立面也精心刻压出来。

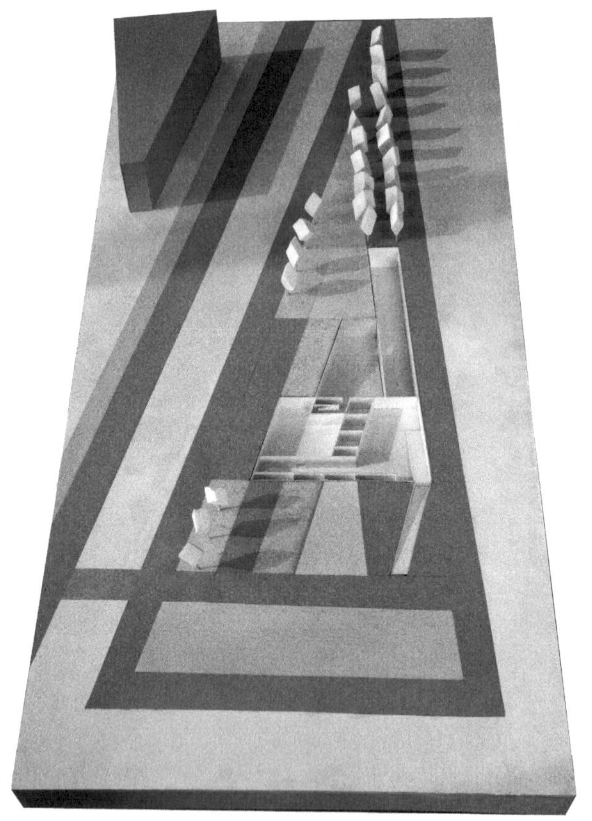

图3.8 一个模型底板正面

图3.9 模型底板背面

图3.10 底座转角 1

图3.11 底座转角 2

图3.12 底座转角 3

图3.13 底座转角 4

3.1.1基础底板、框架和镶边

方案初期可以用廉价材料快速制作地段模型推敲构思（图3.15），而制作较为坚固和正式的模型时，基础底板的制作则需要较为仔细和讲究。

模型底板通常选用坚固且厚度合适的木质板材，可以在基底材料上粘覆所需要的面层，如卡纸、椴木片等（图3.16、图3.18）。

如果地段上有较多高差，则相应的台阶、坡道则需要确定其平面位置和高度（图3.17）。

底板通常需要加固和镶边，得到坚固而美观的底座，图3.14是常用的底座镶边方式。加工制作底板和底座需要使用木工工具进行切挖、切割、开槽、粘结固定等工艺。底板的加工还可能用到数控设备（数控设备加工底板工艺可参阅第7章）。

图3.8和图3.9是一个模型底座的正反面，由于有地下室，底板被切除了部分。

图3.10～图3.13是一些较为简单的模型底座转角制作方式。

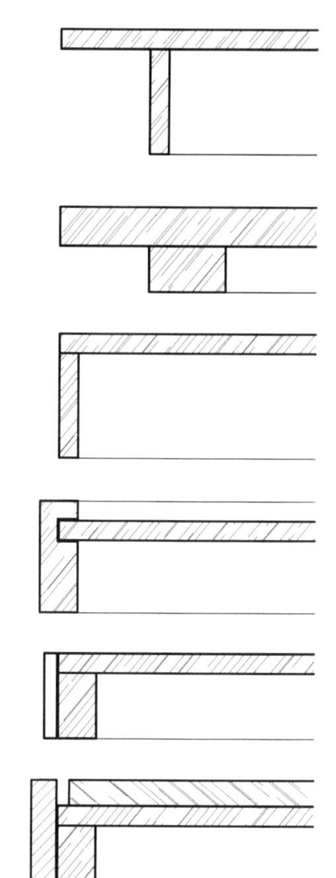

图3.14 常用底座镶边方式，由上至下为：

1.薄底板悬挑，支撑板从边缘后退。

2.厚底板悬挑

3.方盒子底座

4.翻边底座，外框高于底板

5.在底座主体外侧外包装饰板材

6.边缘留槽的底座，槽口可用于安置透明防尘保护罩，抑或只是强调边缘修饰效果。

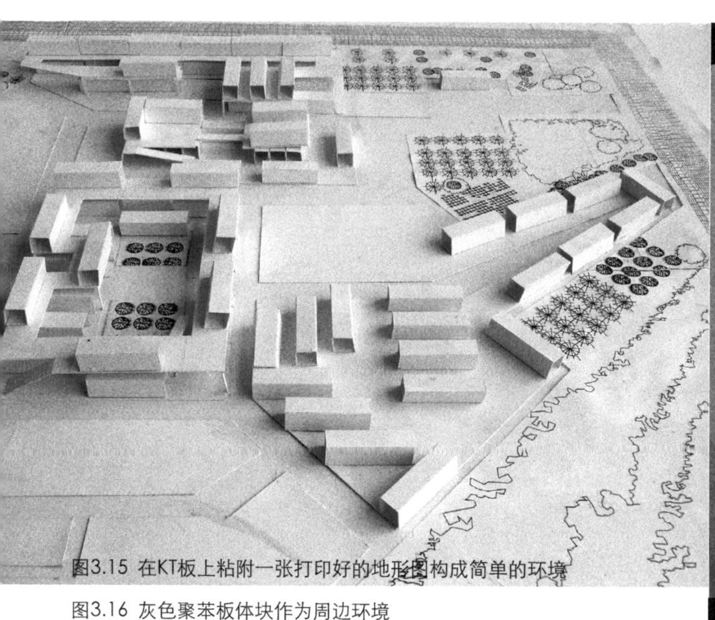

图3.15 在KT板上粘附一张打印好的地形图构成简单的环境

图3.17 室内高差变化较多时，基础底板制作较复杂

图3.16 灰色聚苯板体块作为周边环境

图3.18 对地形的处理和对基地的划分成为设计构思的重要部分。图为藏区苹果小学设计。

图3.19

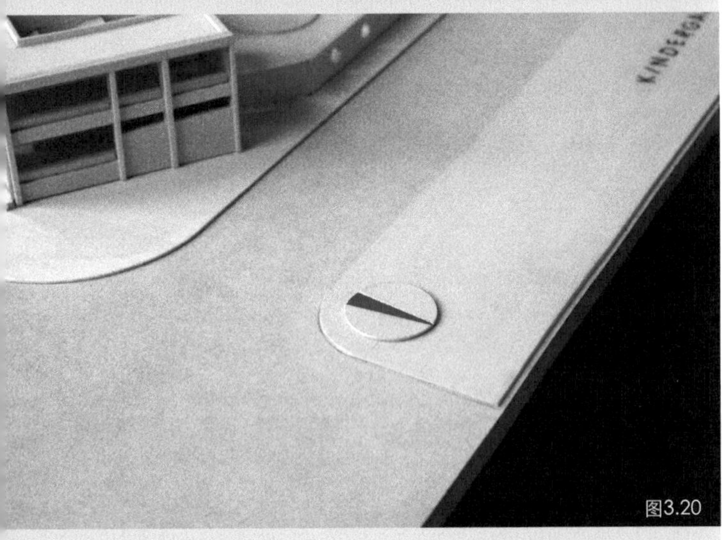
图3.20

图3.21

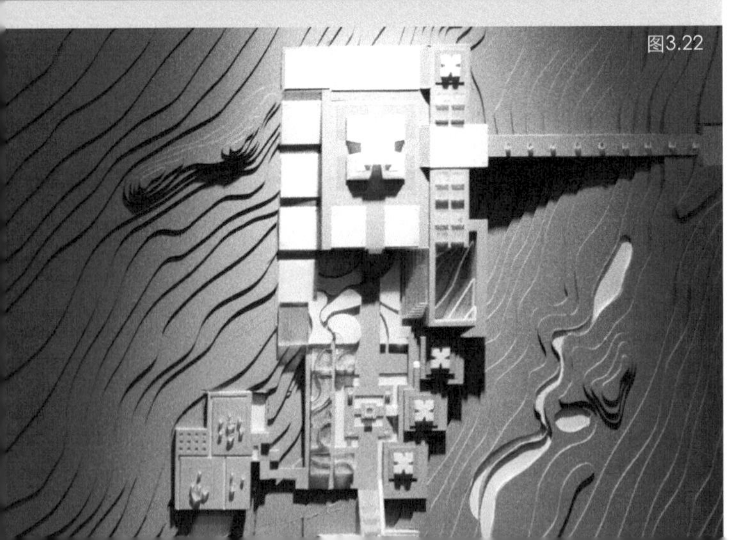
图3.22

3.1.2文字与标识

模型制作完成以后，需要为模型增加文字标牌、注解、比例、指北针等。文字和标识既是必要的信息，也可以起到一定的装饰点缀作用。需要仔细选择合适模型气质和氛围的字体、确定字号大小、选择合适的部位，否则可能起到负面的效果。

可以使用转印技术将文字转印到模型底板的适当位置（图3.19），或者使用数控设备雕刻出所需要的文字标牌。指北针的大小和形态也是需要考虑的事项（图3.20）。

本页实例中的底板采用12mm厚中密度板，由于模型不大，故采用了简单的底板悬挑方式制作底座,底板还在砂带机上打磨出圆弧导角，增加视觉趣味，并减少碰撞损坏（图3.21）。

3.2 等高线地形模型

在自然地形环境中，高差和地形起伏是建筑设计常常要面对的因素。

等高线图是描述地形起伏的常见形式，基于等高线图，可以制作地形模型。地形图中每条等高线之间的高差需要确定，然后根据模型比例确定制作地形的板材厚度。

比如，每条等高线的高差为0.5m，如果制作1:100的地形模型，则5mm厚度的KT板便是合适的材料之一。如果是制作1:50的模型，则需要用10mm厚的板材制作等高线地形，或者自行将等高线加密一倍，则仍可以用5mm厚度的板材。需要注意的是，叠合时不仅要看每一片层厚度是否合适，还应随时验看叠合后总高度是否正确，因为板缝的微小厚度积累起来有时会使总高度产生较大误差，必要时可以去掉1～2片等高线板，以保证总体高度正确。

对于在校的设计课题而言，KT板切割方便，基本能够满足设计作业需要，对于实际工程项目的成果模型或是要求较高的展览模型而言，KT板的强度和耐久性不足，精细程度也有所欠缺，可选用木质板材、中密度板、致密的PVC板、ABS板或是卡纸板。

除了直接堆积等高线表现地形之外，也有的模型用厚实的聚苯板切削出地形起伏，再用胶水将模拟绿

几种切割和制作地形等高线的方式

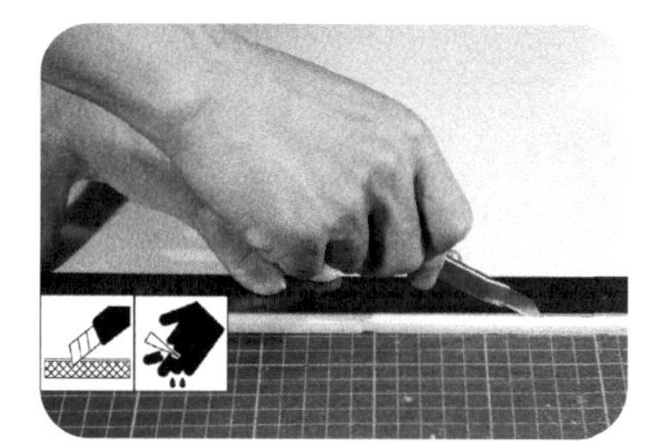

手工切割KT板（覆膜发泡板）

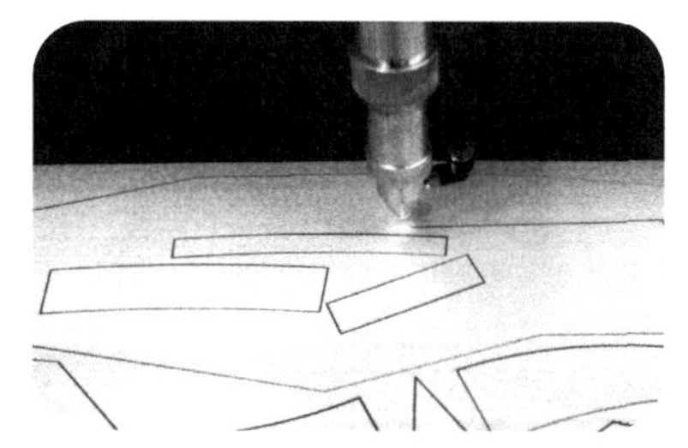

数控激光切割椴木板或薄木板

曲线锯切割密度板

手工切割PVC板

图3.23

图3.24

图3.25

图3.19 模型标识和比例
图3.20 指北针
图3.21 底座与底板，此处底板悬挑出来。
图3.22 以山地等高线地形图为基础制作的模型，俯视。
图3.23 用5mm厚灰色KT板手工切割而成的地形。
图3.24 用5mm厚中密度板经曲线锯切割而成的地形模型。
图3.25 以致密薄板材切割堆积而成的地形模型。

草地的粉状或绒状材料粘附在地形上。还有用竖直标杆点阵状确定高差，覆以钢丝网，粘上柔软纸张制作的地形。

图3.26～图3.28是用KT板制作地形的步骤，模型比例1:100，用于整个设计小组在初步设计阶段的方案比对。

将地形图按照1:100打印在整张大纸上，将买来的整张KT板（90cm×240cm规格）切为较小的三份，即可开始制作。

由于KT板质地较软，可以将地形图覆在上面，利用一支圆珠笔沿着等高线描绘，将等高线痕迹留在KT板表面，即可沿线手工切割。每一次描绘前需要对齐板材的四角，将板材的直边部分也切割出来。建议使用锋利的30°刀片裁纸刀切割，利于转弯，刀刃与

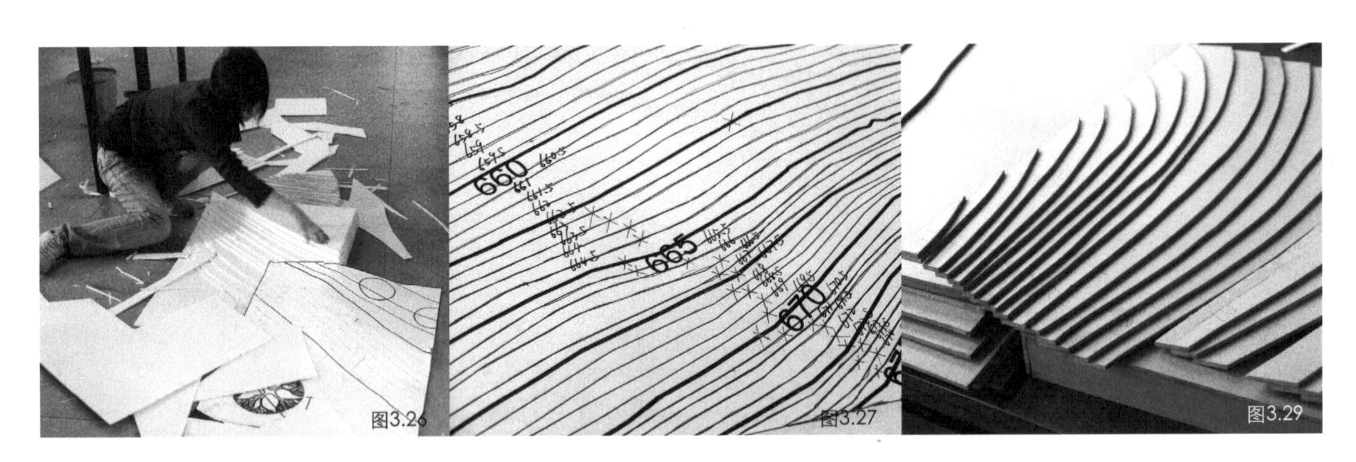

图3.26 图3.27 图3.29

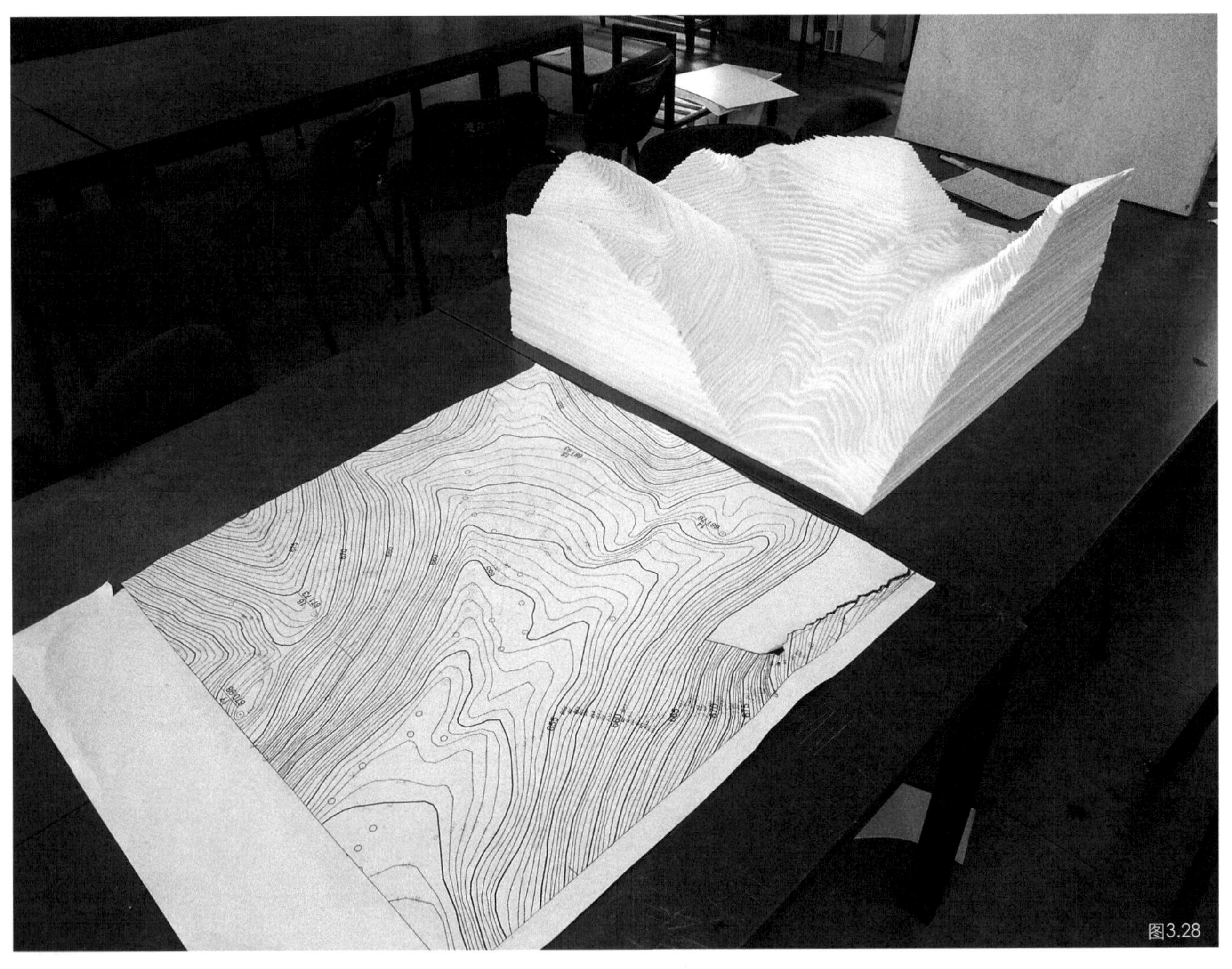

图3.28

KT板夹角要小。切出的片层用双面胶带进行粘接。每画一条等高线应作出标记，以免重复或遗漏。而切好的每一片层背面也应该标明高程，以方便按顺序粘接（图3.27）。

由于KT板强度较低，架空后整体强度差，因而不建议采取图3.29的方式。制作实心的地形模型将使模型较为坚固，而KT板密度小自重轻的特点也不会让搬运成为困难。在被上部地形完全覆盖的板材内部，也可以适当切出较小的等高线层，但需要保证各边缘不露出空隙。

图3.29是采用强度较大的中密度板制作的地形，为了节省材料、减轻自重，这里采用了地形下部架空的方式。在切割时，要保证上下两层之间有足够的搭接面积可用于粘结。这类架空的地形，需要额外的下部支撑和底座封边处理。

在建筑室内标高与地形结合紧密的情况中，地形的制作实际上成为确定建筑室内各个标高的过程。图3.30就是这样一个实例。这是成果模型阶段，比例为1：50。建筑的各个标高和台阶均由厚度约3mm的卡纸板堆积而成，其余地形则用5mm的灰色KT板进行补充制作。图3.31是将建筑主体安置在地形之上的效果——建筑的后花园在几个不同标高上分布，成为一个立体的园林，而屋顶的错落也呼应着地形的起伏。

图3.32是较为极端的地形处理方式，同心圆台阶既是地形，也是建筑的地面。

对于地段环境的关注应持续在整个设计过程中，往往需要制作多个不同比例的地形或环境模型，不断将多个建筑方案模型置于其中进行考察（图3.33）。

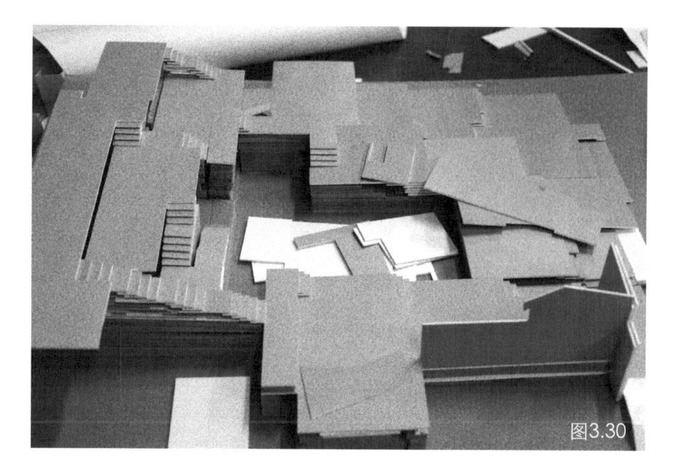
图3.30

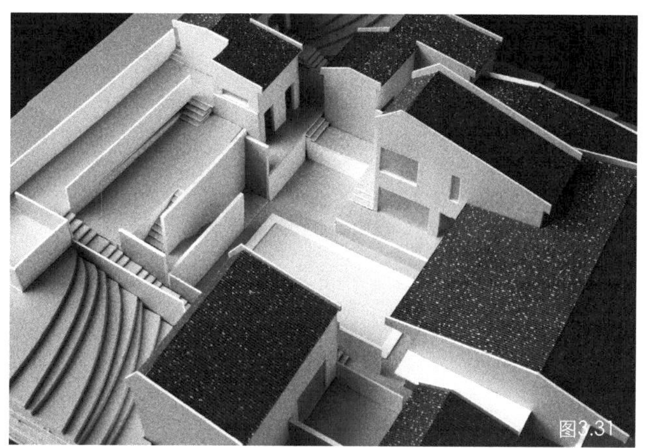
图3.31

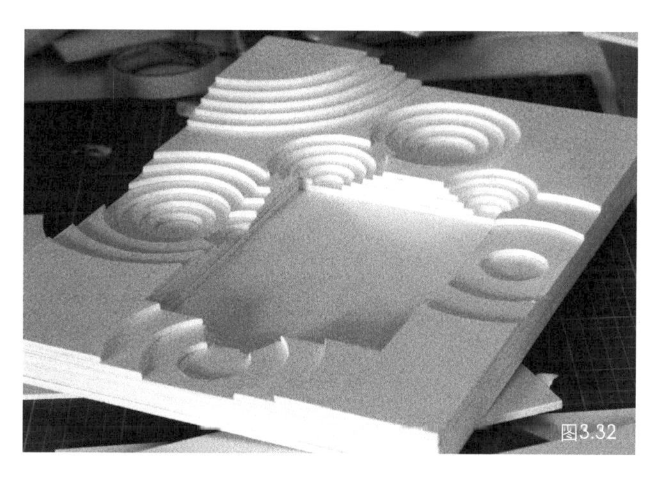
图3.32

图3.33

图3.26 根据等高线地形图手工切割KT板制作地形模型
图3.27 等高线图与制作过程中的标识方式
图3.28 根据等高线地形图手工切割KT板制作地形模型
图3.29 用曲线锯切割中密度板制作等高线地形
图3.30 用卡纸制作高差与台阶
图3.31 将地形高差变化与建筑外部环境设计结合起来
图3.32 特殊的地形处理方式
图3.33 在地形模型上制作建筑模型

图3.34
图3.35
图3.36
图3.37
图3.38
图3.39
图3.40

3.3 表现环境气氛与尺度的零件

3.3.1 树木

树木是建筑模型中最能烘托环境气氛的零件，同时也是反映建筑尺度的重要零件。树木的材料、颜色、形态、枝干密度、种植密度应该恰当地衬托建筑主体，为表达设计意图服务。很多时候，从模型商店直接购买的模型树不一定适合你的建筑模型，常常需要根据使用场合自行制作。

图3.34 是配合1:100～1:200的体量模型而制作的树木。采用白色聚苯板经手工切削而成，加上白色杆件进行固定。树冠的直径（泡沫小球的大小）换算为真实尺寸时应接近实际树冠大小。如果这里用较多枝干的模型树，则可能因为过多的细节而与模型的简洁体量不般配。

图3.35 为了强调建筑依山傍势的选址，在山体上密植树木作为大背景，单棵树形并不是要突出的部分，模型树采用绿色海绵类材料剪碎后穿插在杆件上，自然蓬松，与此相对比的是较为抽象简洁的建筑主体。此时的比例为1:100。

图3.36 是配合木质模型而制作的树木，为了不遮挡模型主体部分的细节，这里的树只表现枝干。使用细铜丝扭结而成的树喷以白漆在固定于底板上。此时的比例为1:100～1:300。

图3.37 是在上述铜丝树的基础上用多孔棉充当繁茂树叶，白色絮状树形富有诗意。此时的比例为1:100～1:300。

图3.38 是用薄木片切出树轮廓后呈90° 粘接而成。色彩上融入木质地形，形态上也较为简洁，与体量模型相配合。此时的比例为1:100～1:200。

图3.39 是配合建筑体量感布置的枝干树，不用树叶，避免遮挡建筑主体，枝干分叉的疏密应与模型比例相适应。此处模型的比例为1:200。

图3.40 是用PVC板切出的片状树，以不同角度种植在底板上。此时的比例为1:100～1:200。本例中还用透明涤纶片下衬深灰色卡纸表现水面。建筑和树木在水面的倒影效果为模型增色不少。

图3.41 是高度几何化的圆锥树，配合同样几何化的广场设计。此时的比例为1:500～1:1000。如果太大势必过于死板难看。

图3.42、图3.43 是采集自然植物枝叶制作模型树，应干燥处理，可适当喷漆，适用比例1:200～1:50。

图3.41

图3.42

图3.43

图3.44a

图3.44b

图3.45

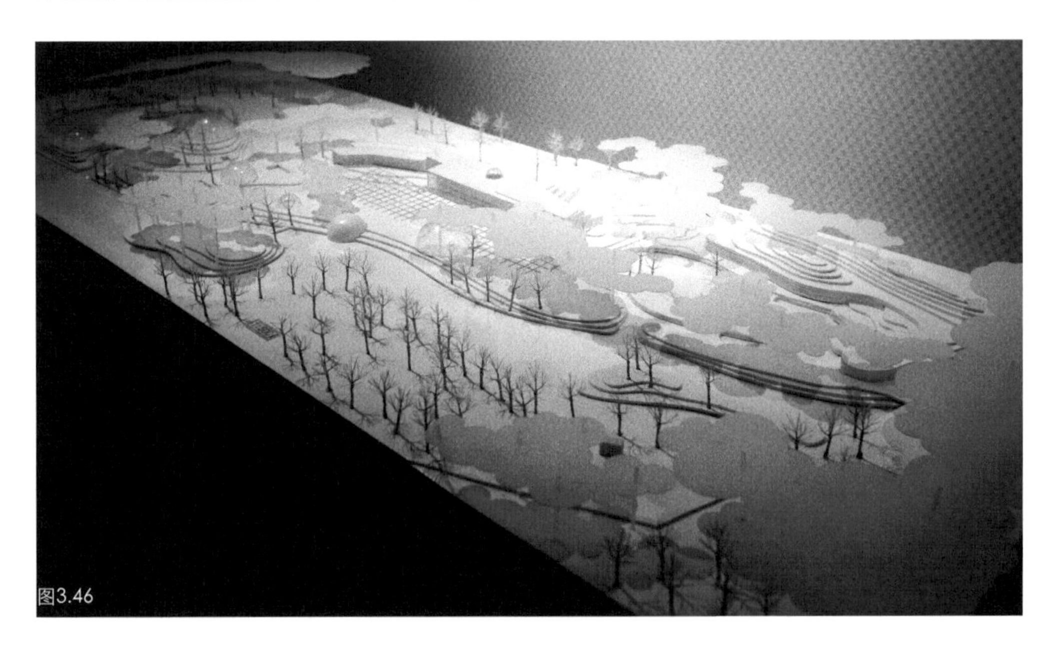
图3.46

图3.44a 用干燥的丝瓜瓤制作模型树，适用比例为1：200～1：300。所需材料和工具有：丝瓜筋（超市洗涤用品部一般可以买到）、牙签、UHU胶和裁纸刀。

将丝瓜筋切成所需厚度和形状，插入牙签前在牙签端部涂少量UHU胶。

图3.44b 将模型树固定到底板上时，用微型电钻打一个深度合适的孔，再插入末端涂胶的树干，可以保证牢固粘结。

图3.45 幼儿园设计模型，木质模型与丝瓜筋树配合的效果。圆形的树与墙体上的圆窗相呼应，富有童趣。

图3.46 半透明的亚克力板经过数控激光切割制成云状漂浮物，模拟成片的树冠。略喷白漆的枝干状树木作为陪衬和对比。由于采用展览现场光源，故照明度变化很大，树冠由亮急剧变暗。

图3.47 棱锥体形的模型树。与建筑主体保持类似的体量感和简洁性，树的斜面与屋顶的斜面在形态上有所呼应，且欧洲的一些树种确实为挺拔向上、顶部收束的形态。

图3.48～图3.52 详细演示了这种树的制作过程。第4章美术馆设计一节的模型使用了此模型树，可进一步参阅。

图3.48 首先用电热丝切割器将高密度硬质聚苯板切为正方形断面的长条。

图3.49 将电热丝调整为约45°倾斜角，切割面板上的靠尺也需要调整为与底边成45°夹角。将聚苯板条以图示角度平推切割，形成一个斜面。

图3.50 将靠尺平移，留出适合切割的空间，再次将聚苯板条以同样角度平推切割。

图3.51 这样就得到了棱锥状模型树的主体部分。

图3.52 用牙签从棱锥树的一个尖角插入，得到完整的模型树。可以用丙烯颜料刷出所需颜色。注意，喷漆、有机溶剂、502瞬干胶、UHU胶等对聚苯板有腐蚀作用。

图3.47

图3.48

图3.49

图3.50

图3.51

图3.52

图3.53～图5.56 是使用直径1.5mm左右的钢绞线和多孔棉制作模型树的过程。适用比例1:200～1:300。

图3.53 细钢绞线由多股更细的钢丝缠绕而成，制作时需要用到普通钳子和尖嘴钳。多孔棉可取自靠枕芯。
图3.54 将细钢丝截断成所需树高，用钳子弯曲分支，模拟树干。
图3.55 取适当的多孔棉与树枝穿插即可。
图3.56 固定树干于底板上时，事先钻孔。

图3.57 首层庭院中设置室外家具和人物剪影。
图3.58 在建筑平台上放置表现尺度和气氛的模型人。
图3.59 台阶做法
图3.60 庭院中的高差处理
图3.61 楼梯细部

图3.53

图3.54

图3.55

图3.56

3.3.2 人物、台阶、栏杆、门窗、家具等

制作的建筑模型比例较大时，细节的处理开始变得重要，建筑细部配合家具、人物将更充分的表现建筑设计意图，同时形成建筑的尺度感。

图3.57是一个1:20的住宅模型，前景中的家具和剪影人物增添了生动的景致，在午后的阳光下惬意而安静。剪影人物可以手工刻制，也可以绘制图形后用数控设备雕刻制作，取得更精致的效果。

图3.58中采用了从模型商店购买的1:50的比例小人。小至1:300,大至1:20甚至1:10的模型人都可以买到，人物还有多种姿态可供选择。只是有时这些人物过多的细节和颜色在建筑模型中有喧宾夺主之嫌，需要多方面考量后使用。

图3.59～图3.61是用PVC板、软木块、亚克力板等制作的台阶、楼梯、落地窗等细部。熟练的手工和耐心是制作精细的成果模型所需要的。

图3.57

图3.58

图3.59

图3.60

图3.61

图3.62 用3mm厚中密度板精心制作的楼梯。使用微型线锯机切割踏步后面的锯齿状楼梯斜梁，再将踏步板粘结其上。

图3.63 随着地形而设置的台阶在该建筑中起着重要作用。拾阶而上的过程中，人们体验着建筑与山体的结合。安藤忠雄事务所设计。

图3.64 大尺度的宽阔台阶是整个场地中的重要元素。将空间序列徐徐展开，将建筑与地形相结合，建筑屋面成为广场。 安藤忠雄事务所设计。

图3.65、图3.66 1:50别墅设计作业模型中的楼梯与栏杆。

图3.63

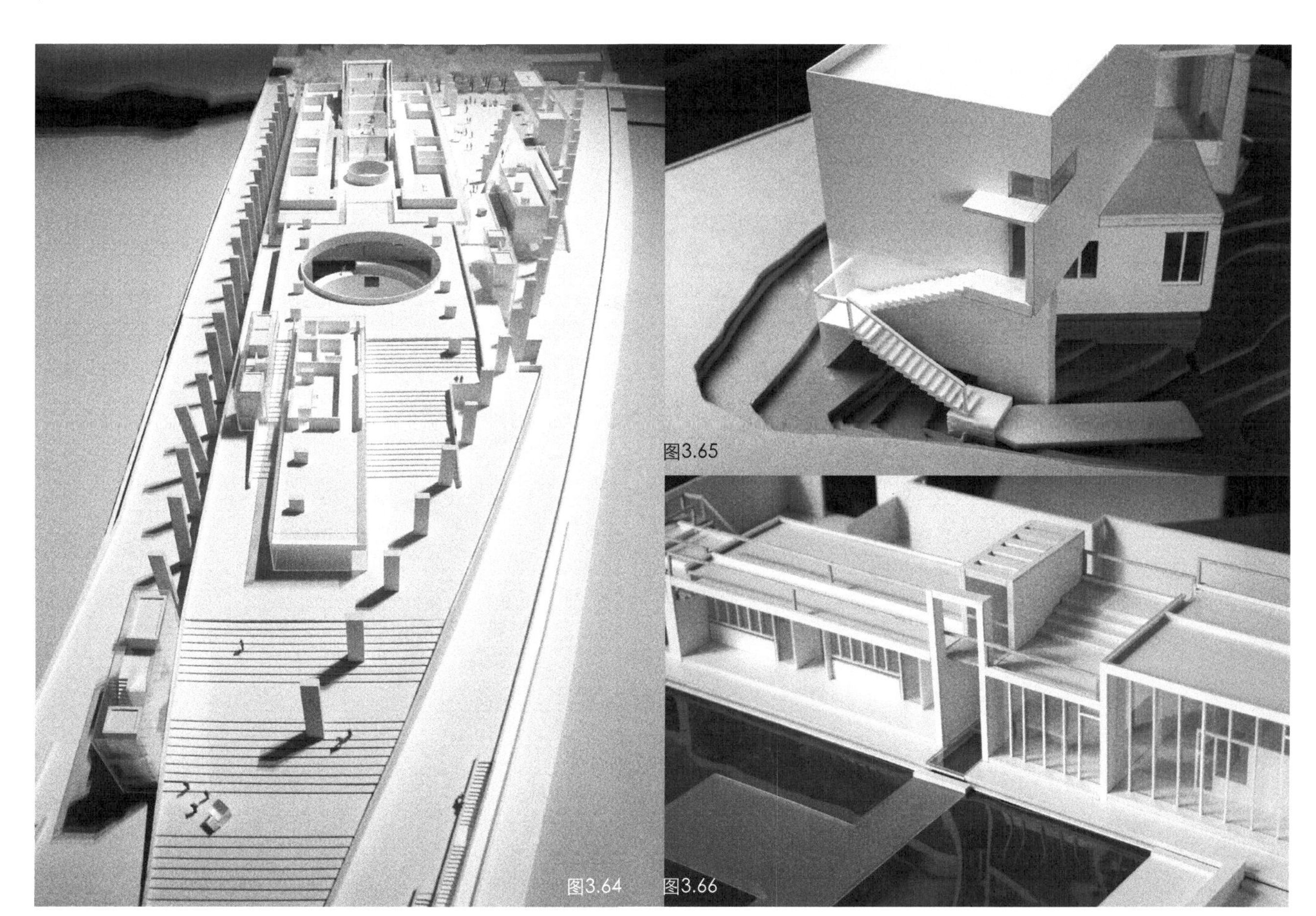

图3.65

图3.64 图3.66

4. 设计过程与模型制作实例

本章是全书的重点。笔者精选了一些重要的设计课题，详细阐述建筑设计与模型制作相结合的过程，对于建筑学本科1～4年级的学生而言，这些实例将成为有益的参考。

读者在阅读本章时，不仅应注意到这些课题中模型制作的技术与技巧，也应该体会课题本身的要求和内在的教学目标。模型是建筑设计的一种工具。“用模型构思、用模型推敲、用模型研究、用模型表现”是本书的基本目标。

4.1 基本空间训练

本课题是一年级空间认知训练的初始部分。课题为：单一空间设计。为期一周左右。

设计内容：单一空间的体量、表皮（洞口）和内部光环境＋人的行为方式（心理功能和使用功能）。

课题阐释：

体量——空间的三维尺寸和形态。相对人的尺度而言，并与使用空间的方式有关。

表皮——这里主要指的是从不同方向围合空间的界面。本周主要处理在不同界面上开洞口的问题，为内部空间引入自然光，营造有特定空间感受的气氛（心理功能），并符合人的行为方式，能够满足相应的照明要求（使用功能）。

人的行为方式：

1）为相应的空间设想相应的行为方式，即使用的可能性（1～2种）。可以是较为通常的，如：阅读、就餐、睡觉、绘画创作、展示绘画或雕塑等艺术品、健身、会客、各种聚会，也可以是较为玄虚或精神化的，如：沉思、祈祷。

2）为设想的行为方式布置1～2件家具（或道具），在平面中的位置以及与洞口的关系需要推敲，进一步确定家具（或道具）的三维尺寸和基本样式。

空间感受：

1）尺度感，包括心理尺度和使用尺度。

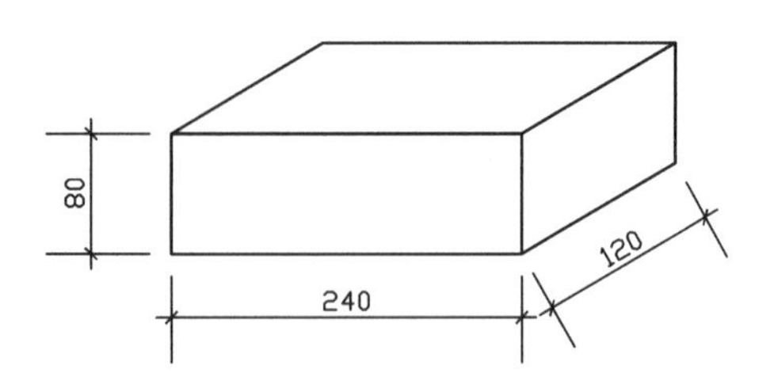

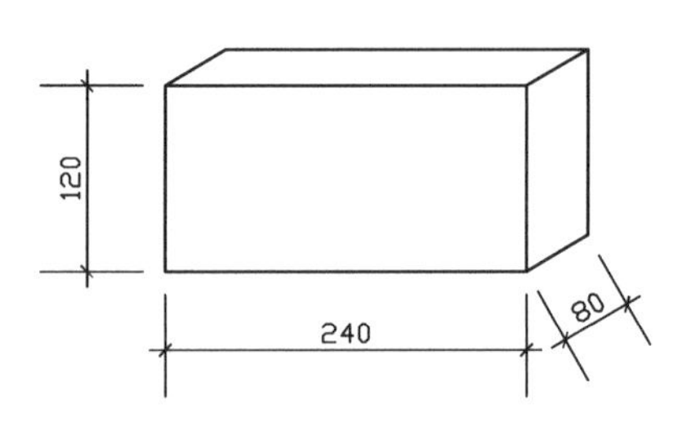

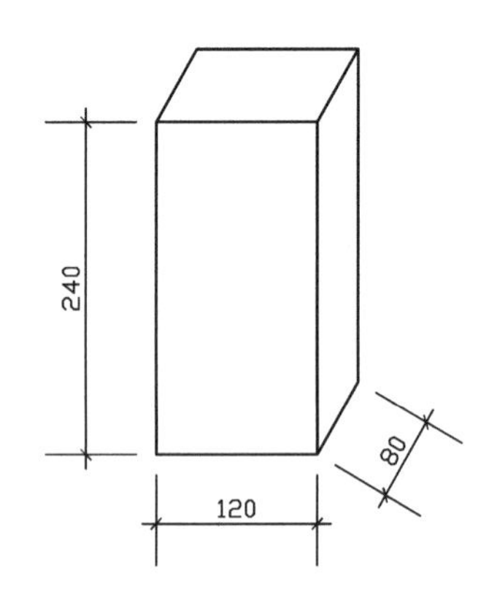

图4.1a 单一空间研究模型外轮廓尺寸和摆放方式

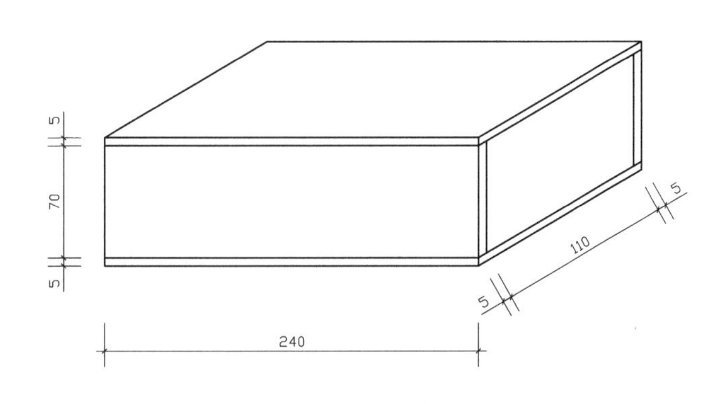

图4.1b 单一空间研究模型外轮廓细部尺寸

2）视觉感，包括形、明暗、色彩、表面肌理（色彩、表面肌理本次不作要求）。

作业准备：

5mm厚白色KT板一大张（2400mm×900mm），购买时可切成600mm×900mm的4张，便于携带。

裁纸刀——窄刀面，30°角刀片

A3规格垫板

5mm宽双面胶

大头针一盒

钢卷尺——3.5～5m

成果要求：

三个摆放方向不同的体量（尺寸见图4.1a、图4.1b），处理其表面开口的形状、大小、位置，满足使用功能和心理功能。

设置相应家具或道具

摆放一个或多个比例人

测绘家具（或道具）的三维尺寸，在A4白纸上绘制成1:20的平面图和立面图（立面图1～2个主要方向）。

这个课题与常见的“单个房间布置”课题（如图4.2）有所不同，虽然也要求设定一定的使用功能，但是更强调“体验设计”，即空间的心理感受与使用功能的互动。因为所谓功能并不只是体现在房间布置了何种类型的家具，或是根据使用流程划分了几个区域，人的体验常常也是很重要的。而这种体验包含了几个基本的层面：对围合空间的界面形态的认知、空间内部光环境的塑造和洞口所暗示的内外空间关系。训练中强调对尺度感、明暗关系、虚实关系和视觉动力的把握。

如图4.3a中，长方体的体量从对角线方向予以打破，在内部空间的三个表面上也会产生缝隙光的效果（如图4.3b）。3条光亮地带有力的引导着视线，形成空间中循环往复的效果。这样的空间也许对应着“玄思”之类的意境，如果在缝隙外侧制造人为的光色变化，似乎也可以产生幻境效果。

图4.4是另一个空间模型的内部效果。水平开口与竖直柱子形成对比，不同方向和高度的长窗将长方体

图4.2 房间布置模型

图4.3a 单一空间研究

图4.3b 内部光效渲染

的界面解析开来，形成与外界多样的关系。一条长窗设置在适合安装桌面的高度，则外墙洞口与桌面可以产生积极的关系。

图4.5利用小方块洞口的疏密产生对内、对外的特殊视觉效果，是针对空间表皮进行的一种操作。制作该模型时，先采用5mm见方的细木条制作长方体的框架，再用薄卡纸刻出方洞后粘在框架上，根据需要，内部可以衬上彩色卡纸。

图4.6a是对于长方体体积进行的空间切割。处理手法大胆。图4.6b是其内部效果。

图4.7在基本维持长方体形态的基础上，跨越形体转折面进行切挖操作。模型采用KT板制作，大头针固定。KT板易于切割，给这类体积切分尝试提供了便利。

图4.8～图4.10是较为常规的利用板片穿插和体量切挖手段组织成型的空间。这里已经涉及2～3个空间的关系，是上一个单一空间课题的延伸。

图4.11引入了非正交关系的斜面、曲面因素。图4.12则利用缝隙把单一体量拆解成几个相互咬合的部分。

这个练习需要在尝试中进行，需要注意内部空间效果，最好能留出洞口或留一个可活动拆卸的面，方便观察内部，以及用小型相机微距模式拍摄内部照片。

制作这一系列模型时需要根据模型比例选择板材的厚度，板材太厚会带来加工难度，而且效果粗笨不精致，板材太薄则不够挺括。切割下料时需要考虑到转角处板材交接的处理，在转角处板材厚度的积累有时使总体的长宽发生明显的误差，常常使总尺寸过大。

图4.4 单一空间研究 1

图4.5 单一空间研究 2

图4.6a 单一空间研究 3

图4.6b 单一空间研究 4

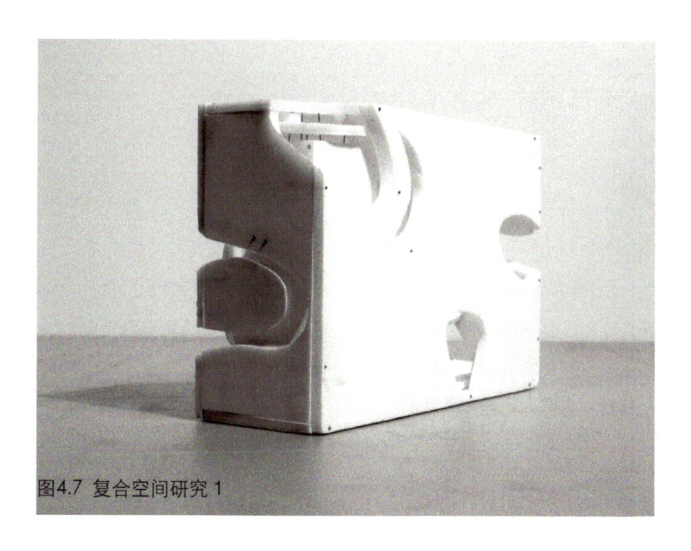

图4.7 复合空间研究 1

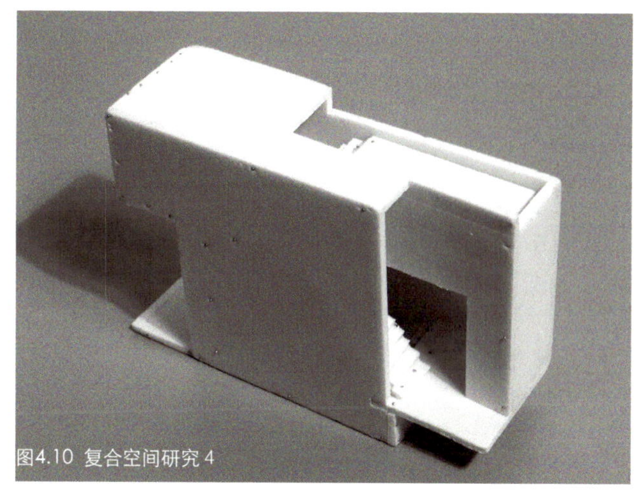

图4.10 复合空间研究 4

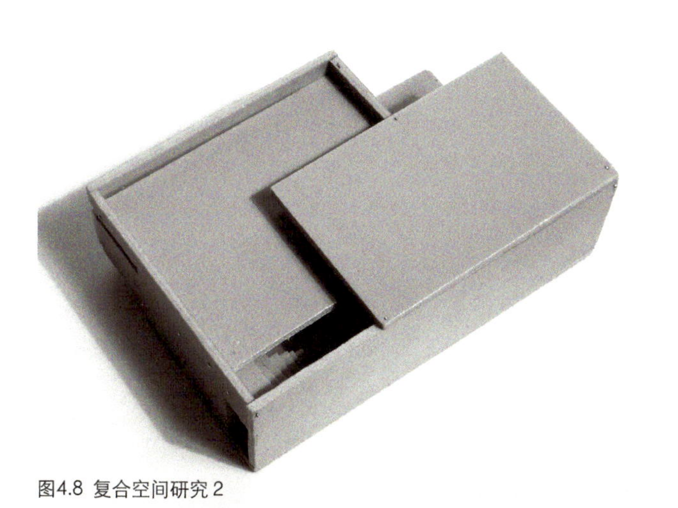

图4.8 复合空间研究 2

图4.11 复合空间研究 5

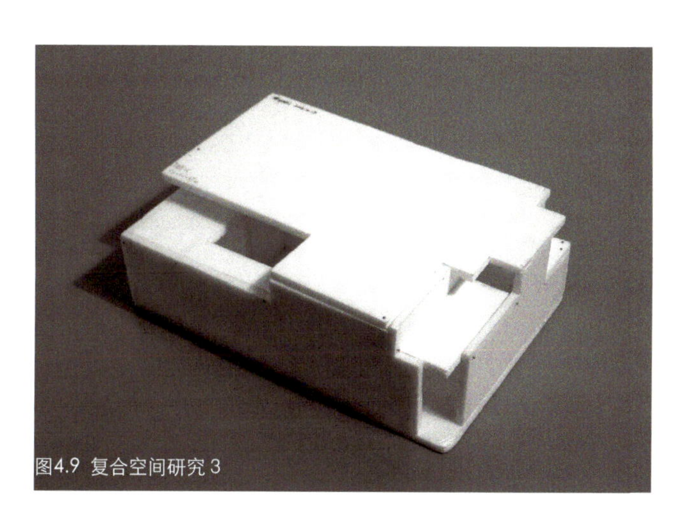

图4.9 复合空间研究 3

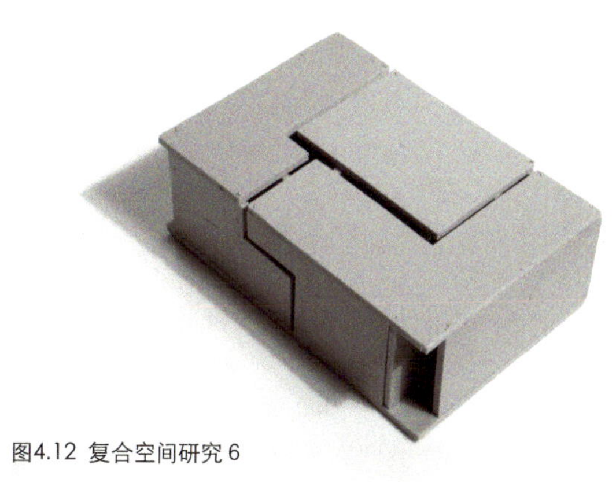

图4.12 复合空间研究 6

图4.13

图4.14

图4.15

图4.16

在单一空间设计课题基础上，通过较为复杂的模型制作，进一步体会空间关系的处理手法。这时的模型外框尺寸放大为40cm边长的立方体，在此范围内通过进行空间划分和组织，在各空间之间构建合理而有趣的组织流线和路径。（图4.13～图4.22）

由于采用了5mm见方木条制作框架，该课题同时要求学生关注结构系统的完整性于内在逻辑，“骨”与“皮”的概念由此引入。作为结构系统中重要的竖向支撑体系与水平承重体系应该在结构模型中较为清晰的予以表达。之后，采用卡纸板等材料对空间进一步围合、划分，结构上也进一步转化为“龙骨体系＋壁板”的组合墙体结构。

作为本科一年级学生，多数人对于建筑结构还缺乏理解和相应知识，制作框架模型时应该积极调动视觉感受将不同部位的杆件分出主次关系，对于主要的、承重量大的构件应用相应方式加强，如柱子由几根木条组成组合柱、主梁也在受力方向上增加高度和杆件数量，而对于楼面和大面积墙体而言，也需要适当密度的格栅作为结构。设计制作结构时需要关注：

1. 结构系统的整体形态
2. 以断面粗细表现的构件主次关系
3. 不同方向构件的连接方式

除了在视觉上分出不同粗细等级的杆件外，用手或一定重量的物体对结构模型施加压力也是重要的检验方法。可以将模型拿起来，用双手从不同方向上挤压模型，观察模型整体变形情况，判断模型整体的刚度，发现变形最大的地方。也可以对局部构件施加向下的压力，感觉一下是否够结实。

最后的视觉和触觉效果应该是合适而不过分：不过分纤细脆弱、也不过分粗笨。单个构件尺度合适，构件排列的密度也形成较为愉快的视觉节奏。

这里对于视觉和触觉判断方法的强调并不否认结构知识和理性分析的重要性，事实上，同步补充基本的结构知识和结构分析方法同样重要。将理性过程和感觉因素相综合是建筑设计师应有的状态。

图4.13～图4.19 是本课题结构与围护部分的制作过程
图4.20～图4.22 是模型内部照片

图4.17
图4.18
图4.19
图4.20
图4.21
图4.22

4.2 小型建筑物设计（休闲亭/书吧）

本课题要求在校园指定地段上设计一个建筑面积约20m²的小型建筑（休闲亭）。功能因素、环境关系的处理在基本空间关系之后被引入设计教学。

学生分小组制作了地段的环境模型，将各自的初步构思也制作成体量或结构概念模型放置在地段模型中考察（如图4.23和图4.24）。结构模型以细木方和木片板为主要材料制作，使用UHU胶或白乳胶进行粘结。

此课题明确要求学生以木结构为主进行设计。从图4.23的体量模型转化为图4.24的结构草模需要在教学中补充木结构设计的基础知识。以较细杆状构件有序的进行排列和搭接是木结构的重要特点。可以说，此类木结构是以“线条”的完成对“面”的塑造，进而限定出“体积”。地面、墙面、屋面这三种“面”分别用“线”状木构件编织成骨架，彼此咬合搭接，构成结构整体。图4.23～图4.25是一个说明此概念的较好实例——形成地面的主要地梁被垂直的两个木构件“夹”住，而这个双柱也同样“夹”住屋面主梁。在地面主梁的上面是地面次梁体系，而在屋面主梁之间是屋面的次梁体系，次梁断面比主梁小，次梁分布的间距比主梁间距也小。地面次梁至上在铺以木板形成地面面层，屋面主次梁体系上是屋面板的构造（模型中未表现）。

这类用小断面线状构件组合形成结构的方式不同

图4.23 体量模型 1：100

图4.24 工作模型 1：50

图4.25 休闲亭模型 1：20

图4.26 模型局部

图4.27 美国比弗顿市立图书馆

于砌体墙承重结构或钢筋混凝土现浇墙体结构，换句话说，虽然在木龙骨结构体系外侧固定面层板后也形成类似墙的体系，但这种墙内部是有构造层次的，而非实心一块，而一些暴露的木构件将在建筑室内形成重要的视觉因素——有规律的顶棚分格或是墙面分格。这种分格对于建筑尺度感的形成有重要作用，而结构本身似乎也常常可以兼任“装饰”的角色。

图4.27是美国比弗顿市立图书馆的内部空间，木材的温暖感得以充分表现，而结构秩序也是清晰可读的：如树干般升起的曲线胶合木组合柱—分叉柱顶所限定的屋面主梁结构网格—45°交叉的屋面次梁体系—屋面天窗所在的正方形网格。

这个实例中，结构体系与空间配置得到整合，而室内光环境与结构体系也得到了很好的整合。为了得到良好的顶棚视觉效果，空调、照明等设备同样需要加以整合，而不是简单做上吊顶。这样的整合是国内许多建筑设计严重缺乏的。笔者认为，从建筑教育的启蒙阶段就应该进行这样的整合教育，首先可以强调结构与空间的整合，随着学生步入高年级，相应设备和环境控制知识得到补充后，建筑设备与结构、空间的整合，乃至室内设计、家具设计的大整合应该在教学中着重强调。

图4.28～图4.31b是休闲亭设计课题的另一个教学实例。三组曲线胶合木构架略微转折的咬合在一起，形成向周边环境开放的空间姿态。

曲线悬挑构件的外轮廓需要结合结构知识和视觉感受进行判断。在竖向与水平向的转折处，构建断面加大，而到了悬挑结构末端，断面则渐次缩小，这些都是符合结构力学原理的变截面方式（断面大的位置承受的弯矩也较大），同时也是给视觉带来渐变和轻快感受的重要形式处理手段。

如同人体的骨骼结构与肌肉分布状态—上臂粗而前臂渐细，上臂与身体交接处的肌肉群则更为发达。对于结构的认识可以从对自然界、对生活的观察而得来，不仅仅局限于课本。建筑学某种意义上是常识的高度综合。

本节所展示的结构模型，同样应该进行视觉和触觉的双重检验——双眼反复观察结构实体与所开辟的

图4.28 休闲亭工作模型 1：50

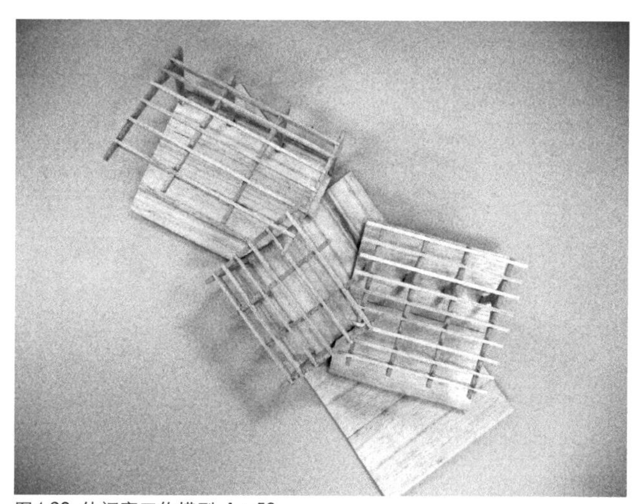

图4.29 休闲亭工作模型 1：50

图4.30 休闲亭模型制作过程 1：20

图4.31a 休闲亭模型 1：20

图4.31b 休闲亭模型 1：20

空间。它们的形态是否产生积极的虚实互动？它们的动态是否形成适度的张力与趣味？它们的比例关系是否恰到好处、肥瘦相宜？结构模型在手指的按压下是否坚固而富有弹性？如果不是单独的几个构件发生较大变形，那是否整个结构体已经尽量均匀的承担了外部施加的荷载？学习者应该充分调动自己的“手-眼-脑”去感知去追问，去追求更为满意的解决之道。

图4.32～图4.36是另一个休闲亭设计实例。图4.32是第一阶段的草模，较为复杂的平面形态带来了较复杂的结构组织。在第二阶段，设计者放弃了在小空间条件下组织复杂结构的初衷，采用图4.33中较为简明的结构和空间组合。

最终的成果是一虚一实、一大一小两个立方体，以特殊倾斜的方式相搭接。较小的立方体限定了建筑主体前的过渡空间，而倾斜的主体结构与水平的架空地面形成有趣生动的对比。该作品不失为一个成功的建筑小品。

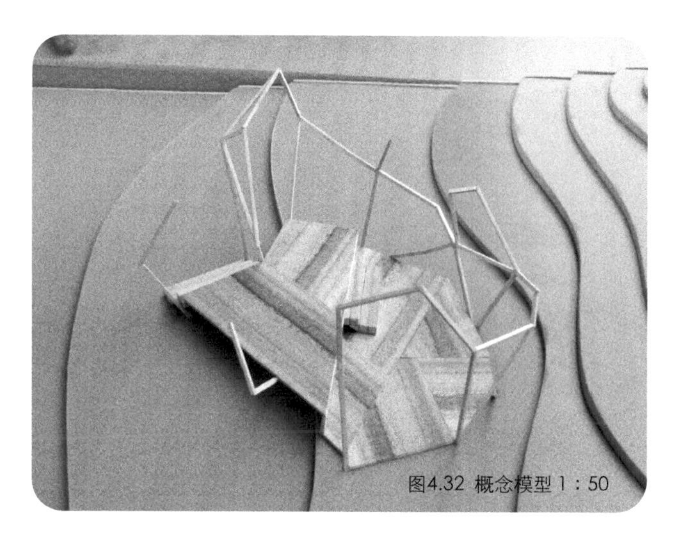
图4.32 概念模型 1：50

图4.33 概念模型 1：50

图4.34 休闲亭模型 1：20

图4.35 休闲亭模型 1：20

图4.36 休闲亭模型 1：20

图4.37 休闲亭模型 1：20

图4.38 休闲亭模型 1：20

图4.39 休闲亭模型 1：20

图4.37～图4.39是休闲亭最后一个实例。显著特征是夸张的大尺度悬挑，造型具有有力的转折与切割感觉。为了实现大尺度悬挑，结构作了特殊的设计——悬挑部分竖直的两侧墙内部实际上是两个桁架，桁架的高度与建筑自身高度相同，两个桁架如同两个坚实的臂膀从基座上伸出，桁架上下弦分别于屋面格栅梁、楼面格栅梁相连接，形成结构整体。

桁架部分暴露在外，屋面也暴露了部分格栅，形成建筑较为开放的部分。

该设计结构体系清晰而富有表现力，与空间有效整合，模型本身由细木方和木片板精心制作，皮与骨的构造关系清晰，是一个成功的设计。

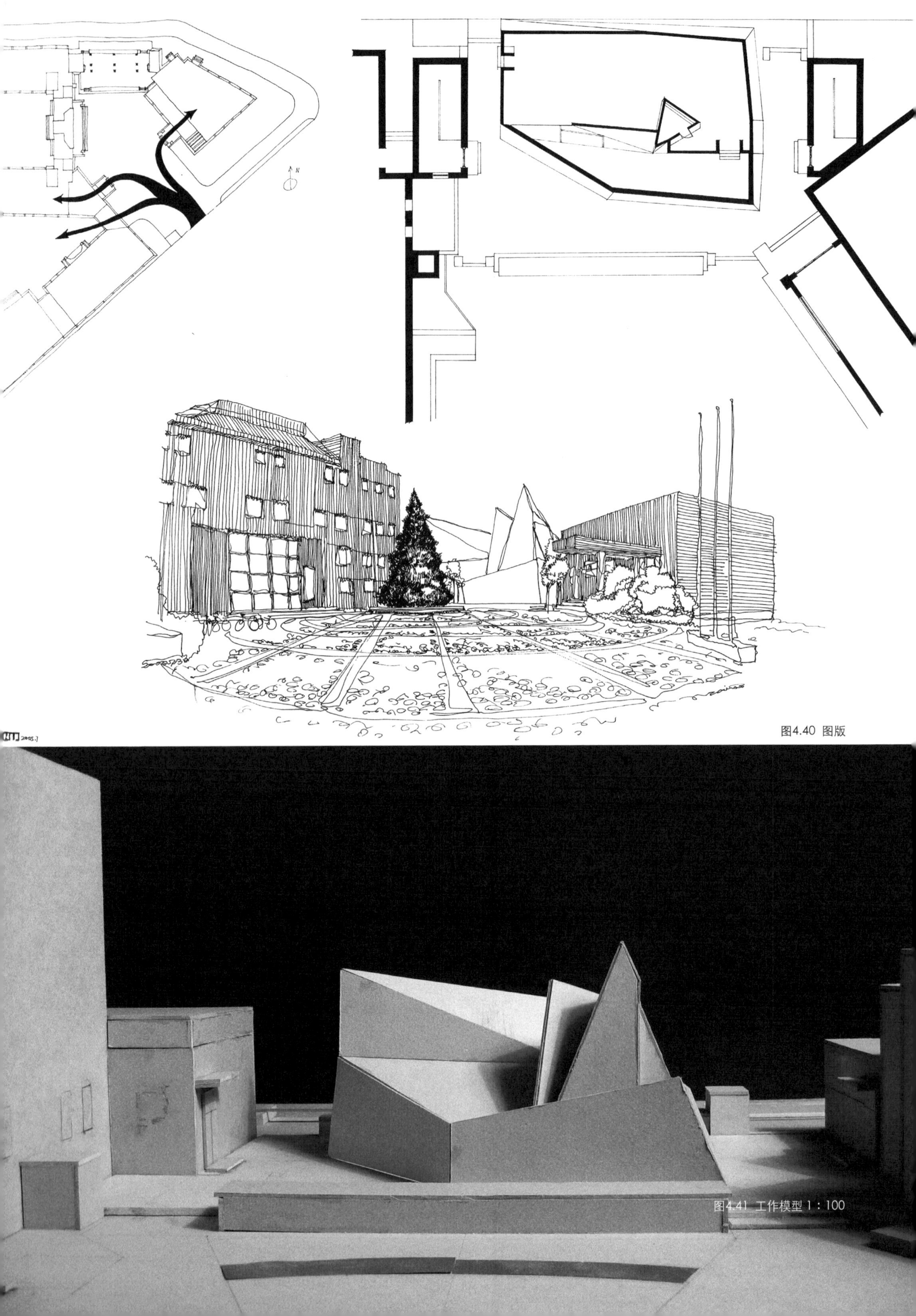

图4.40 图版

图4.41 工作模型 1：100

图4.46 模型内部

图4.40～图4.46是一年级临近结束时的设计课题，作业内容进一步要求设计初学者将功能、周边环境、结构等问题相综合。使用功能可以是“餐吧”、“书吧”，也可以是学生活动或自习的场所。要求有厕所和一定面积的服务或办公空间，总建筑面积约180m^2。

设计地段选在中央美术学院北校区内。所选设计实例采取的是张扬个性的策略，与周围灰色调、稳健的现存建筑形成对比，从手绘透视图中可以清楚地看出此目的（图4.40，图中新的建筑尺度画得偏大）。建筑利用一组折板形态形成小山峰一般的冷峻外观，南向开窗很少，雕塑般的实体感觉很强，南向院落的一段围墙斜着把人引向侧面的入口，院落空间和相邻的建筑南立面成为一个悬念，绕进入口反身观看，并进一步螺旋式的找到内院入口，悬念才能解开，而厕所被设置在螺旋空间的核心处，一个高耸的天窗让入厕的人有醍醐灌顶的感觉。北向高侧窗给主要的读书空间带来安静而匀质的光线（图4.46）。作者偏好强烈的形式，也注意调动使用者的情绪，重视建筑的心理功能。

设计过程中制作了1：100和1：50两个模型，较小的模型可以放置在同比例地段模型中，如图4.41所示。而较大的模型用于深入设计内部空间和外墙局部处理，如图4.44～图4.46。模型采用灰色卡纸板和透明亚克力板制作。

图4.42 工作模型 1：100

图4.43 工作模型 1：100

图4.44 工作模型 1：50

图4.45 工作模型 1：50

4.3 别墅设计

20世纪以住宅设计闻名天下的建筑大师不乏其人。在此之前的岁月里，建筑师名留史册大多是因为设计宏大的宗教建筑或公共建筑。在私人住宅中追求建筑的艺术性、展示建筑师的才华，并以此成名的确是人文思想高扬之后的事情，人们尊崇的东西不再只呈现于神灵和王侯将相的世界。在现代资本主义社会，在私人空间中展现出品性、趣味和生活方式是20世纪初住宅设计的突出要求。

别墅设计教学是国内各建筑院校在本科二年级或一年级末的重要设计课题。本节花费较大篇幅进行讲解，所选设计课题为：8～10周时间中，设计一个面积为300～400m²的私人别墅。对于初学建筑设计的学生而言，这是一个合适的课题，因为日常居住经验和对不同生活方式的想象会让学生对别墅这个题目感到亲切。但困难在于：

1）从城市不同类型的集合住宅到郊野独立住宅所包涵的不同社会意义和不同的生活方式，多数学生没有接触、思考过。他们不了解别墅对于土地资源、环境资源的占有和利用方式，也缺乏别墅的生活体验。

2）别墅总建筑面积虽然不算大，可是麻雀虽小五脏俱全，需要仔细考虑功能的分布和组织，创造出新颖的空间关系，还要解决相应的结构布置问题。

3）郊外独立别墅与自然环境应该产生积极、合理的关系。

流线图

作为设计的必要准备，一张较为清楚，对空间关系进行了一定梳理的流线图是有益的（图4.47）。

流线图中区分了别墅的前与后，楼上与楼下，将面积分配表中的各类空间之间的通常联系图解出来。至此，一些学生开始按照上面的流线图，再套用面积分配表中的数字用一堆矩形房间在平面图上拼凑各部分的面积，显然这并不足取。因为任务书中的面积分配表和流线图只是最为通常的功能联系，一个好的设计常常并不止步于惯例，更主要的是，上述图表并不包含建筑设计中关键性的空间形态和空间关系。图表中的面积和关联应该通过设计，创造性地转变成有趣、有意味的三维图式语言，用模型和图纸予以表达。

地形与日照、冬季夏季主导风向的关系

不同的房间有着不同的日照、采光要求，开窗方向和窗户大小，甚至开窗形式（普通窗、落地窗、高侧窗、天窗）都可能不同。良好的开窗方式应该在夏季引导室外新风对室内进行换气和降温，在冬季则避免冷风灌入和渗透，减少热量损失。

图4.48是北半球日照一天中的示意图，初学者应该非常注意观察太阳，体会太阳在一天之中的升起和落下，对建筑不同的几个立面造成了哪些影响，不同时间射入建筑的阳光有着怎样的属性，这些属性

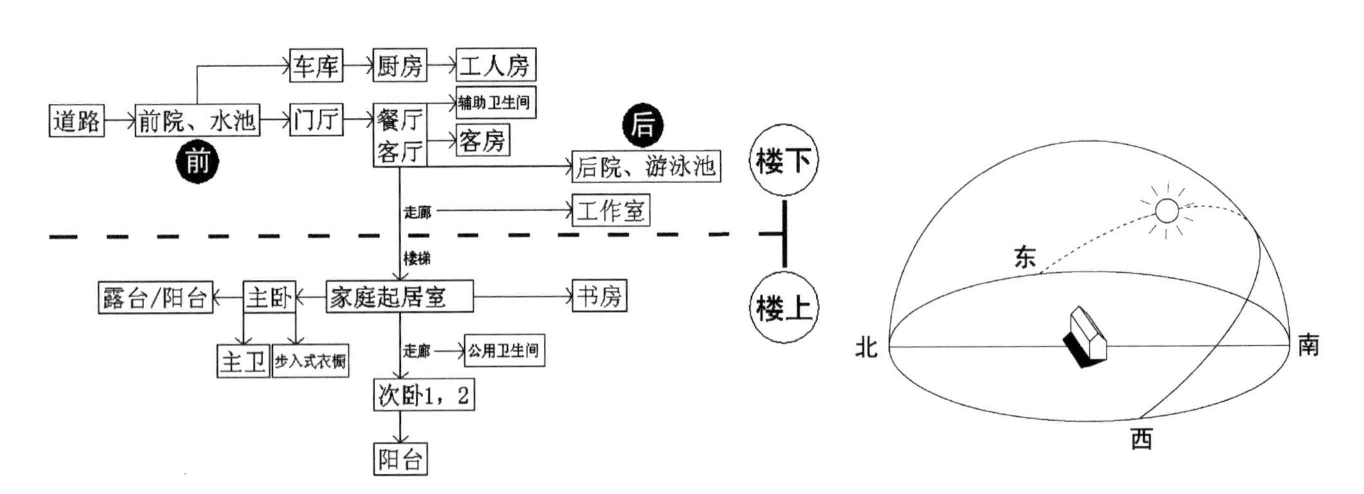

图4.47 别墅的一般流线安排

图4.48 北半球一天中日照示意图

既包括物理和光学方面的照度、色温、高度角、方位角，也包括阳光的心理属性：日出东方——清新而有活力；烈日当头——血气方刚、热烈而有些急躁；午后西晒——燥热不安；夕阳西下——阴气上升阳气下降，心绪沉静……这些是夏天的阳光，而春天、秋天、冬天，阳光的性情都有变化，因此，在不同的季节和时间去体验一个建筑，可能会有很不同的感受。

建筑中不同的房间需要的日照也是不一样的，以别墅为例，起居室一般是需要南向阳光直射，带来活力和变化；卧室可以朝南、朝东，次要卧室可以朝北，但窗户一般要小，避免在冬季散失过多热量；工作室、书房一般朝北以获得北向稳定而安静的光源，也可以用北向天窗或高侧窗与南向较小的窗户相结合，在大的安静气氛中开辟出较温暖的南向角落；厨房等辅助用房一般不占据太好的朝向，除非主人非常喜欢烹饪；餐厅可以朝南或朝西，朝西的好处是，晚餐时分将有夕阳做伴，朝西的餐厅之外还可以加一个半开敞的外廊；院落一般朝南，注意处理房子北向地阴影区域，可以用白墙或黄色的围墙反射部分阳光给阴影区域。这些建议针对北半球偏北的地区，如果是在南方，日照的需求有所不同，所有建议都需要在设计中灵活运用，不可当作教条。

地形的高低起伏暗示着怎样的使用格局

将建筑布置在基地的平坦区域是实用的，但有时会和保护成熟植被的要求相矛盾，或是平坦区域过于荫蔽。斜坡地常常可以用来生成一个在内部和外部都有高差变化的组织方式。

建筑的长向可以平行或垂直于等高线，从土方量和造价角度考虑，平行布置较为合理，而在不少坡地建筑实例中，垂直挺进的姿态也不少见，似乎，平行意味着保守和服从，垂直意味着激进与征服。两者如何取舍，要看基地具体的情况和建筑师的意图——表现自我或是服从于环境（图4. 49a）。

如果建筑物位于城市地块之中，一般说来，应该使建筑入口方便地与现有车道、人行道交接，使场地和道路的工程量减小，还应考虑与别的建筑一起构成良好的街区立面。如果基地（土地）面积够大，建筑

图4.49a 坡地上建筑的布置方式

1.不需增加挡土墙费用

2.沿台地边缘布置建筑，需增加挡土墙费用

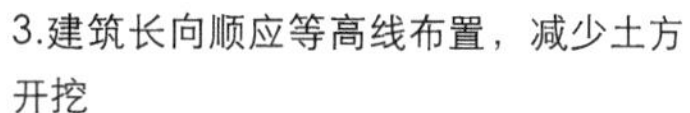

3.建筑长向顺应等高线布置，减少土方开挖

4.建筑长向垂直等高线布置，增加土方开挖费用

5.建筑长向垂直等高线布置，架空布置，产生戏剧性效果，但造价增加

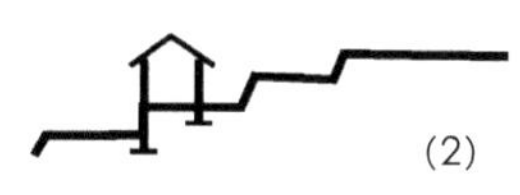

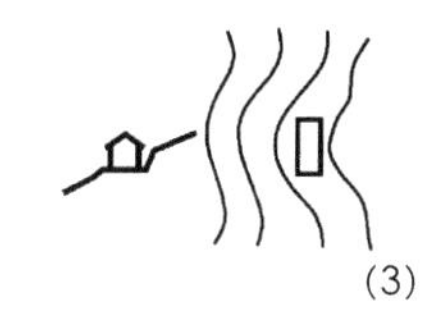

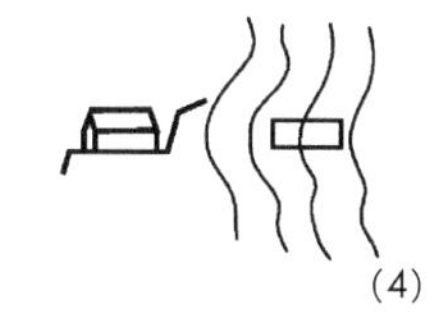

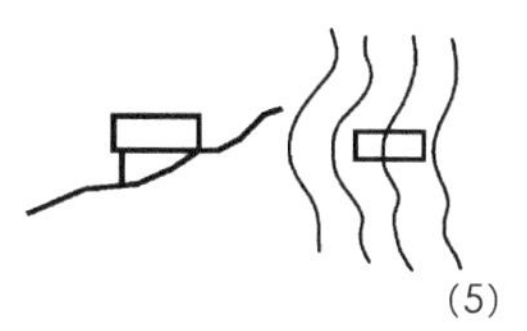

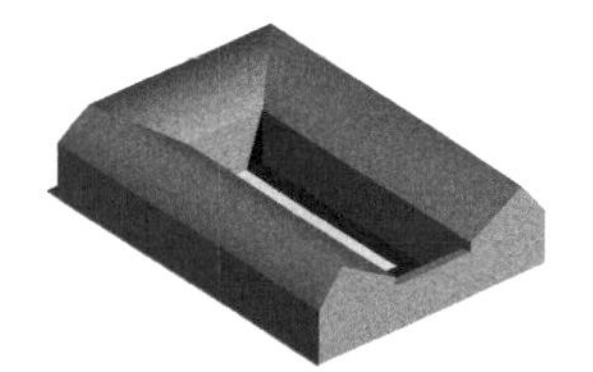

图4.49b 建筑中的内院示意图

图4.50 概念模型

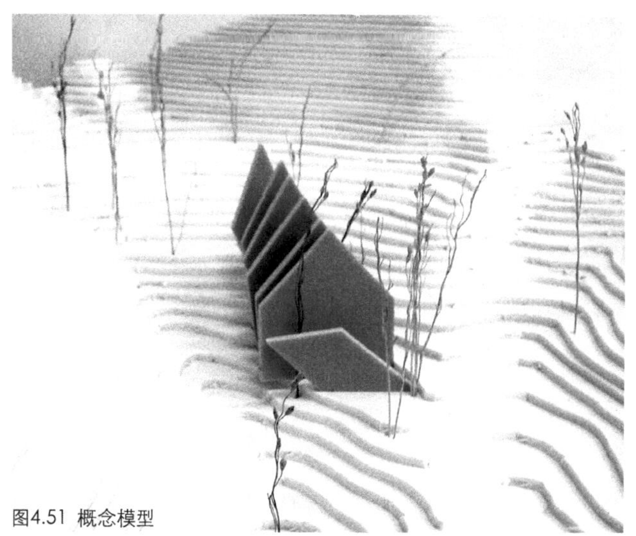

图4.51 概念模型

相对较小，请注意综合利用建筑、围墙、植物等方式控制场地边界，处理好开敞、半开敞、封闭的关系。将建筑物当作一个物体排放在场地中央常常是不明智的做法，除非这个建筑物是一个需要供奉、瞻仰的纪念物（图4.49b、图4.50）。

如果基地面积很小，在建筑边界占满基地时，可以考虑在建筑内部挖出部分院落空间，因为完全把自己封闭在建筑里，失去体验自然风雨日月的机会，常常也不是好事（图4.49b）。

本节实例中，笔者选择了一个地貌特征较为复杂的基地，明确要求学生把别墅与自然环境积极、合理的关系作为设计的出发点，确定与基地关系的过程也是产生空间和结构形态的过程，也需要同步地划分功能组团、调整流线。

所选基地是北京长城脚下的公社别墅群中的一块，现存别墅是由非常建筑事务所设计的二分宅（夯土宅）。学生在参观了基地之后，根据地形图制作了1:100的基地地形模型（图4.51，详细的地形模型制作方法参阅第3章3.2节）。设计的开始阶段，20余名学生被要求直接在基地模型上用简单易修改的模型材料推敲别墅的体量和空间，确定别墅的结构与空间形态与基地中的哪些特定因素直接相联系（坡度、坡向、树木、山势等），他们还可以利用灯具模拟分析一天中日照的情况，以确定较适合的选址、朝向。有同学提问，在没有平立剖的情况下，做模型会不会误差太大甚至无法把握？笔者的建议是：

1）直接在基地模型上运用草模推敲时，要时刻注意到所加建筑部件（墙体、柱列、屋面、体块等）的比例与基地模型一致，并且时刻琢磨一下实际的空间尺度给人的感受。

2）如同画画时先确定大的空间关系，做草模时也需要先忽略一些细碎的房间功能，较为快速地抓住空间的主要部分和主要空间关系，明确建筑的主要部分的大小、形态，以及与基地到底是什么关系。

3）在基地模型的三维空间中确定了大的空间关系，可以借助草图调整面积过大或过小的部分，以及相对细碎的空间层次，需要把草图的调整再次做成草模，放置在基地模型中深入判断推敲。

如此要求，是为了让学生习惯了在三维空间中直接量取模型的尺寸，直接判断三维的结构形态和空间形态，并进行修改调整。如果学生只会在图纸上叠加平面图，他们的空间观念恐怕永远停留在“平摊大饼”的水平上。而训练三维视觉判断，让学生立体地感受、推敲结构和空间，最简单的办法当然是直接用模型做三维的设计。这类模型完全不同于在图纸上设计好方案，再做成表现模型的传统方法。学生需要把大量时间花在做多个模型上（从很粗糙的草模到较精确的模型），同时，他们的图纸也应该由粗糙、模糊变为肯定、准确。有些学生习惯性地不顾地形和环境先画出平面图，再做出模型摆在基地上。对于这样的学生，笔者强迫其放下铅笔和草图纸，放弃之前的表现性模型，直接切割模型材料制作研究性的工作模型，摆在基地模型上作判断。作为建筑学学生，理应习惯从设计的开始就运用立体手段进行立体的构思。

设计过程中请注意：

1）划分功能与体量，赋予其满意或者可控制的三维空间形式，尝试确定这些空间形式之间有趣、有意义的关系，以及相互联系的方式。

2）注意内部功能、体量关系与外部环境、地形、景观的结合。综合确定前与后、内与外、上与下等关系，用对外的开敞与封闭、视觉的虚与实、内部的宽阔与狭长等手段处理上述关系，以获得整个流线中空间开/阖的节奏感、视觉通透/封闭的层次感。

别墅设计实例1

下面首先以图4.52～图4.66的实例进一步说明以模型推进设计的方法。

图4.52是第一轮草模，用白色KT板制作。多数学生在别墅设计的开始阶段只能朦胧而粗糙的进行空间组织，简单而乏味的体块堆砌是常见的状况。但这个草模也并非一无是处。起码有两点是可深入的：

1.体块在高度上分层。

2.分层体块因为位移和错动与地形、山势有一定的互动关系。

其缺点也是显而易见的：

体块分层是完全一致的三块，错动方式也较为死板僵化。这样过于均质和单一的处理一方面不能更好的呼应周边并不均质的环境，也不能合理和有趣的满足建筑内部多样化功能的需要。

针对首轮草模可取之处和不足之处，笔者建议该生思考以下问题和建议：

1. 深入拟定建筑任务书。如果将各功能与空间分布在3个楼层上，应该如何组合？哪些房间和使用功能适合放在同一个楼层？

2. 体块的错动应该与内部的空间关系相结合，而不是匀质机械的进行位移操作。左右前后的错动应该同时形成室内空间与半室内半室外空间。

3. 体块看似错动以后，建筑的结构体系，特别是竖向承重体系如何布置？

4. 楼层虽然分为3层，但仍可以进一步处理立面和体块在竖向上的视觉节奏。

显然，要面对上述问题和建议，简单的体量模型已经不能应付。需要制作空间关系模型以直接考察内部和外部空间关系。第二轮的模型采用PVC板制作。如图4. 54。此轮模型比首轮体块模型有明显进步——出现了从内而外的多层次的空间，体量错动开始有目的地形成对入口的照应、形成延伸出室外的屋顶平台、形成半围合的室外小庭院。立面已不再是僵化的平均三份，从下到上出现了“宽-窄-宽”的节奏感。到了第三轮的模型中（图4. 56、图4. 57），垂直交通楼梯、承重墙和柱子也开始在各楼层中较合理的分布，而每一层的外墙洞口也呈现出与相邻内部空间的对应关系。设计得到了有效的深入。

这里由于篇幅所限，没有刊出修改方案过程中的图纸，实际上，图纸的深入与模型的深入是同步进行的，平面图的调整需要立刻用模型工具进行“立体”的判断，因为初学者常常因为经验有限，并不能仅从图面看出三维空间的关系。实体模型则可以帮助初学者进行“三维直观”。体量在不同方向上出挑的程度应该微妙的呼应着四周的山体和环境。比如图4. 58中，三层楼板出挑较大，在建筑的南侧正好形成较大的室外平台，服务于内部的主卧空间。而图4. 56中，二层楼板延伸形成起居室外的一个半围合内庭院，有效扩展起居室空间感的同时，保证了私密

图4.52 草模

图4.54 空间概念模型

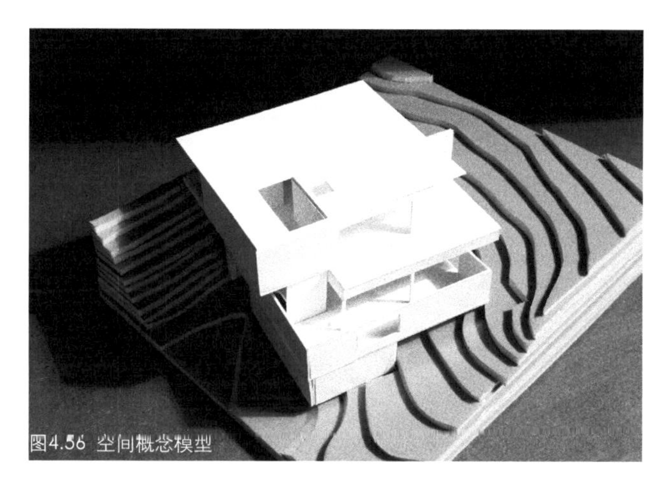
图4.56 空间概念模型

图4.58 空间概念模型

图4.53 工作模型

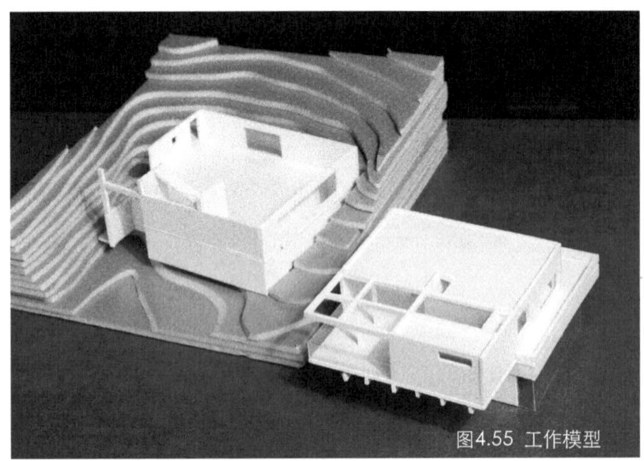
图4.55 工作模型

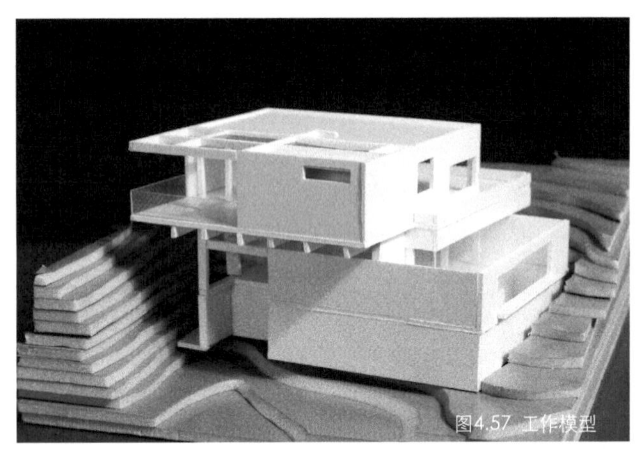
图4.57 工作模型

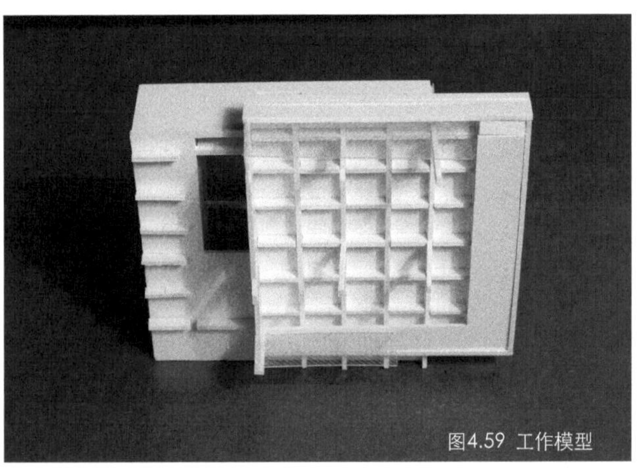
图4.59 工作模型

性。而3个楼层的房间配置是按照私密性等级进行组合的，拾级而上，私密性增高。

在第三轮模型基础上，设计者进一步完善结构体系，将能够贯穿 3 层的钢筋混凝土承重墙以及柱子在平面图和模型中确定，非承重隔墙也同步予以区分，属于水平承重体系的楼层梁与板也在结构网格中进行定位，并初步确定其断面大小。如图4.53～图4.59。这时候的模型比例仍然与地形模型相同，为1:100。

最后的深入阶段，图纸和模型比例放大为1:50，这意味着各空间准确的尺寸、墙厚、梁柱断面、家具布置等均要进行确定，在首层平面上，建筑周边环境的处理（如铺装、路径、台阶、植栽）也需要详加考虑，以完成从室外到建筑室内的过渡。

图4.60是制作1:50成果模型的现场，主要材料为约2mm厚白色PVC板、使用UHU胶粘结，同比例的各层平面图需备用。

图4.61是制作过程中的成果模型，承重墙体为双层PVC板，而非承重隔墙为单PVC板。庭院的水面采用薄涤纶片下衬浅蓝色卡纸。独立柱子采用4mm见方塑料管制作。落地玻璃窗和平台栏板采用1mm厚透明亚克力板。制作时需根据设计图仔细裁切，需考虑到转角和楼板层等部位搭接的处理。

最终的设计成果平实中可见细腻，空间的疏密、封闭与开敞处理得井然有序，立面开窗方式密切呼应了内部空间，富于变化而不做作。

图4.62～图4.64是成果模型照片。采用一盏高亮度长明灯加柔光箱进行照明，暗部用反光板补光。

图4.65和图4.66是该设计最终图纸。模型照片之一被用于绘制室外透视表现图。用画法几何方法求解准确透视费时费力，而利用软件建立数字三维模型对于刚上二年级的学生而言并不熟悉，故好的模型照片也承担起了透视草图的作用，经过手工绘制树木、山体等配景，可以获得一张手工线条表现图。

模型照片还可以用来进行拼贴处理，将设计方案用不同形式加以表现。图纸表现方式种类繁多，同样不应忽视，本书主要针对模型的制作与表现，故不再赘述。

图4.60 制作成果模型

图4.61 别墅设计成果模型过程

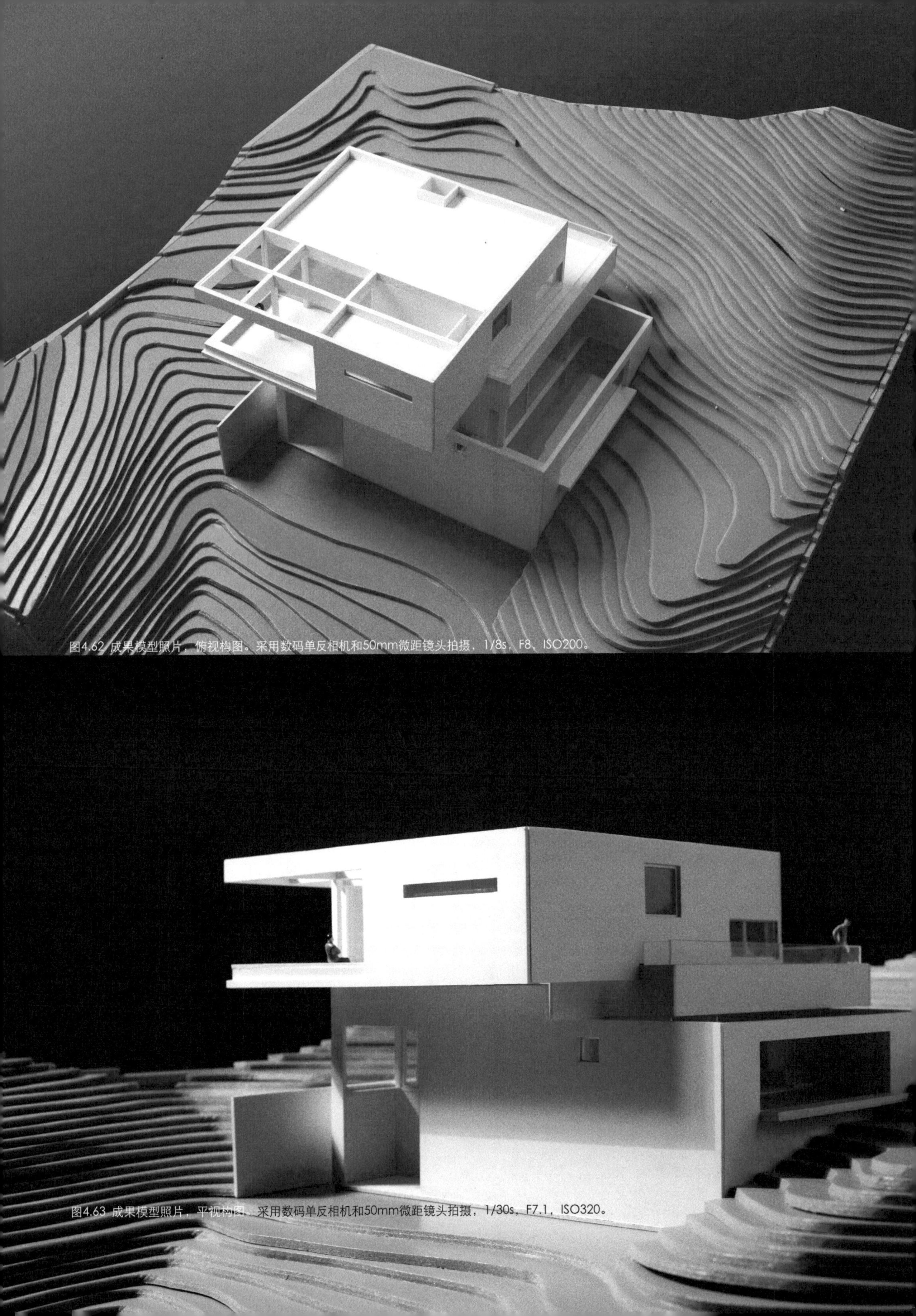

图4.62 成果模型照片，俯视构图。采用数码单反相机和50mm微距镜头拍摄，1/8s，F8，ISO200。

图4.63 成果模型照片，平视构图。采用数码单反相机和50mm微距镜头拍摄，1/30s，F7.1，ISO320。

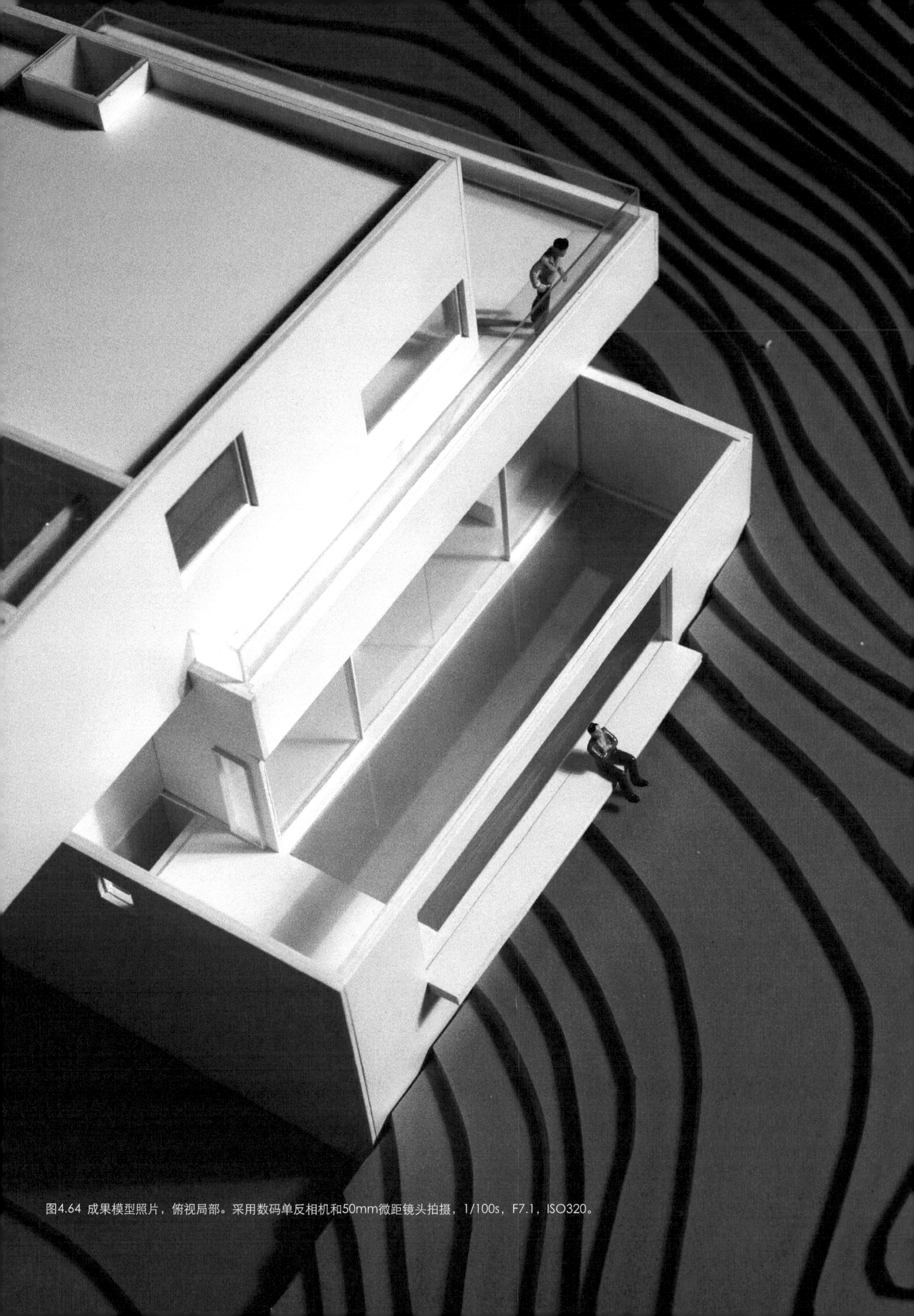

图4.64 成果模型照片，俯视局部。采用数码单反相机和50mm微距镜头拍摄，1/100s，F7.1，ISO320。

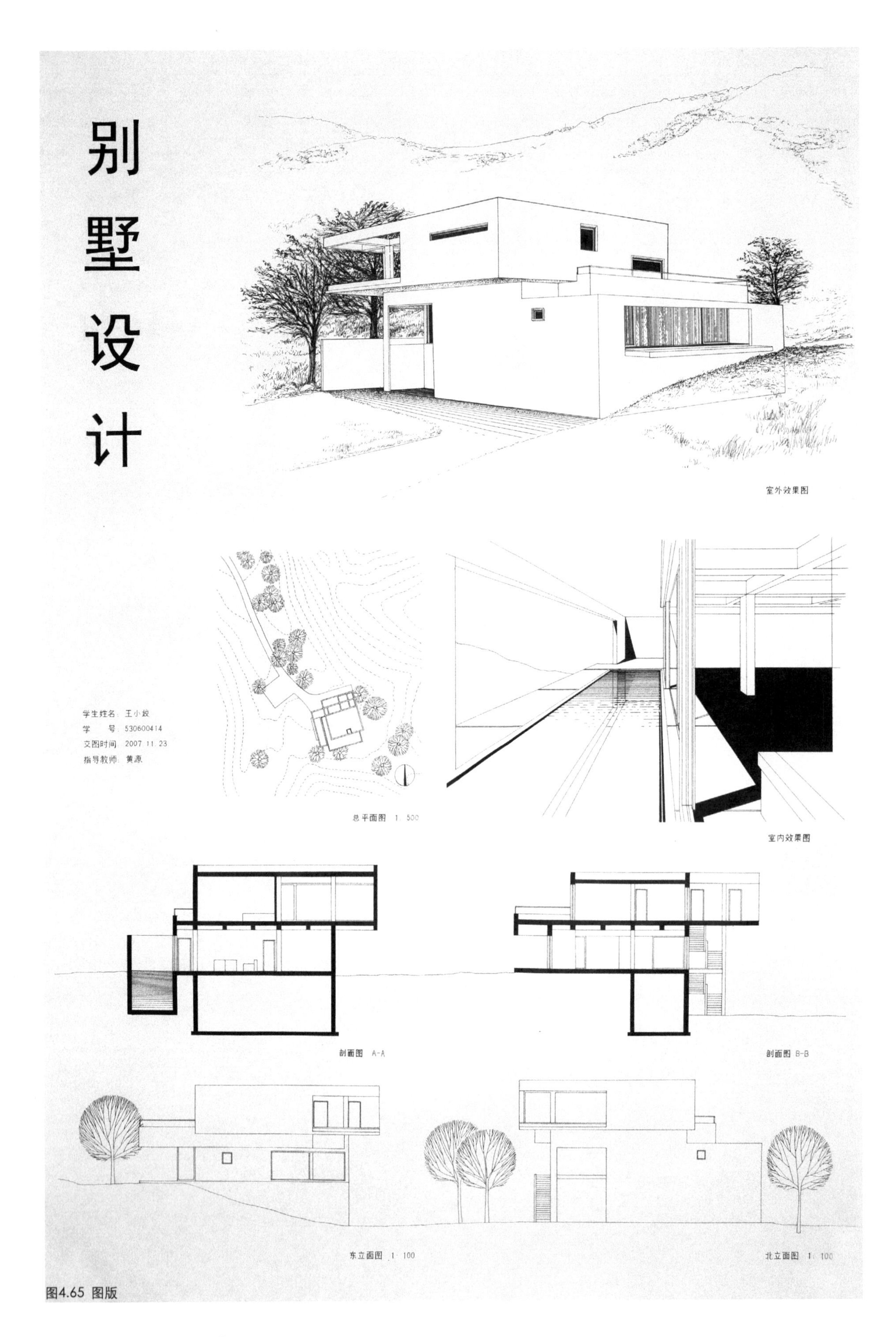
别墅设计
室外效果图
学生姓名：王小姣
学　　号：530600414
交图时间：2007.11.23
指导教师：黄源
总平面图 1:500
室内效果图
剖面图 A-A
剖面图 B-B
东立面图 1:100
北立面图 1:100

图4.65 图版

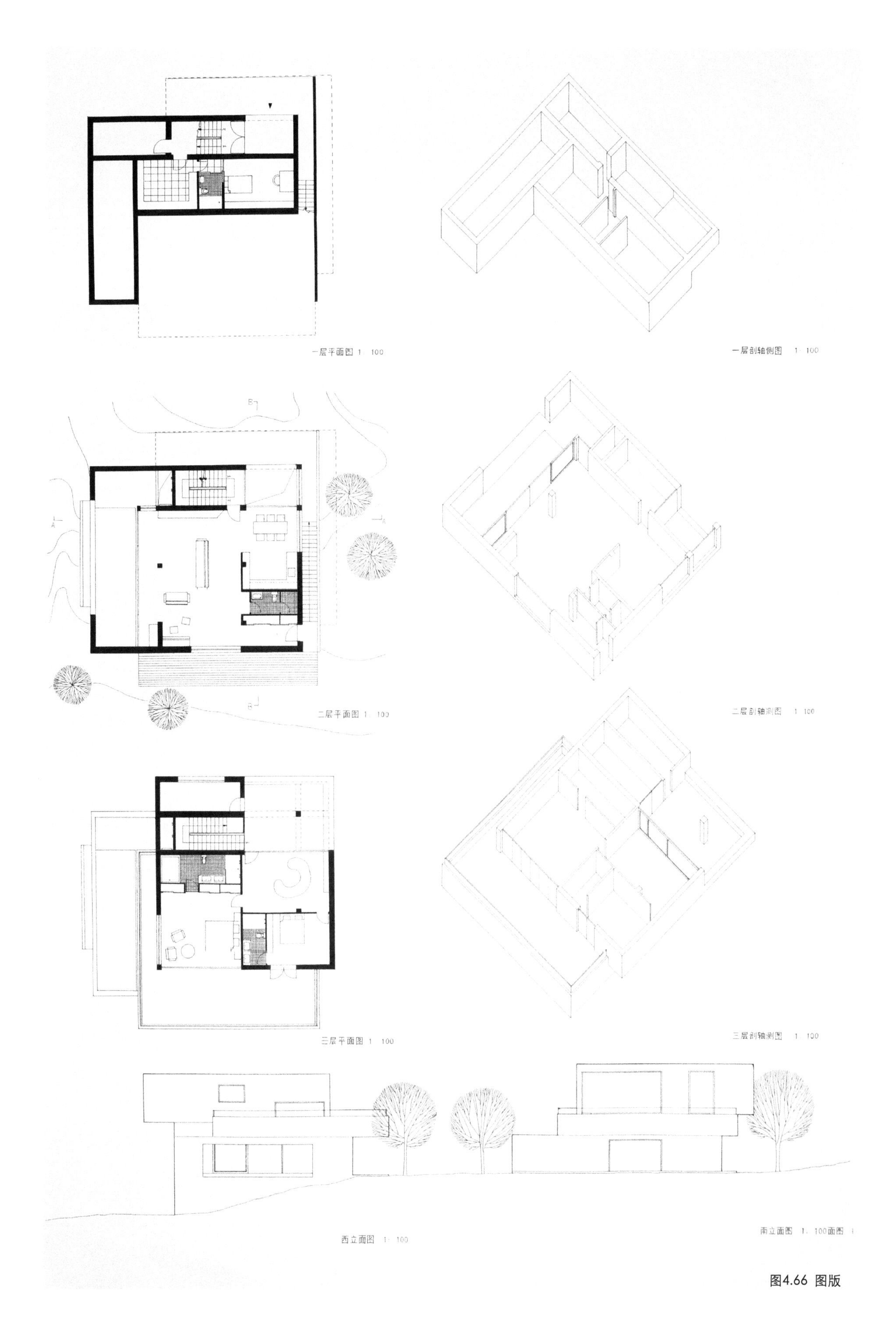
一层平面图 1：100
一层剖轴侧图 1：100
二层平面图 1：100
二层剖轴测图 1：100
三层平面图 1：100
三层剖轴测图 1：100
西立面图 1：100
南立面图 1：100面图 1

图4.66 图版

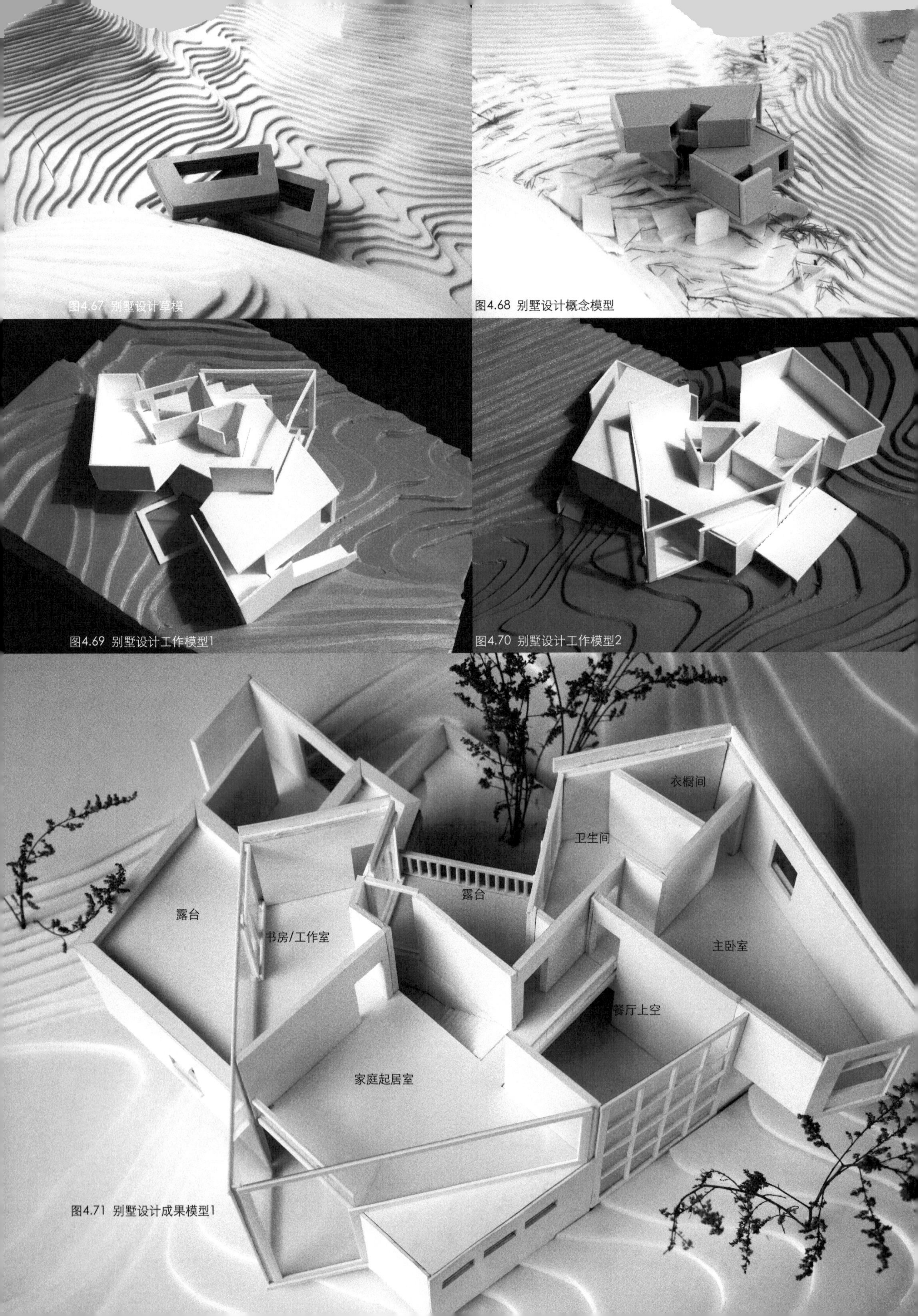

图4.67 别墅设计草模

图4.68 别墅设计概念模型

图4.69 别墅设计工作模型1

图4.70 别墅设计工作模型2

图4.71 别墅设计成果模型1

别墅设计实例2

图4.67是本节第二个实例的首轮草模。设计者除了将别墅体量分为上下两个错开的体量以外，主要对上下两个镂空而重叠的空间感兴趣。

笔者指出这个概念草模只是分别在两层中进行挖空和虚实的处理，应该进一步发展上下两层之间相贯通的空间，将上下两层空间更积极的联系在一起，避免环形体量中消极和浪费的走廊空间。

图4.68是修改后的第二轮草模，图4.69和图4.70是进一步深化后用PVC板制作的工作模型。可以看出上下两个体量在竖直方向上开始对话，形成半围合的室外空间，以及起居室、餐厅贯穿两层的室内空间。图4.71是成果模型的二层空间。可以看出室内空间与室外露台、露台与外部庭院都产生了有趣的空间关系。这样的结果是反复在模型和图纸上推敲修改而得出的。比较图4.70和图4.71可以看出位于中部的楼梯间、主卧室区域的房间分隔，以及一层入口过渡空间的处理均有较大改进。观察图4.71的一层部分，可以看出如下立面节奏："实墙开小窗-落地玻璃-实墙开小窗-玻璃幕墙-实墙开小窗"，形成虚实相间的效果。对体量关系的有效处理不仅可以带来内外空间关系的丰富有趣，也可以带来立面处理的便捷，而不必苦恼于立面如何开窗。

图4.72和图4.73是入口方向的模型俯瞰。在入口的过渡空间中，人的视线在3个方向上分别有不同的趣味：向上仰视天空、透过前方玻璃门窗看到另一侧的情形、穿过左侧方形洞口看到庭院（如图中红色虚线所示）。进入建筑内部，由于墙体和空间的方向在不断转换之中，人的视觉感受也是步移景异。设计者给这个别墅取名为透叠空间，强调身处其中时视觉体验的重叠、意外的并置和视觉穿越效果。

图4.74 别墅设计　透叠空间设计图版1

图4.75 别墅设计　透叠空间设计图版2

图4.72 别墅设计成果模型 2

图4.73 别墅设计成果模型 3

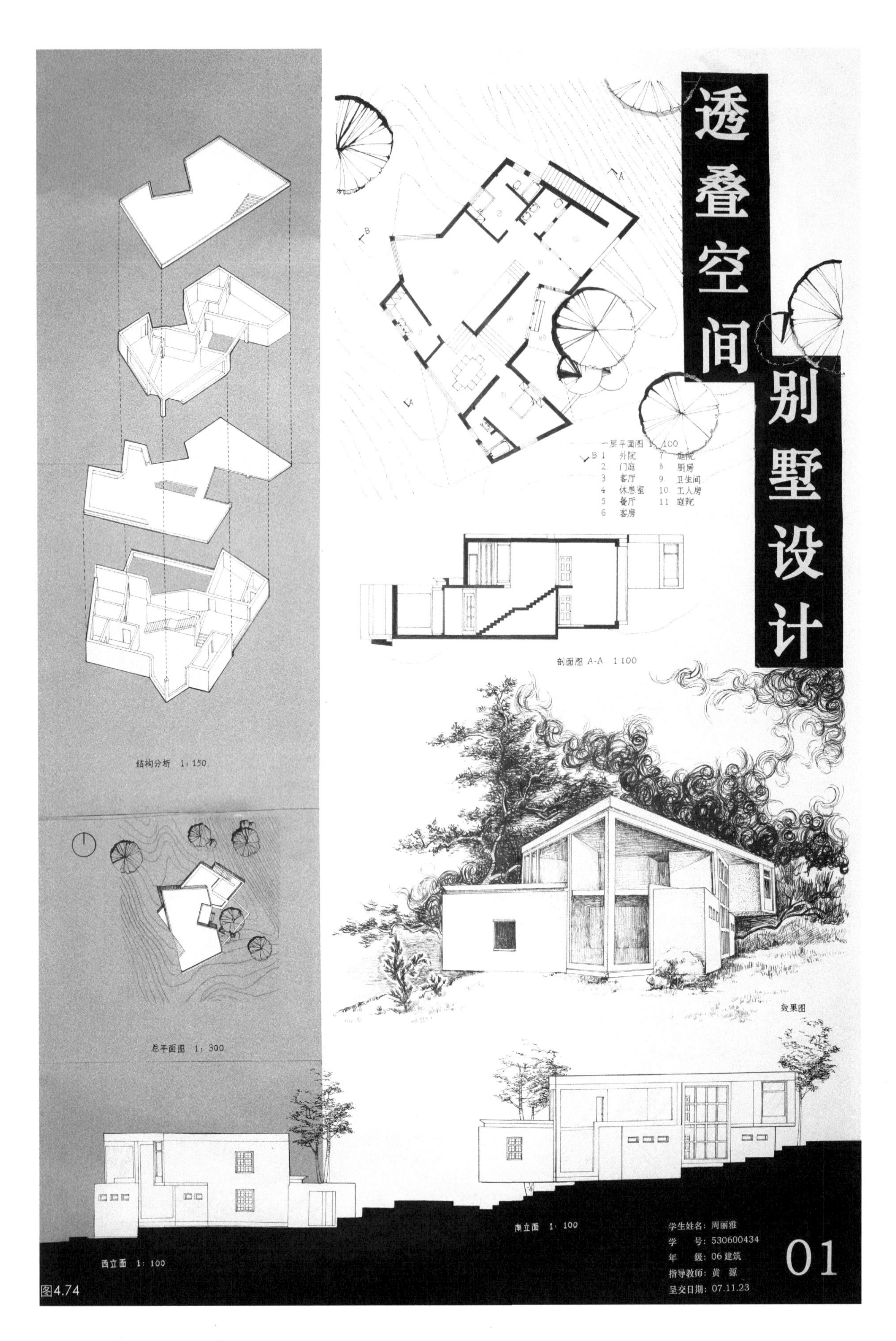
透叠空间别墅设计
一层平面图 1:100
1 外院 7 庭院
2 门庭 8 厨房
3 客厅 9 卫生间
4 休息室 10 工人房
5 餐厅 11 庭院
6 客房
剖面图 A-A 1:100
结构分析 1:150
总平面图 1:300
效果图
南立面 1:100
西立面 1:100
学生姓名: 周丽雅
学 号: 530600434
年 级: 06建筑
指导教师: 黄 源
呈交日期: 07.11.23
01

图4.74

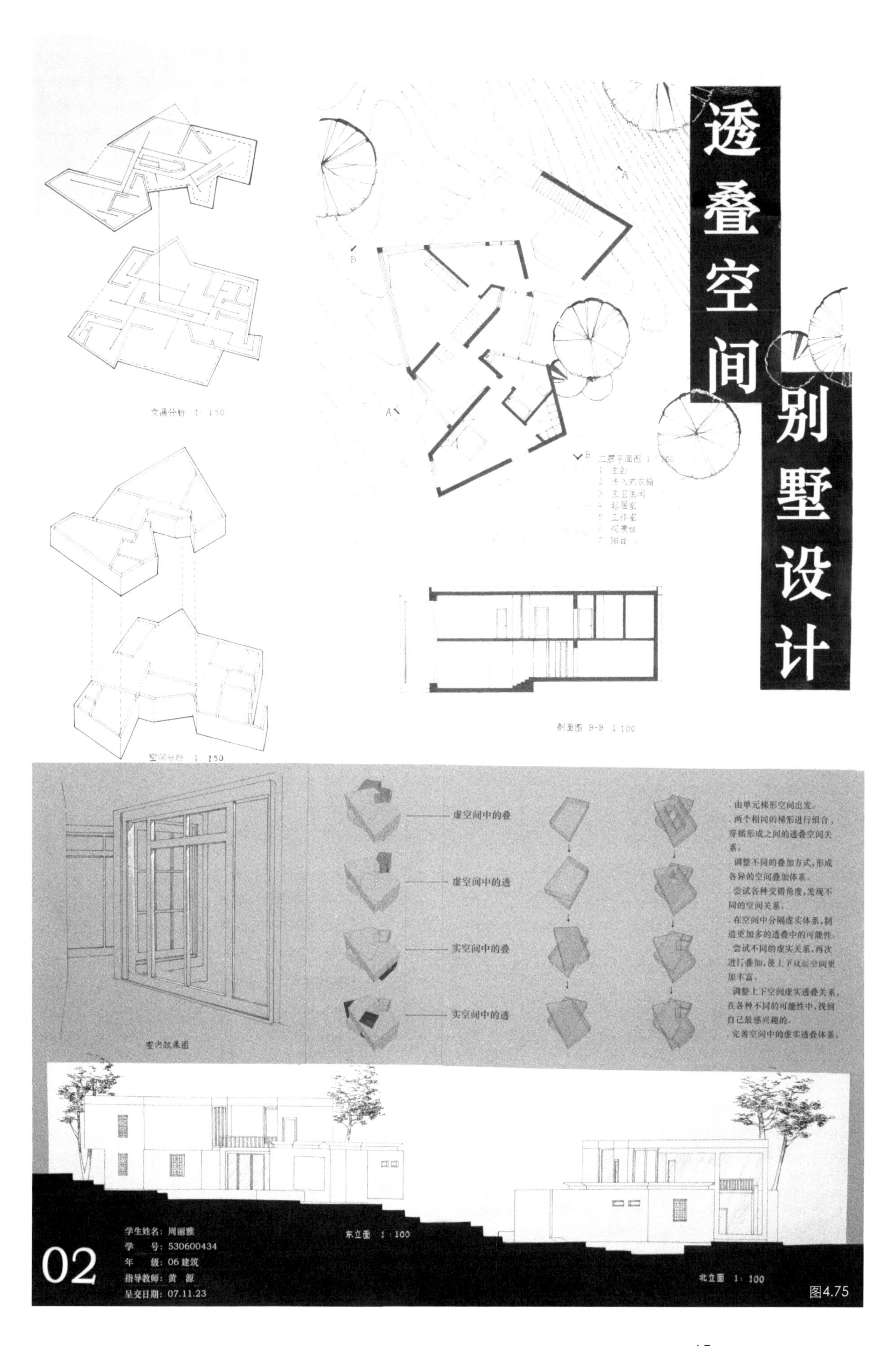
透叠空间
别墅设计
交通分析 1:150
二层平面图 1:100
1 主卧
2 步入式衣橱
3 主卫生间
4 起居室
5 工作室
6 观景台
7 阳台
剖面图 B-B 1:100
空间分析 1:150
室内效果图
虚空间中的叠
虚空间中的透
实空间中的叠
实空间中的透
. 由单元梯形空间出发。
. 两个相同的梯形进行组合，穿插形成之间的透叠空间关系。
. 调整不同的叠加方式，形成各异的空间叠加体系。
. 尝试各种交错角度，发现不同的空间关系。
. 在空间中分隔虚实体系，制造更加多的透叠中的可能性。
. 尝试不同的虚实关系，再次进行叠加，使上下双层空间更加丰富。
. 调整上下空间虚实透叠关系，在各种不同的可能性中，找到自己最感兴趣的。
. 完善空间中的虚实透叠体系。
东立面 1:100
北立面 1:100
学生姓名：周丽雅
学 号：530600434
年 级：06建筑
指导教师：黄 源
呈交日期：07.11.23
02

图4.75

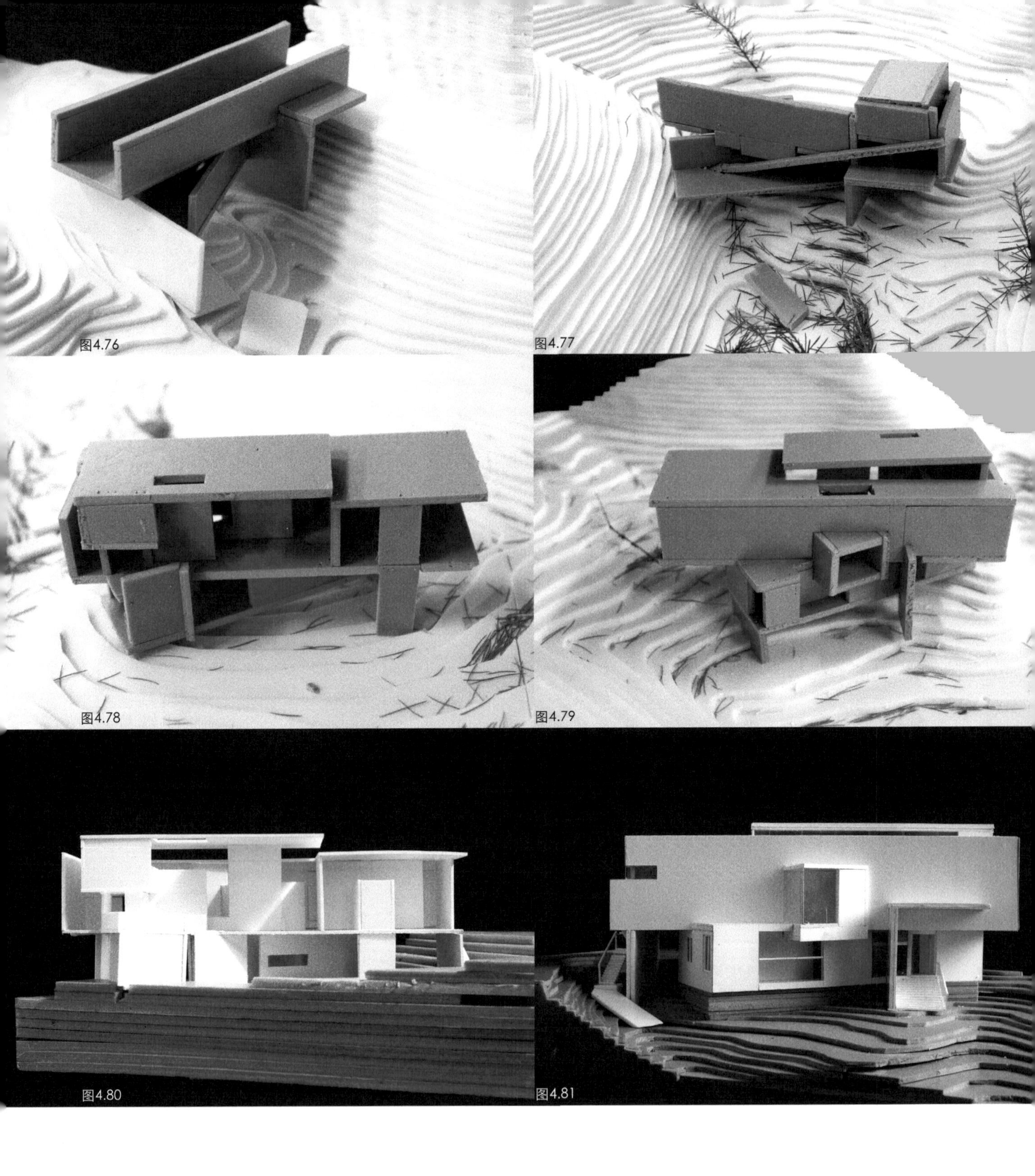

图4.76、图4.77 别墅设计草模
图4.78～图4.81 别墅设计工作模型

图4.82～图4.84 别墅设计正式模型过程
图4.85 别墅设计正式模型局部
图4.86 别墅设计工作模型

别墅设计实例3

图4.76和图4.77是该实例首轮的两个草模，同前面的实例一样，用KT板制作，放在1:100的地形模型上。草模本身制作的较为粗糙，空间意向不甚明确，只能看出两点：

1. 两个上下分布的长条形体量和之间的夹角。
2. 几片垂直墙体上下贯穿两个体量作为支撑。

相当多的初学者在开始阶段习惯去“想”而不是去“做”，展示方案构思时也以口头叙述为主。笔者反复强调，设计师主要依靠图纸、模型等设计工具/表现工具来“说话”，设计师不是演说家不是作家。

一个构思需要落实在模型和图纸上，同时用自己的眼睛立刻进行观察、用头脑判断，力图发现新的发展方向，再继续动手修改模型和图纸。如前所述，设计时应该形成这样的循环：“脑-手-眼-脑-手-眼……”

设计者拿出新一轮概念模型（图4.78和图4.79），将上下层空间布局和竖直方向的咬合关系表现了出来，设计得到很大推进。在图纸上，功能安排和流线安排也在同时进展。图4.80和图4.81是第三轮工作模型，空间和形式的细节、立面开窗方式等进一步深化，模型采用PVC板制作，墙体和楼板的厚度感觉也更接近实际建筑。在朝南的方向（图4.80），建筑有较大面积开窗，而朝北方向（图4.81）考虑到冬季保温节能，以实墙为主。模型中部斜角突出的小空间是一个特别的会客休息空间，如同一把锁，将上下两个体量紧紧咬合在一起。

图4.82～图4.84是正式模型制作过程中的照片，模型比例放大到1:50，用多层卡纸板和PVC板制作墙体和楼板，区分出较厚的承重墙和较薄的隔墙。这个过程中，制作者应该每隔一定时段进行拍照，记录模型内部情况，用于展示内部空间关系。如图4.87。

图4.85和图4.86是建筑转角、屋面、高窗、天窗、出入口雨篷的细节。这些处理都应该既考虑外部形式感，也关注内部视觉效果和光环境效果。如果结合计算机软件建模和渲染推敲室内设计，则可以更为完善。(如图4.92、图4.93)

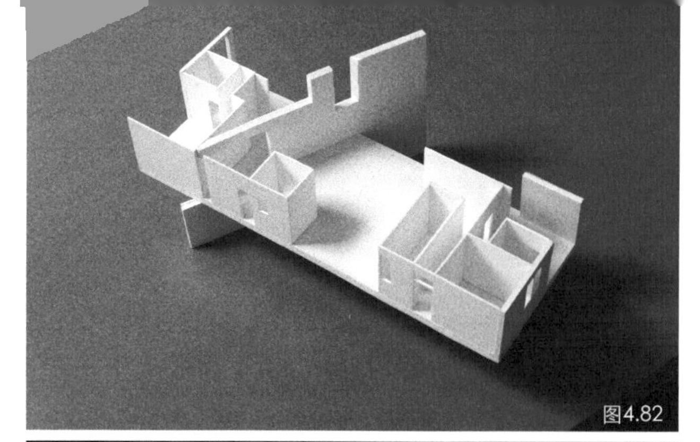
图4.82

图4.83

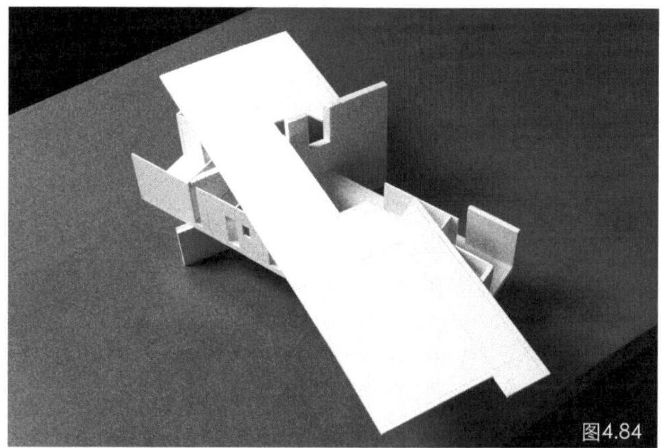
图4.84

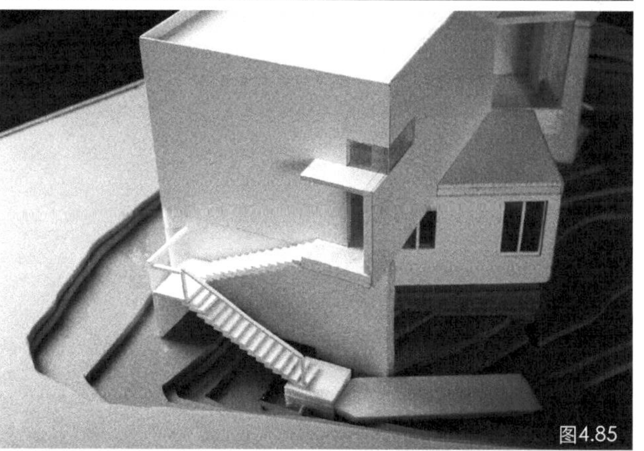
图4.85

图4.86

图4.87　1：50成果模型制作中。上下两层空间的转折，以及富有趣味的空间流线组织给人留下深刻印象。

图4.88 模型南向照片
图4.89 入口和建筑西侧
图4.90 南侧俯视模型

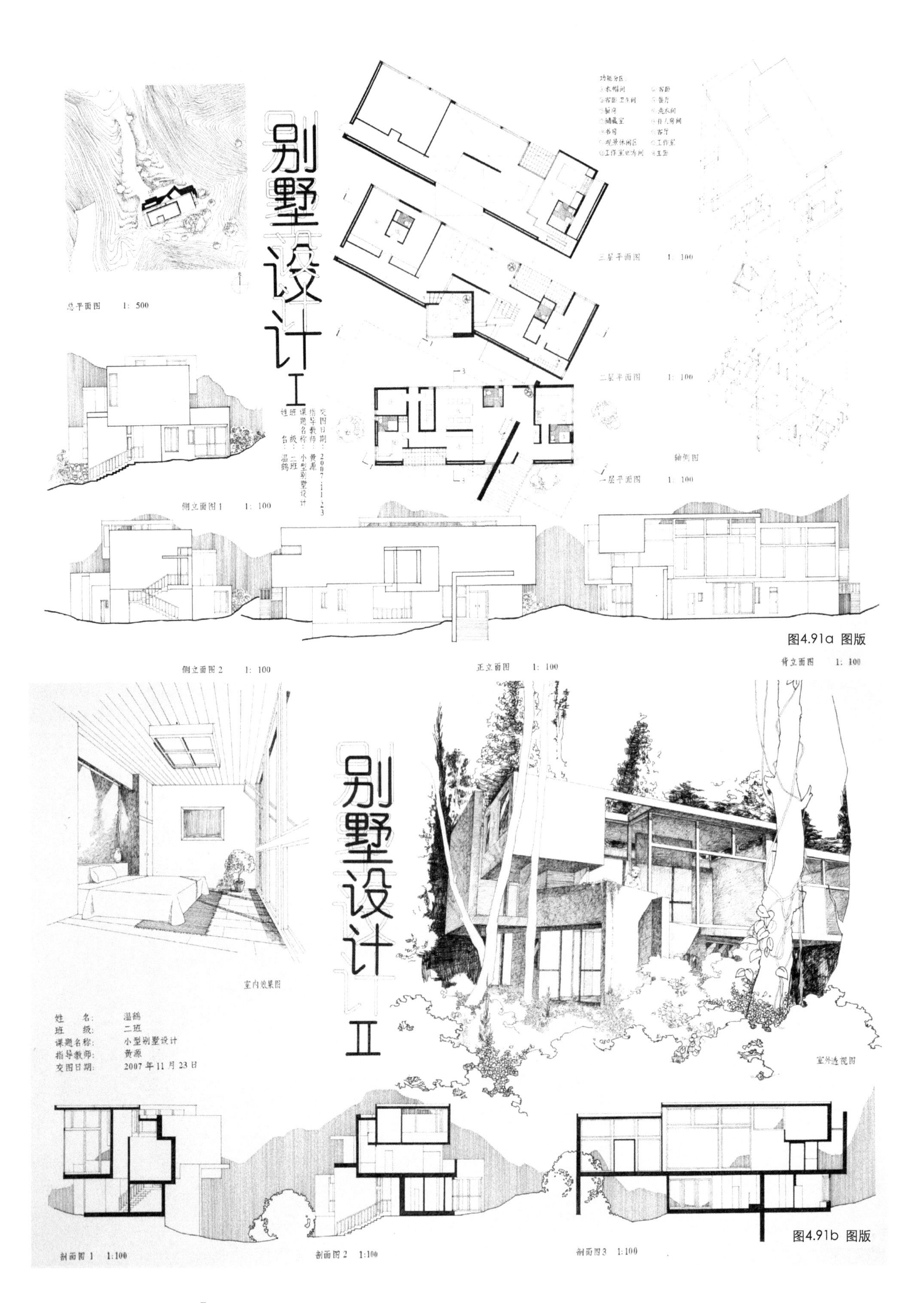

图4.91a 图版

图4.91b 图版

图4.92 室内渲染图

图4.93 室内渲染图

图4.94 初期草模1

图4.95 初期草模2

图4.96 初期草模3

图4.97 工作模型

图4.98 1：100别墅设计的工作模型。随着设计的深入，再次制作更为准确详尽的工作模型，以确定空间关系，推敲内部功能的合理性，并且深化结构系统。

在此阶段，将初期草模的空间关系在图纸上绘出，结合所需要的房间功能，将建筑平面图初步确定下来。生活方式对于空间流线与空间分割的要求对设计产生影响，而直接从模型推敲中得来的空间关系反过来也激发出新的生活体验与使用模式。建筑的形式与功能发生着复杂而微妙的关系，需要设计者富有技巧的予以平衡、取舍。

所使用的模型材料依然是方便修改和固定的KT板、大头针、双面胶带。

别墅设计实例4

这是一个利用模型作为三维草图进行设计的实例。图4.94是最早一个概念模型，收到重复相似图形的局限，没有展现出对空间的关注。但设计者把这些多边形与KT板切割以后留下的“负形”一起进行空间的搭建（图4.95），模型开始就显示了某种错综繁复的状态，偶然的边界与相似而不断复制的内部结构相作用，产生多个向度的张力（如图4.96、图4.97）。

虽然这个草模与基地的关系不能用平行、垂直、穿插等词语简单地概括，笔者当时也不确定其复杂的内部空间是否能够自圆其说地搭建出来并合理地容纳应有的功能，但方案具有明显的形式潜力，已经有足够的理由发展下去。设计者努力用一组相似形以及切挖实体后留下的负形底板去组织空间，处理空间在高度上的层次和在水平方向上的展开（图4.99）。

设计者是习惯进行三维视觉判断的学生，笔者提示其运用平面图梳理功能关系和流线。

到了中期阶段，设计者通过模型和图纸手段的交替使用，逐渐能够完善建筑的整体结构形态，并把空间关系和流线捋顺（图4.98、图4.100）。在之后大一倍的1:50模型制作中，一些空间关系和结构细部进一步得到调整，最终提交的图纸是在完成1:50模型之后，根据模型绘制出的平立剖，该生在三维空间向二维平面投影转换方面也具有很强的能力，将这个复杂的结构和空间很好地表现在图纸上。虽然空间形态复杂，但主要竖直承重体系仍然是较为简洁明确的，主要承重墙间距合理并保持上下对位。

可以看出，如果不直接使用模型进行设计和研究，很难把握众多的非常态空间，更是难以处理其中复杂而微妙的关系。

图4.99 直接使用模型进行空间和结构设计

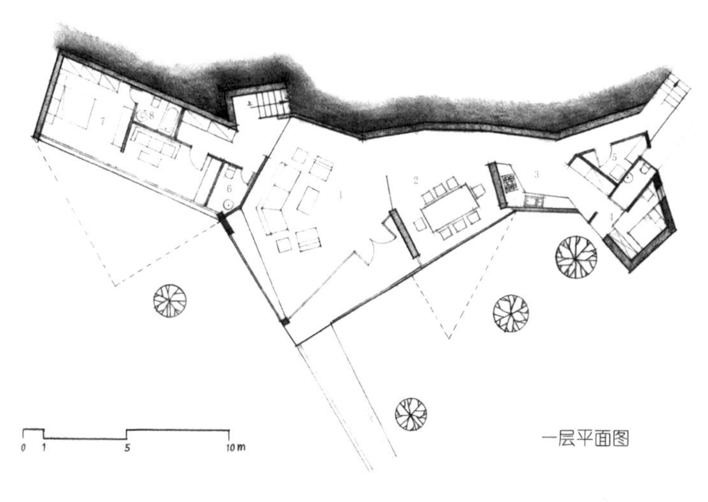

二层平面图

功能分区

1 客厅
2 餐厅
3 厨房
4 工人房
5 洗衣房
6 卫生间
7 客卧
8 客卫
9 工作室
10 浅水池
11 阳台1
12 次卧
13 阳台2
14 次卫
15 主卧
16 主卫
17 平台
18 走廊

图4.100 中期阶段平面图

图4.101

图4.101 置于地形模型上的中期工作模型，比例1:100，使用KT板、大头针、双面胶带制作。

图4.102 使用小型台式圆锯机切割5mm厚中密度板，制作1:50成果模型。

图4.103 使用圆盘打磨机将中密度板边缘打磨出所需斜角。

图4.104 将图纸转印到中密度板上后，使用小型圆锯机和线锯机将各楼层底板切割下来。

图4.105 参考1:100工作模型推敲并制作1:50成果模型，继续深入推敲局部的空间与结构关系。

图4.106 组装多面体空间，内部功能为工作室。

图4.107 1:100工作模型与1:50成果模型制作过程中。起伏的折板、多变的形态给模型制作带来挑战。有时不得不多次尝试三维空间中的拼合角度。

图4.102

图4.103

图4.104

图4.105

图4.106

图4.107

图4.108 以中密度板制作成果模型过程 1
图4.109 以中 密度板制作成果模型过程 2
图4.110 为了确定每块多边形的形状，需要借助画法几何知识，并使用半透明硫酸纸进行空间投影尝试。最终将三维折面展开为一系列二维图形。此过程中，拼接磨缝所需要的宽度也需要加以考虑。

图4.108

图4.109

图4.110

图4.111

图4.112

图4.113

图4.114

图4.111 制作楼梯、栏板等室内部件
图4.112 制作露台栏板、座位等部件
图4.113 主卧室外平台，制作栏板、座位等部件。
图4.114 制作主卧室和卫生间外墙与屋面。这样一个缺口的状况是1:100工作模型没有涉及的细节，制作成果模型的过程也仍然是继续深入设计的过程。需要根据外观和室内效果尝试不同于工作模型的处理方式。
图4.115 工作室天窗的结构形式，这个叶脉形的天窗结构最终被放弃。
图4.116 最终确定的十字形天窗形式。

图4.115

图4.116

图4.117 模型片段：工作室的体量与入口

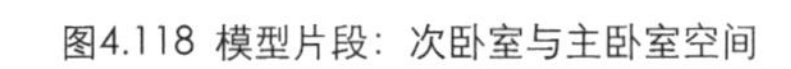

图4.118 模型片段：次卧室与主卧室空间

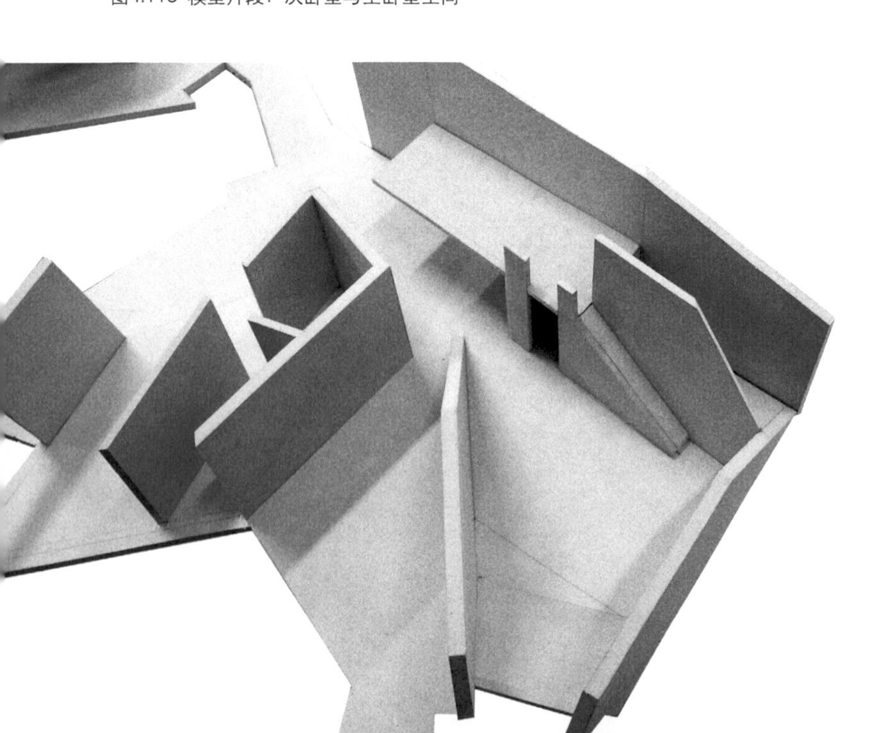

图4.121 模型制作过程：粘接与固定

图4.119 模型片段：主卧室卫生间与书房夹层

图4.120 模型片段：次卧室空间与折板屋面

图4.122 成果模型：入口及主要立面

图4.123 成果模型：仰视工作室与客卧套间

图4.124

图4.125

图4.126

图4.127

图4.124 成果模型底座，白色KT板制作。
图4.125 将成果模型主体安置在地形底座上。
图4.126 模型顶视
图4.127 二层主卧室、一层佣人间和通往平台的室外楼梯
图4.128 别墅设计图版。将各种图与模型照片、文字说明组合排版展示。
图4.129 用PVC板制作一个1:100别墅模型的全过程。首先将平面图打印成所需比例贴在PVC板上，再依次根据层高和立面图制作墙体，加盖屋面板，最后是制作院墙和建筑小品。

做手工模型多少总有误差，容易看起来不精致，窍门在于把转角做得挺拔，拼缝严整，看起来效果就会很好，可以掩盖其他不精准之处，所以应该特别注意拼缝处的交接。

别墅设计

别墅位于北京水关长城附近，用地为西南向坡地，±0.000标高相当于658.75米，总建筑面积约349平方米。别墅业主是一对年轻设计师夫妇。

主要功能配置为：客厅、餐厅、厨房、一个主卧套间、一个次卧套间、一个客卧套间和一个工作室。主要结构形式：一层为钢筋混凝土墙体结构，二层为预制钢框架折板结构。

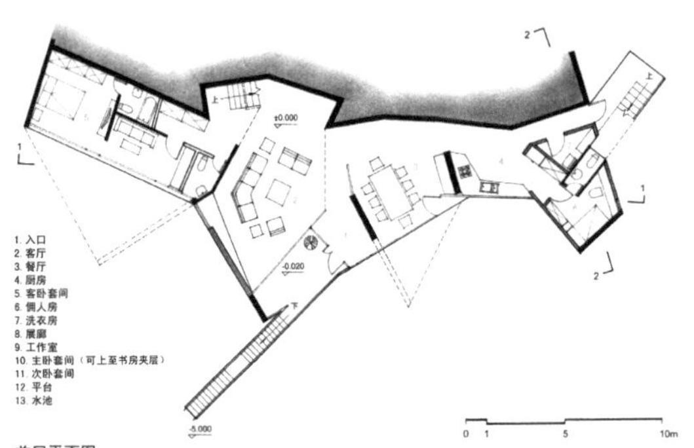

1. 入口
2. 客厅
3. 餐厅
4. 厨房
5. 客卧套间
6. 佣人房
7. 洗衣房
8. 展廊
9. 工作室
10. 主卧套间（可上至书房夹层）
11. 次卧套间
12. 平台
13. 水池

首层平面图

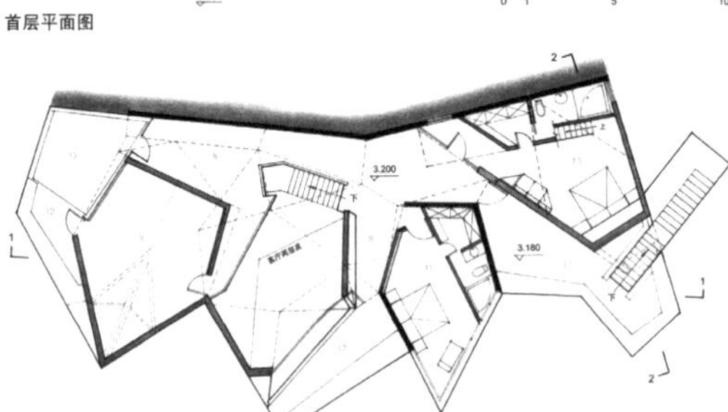

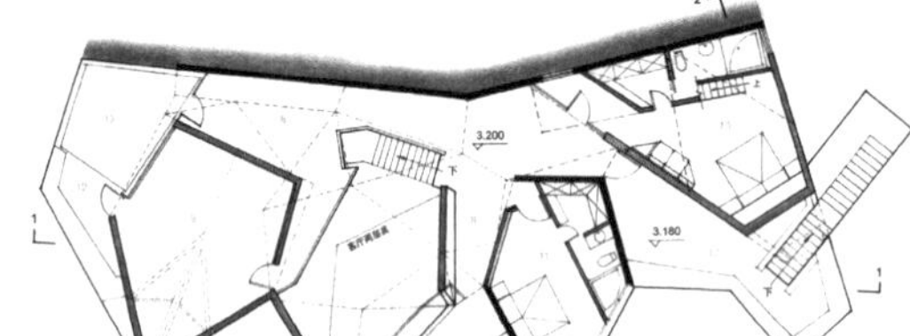

二层平面图

总平面图 1:500

室外透视图

室内透视图

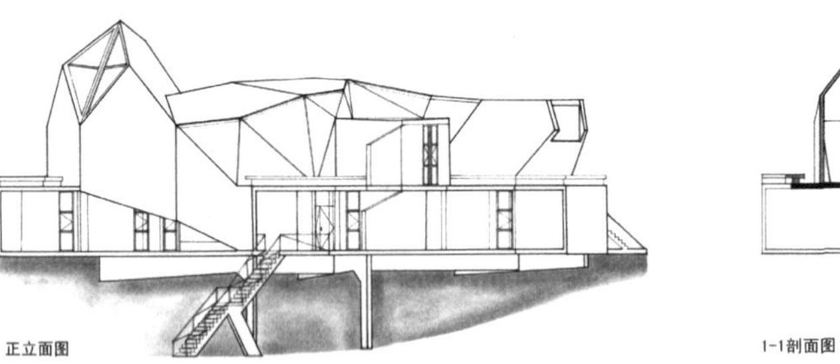

正立面图

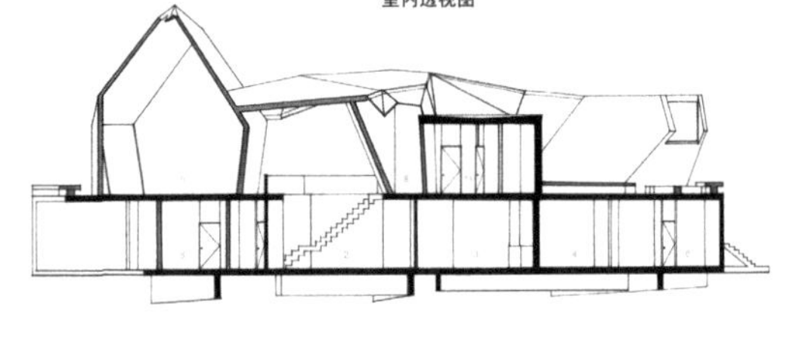

1-1剖面图

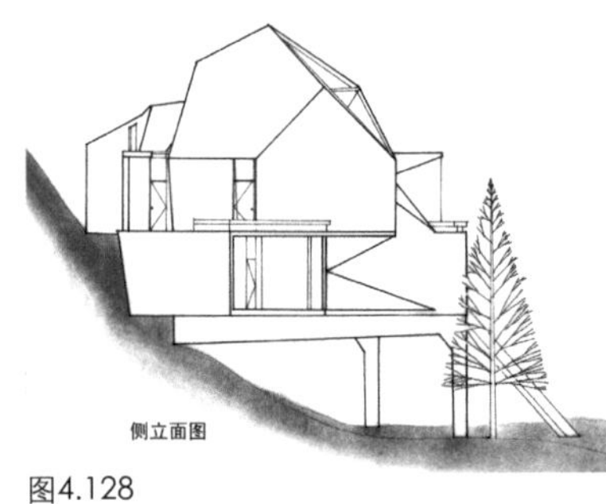

侧立面图

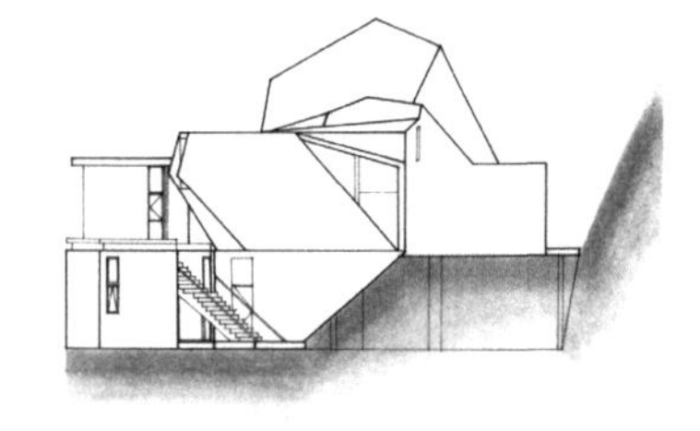

侧立面图

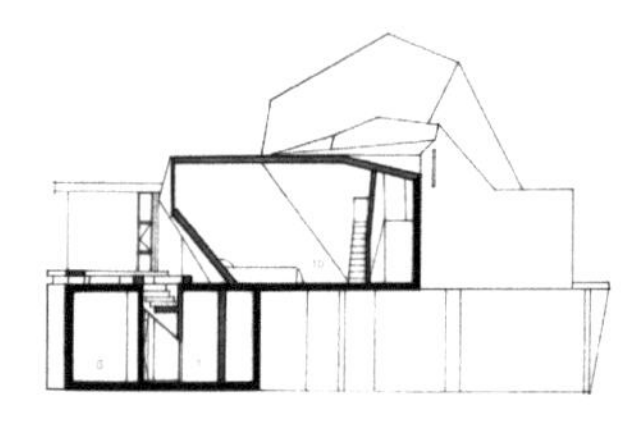

2-2剖面图

图4.128

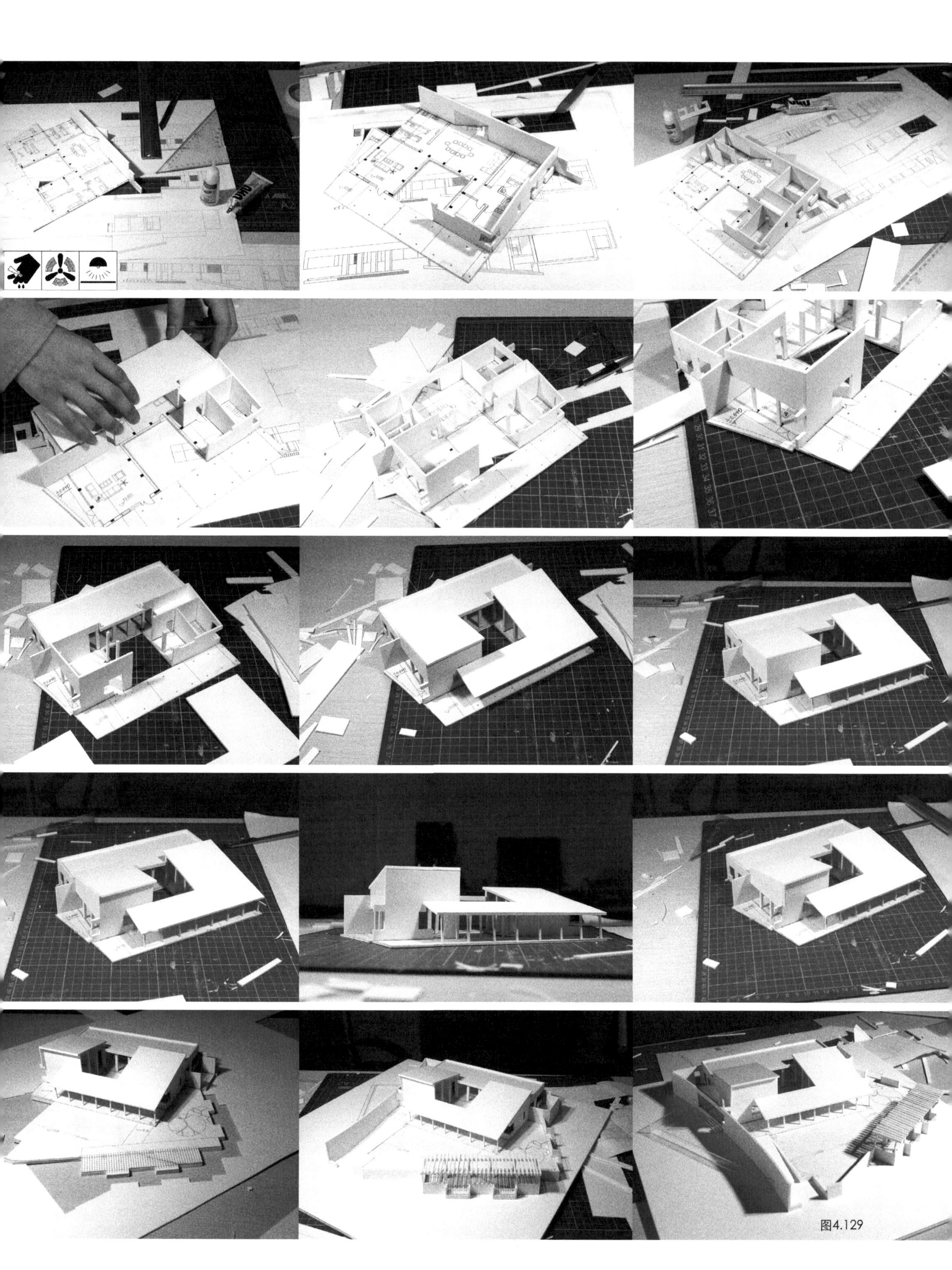

图4.129

4.4 结构造型与木结构建筑设计

本节课题与所选实例强调建筑结构与空间的结合，强调结构自身的表现力。目前建筑教学中，虽然设立了材料力学、结构力学和结构选型等结构设计方面的课程，但仍存在以下几方面的问题：

1）结构知识和概念常常在技术课程中灌输给学生，与设计课程中的空间设计、功能组织脱节。

2）目前结构类课程缺乏对不同材料的建造和结构特点进行专门讲解，比如对砌体结构、木结构、钢结构、钢筋混凝土结构的专题讲解。

3）结构类课程不强调感受和直接体验，学生不能灵活理解结构问题和相关解决方案，更无法把握结构的内在表现力，忽视结构对于室内光环境气氛的营造，导致图纸和模型中的结构和节点空洞乏味。

这些状况应该得到改善，在指导设计过程中，将“结构/空间”的关系强调出来，并有效的引导学生体验、思考、研究这一关系是重要的。

对于建筑设计学生而言，一些材料力学和结构力学的基本知识需要掌握，然而从视觉形式和直观体验角度来理解与结构相关的问题也是应该强调的。作为课题设计的铺垫，先用一些篇幅介绍部分与结构设计相关的力学知识，并分析几个工程实例。

力学知识简介

为了开辟空间，需要把各种材料以合理的形式组织成完整的结构，抵抗自然界对于建筑的作用力。某种意义上，建筑的目的就是抵抗这些自然的作用力，开辟适合人类文明进程的环境。

建筑的各种构件在外力作用下，将发生变形，与此同时，构件内部各部分之间将产生相互作用力，称为内力。在不同形式的外力作用下，构件产生的变形形式也不相同，以长直的杆件为例，变形的基本形式如下（图4.130）：

1）轴向拉伸或压缩（图4.130a、b）。即在一对方向相反、作用线与杆轴线重合的外力作用下，杆件将发生长度的伸长或缩短。这时杆件的内力称为轴向拉力或轴向压力。

2）剪切（图4.130c）。即在一对相距很近、方向

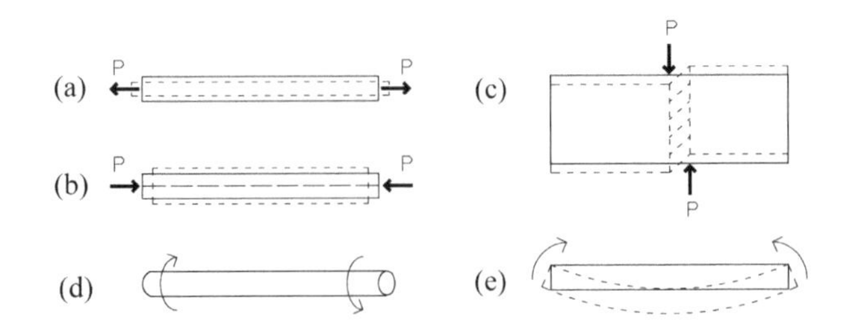

图4.130 杆件变形的基本形式

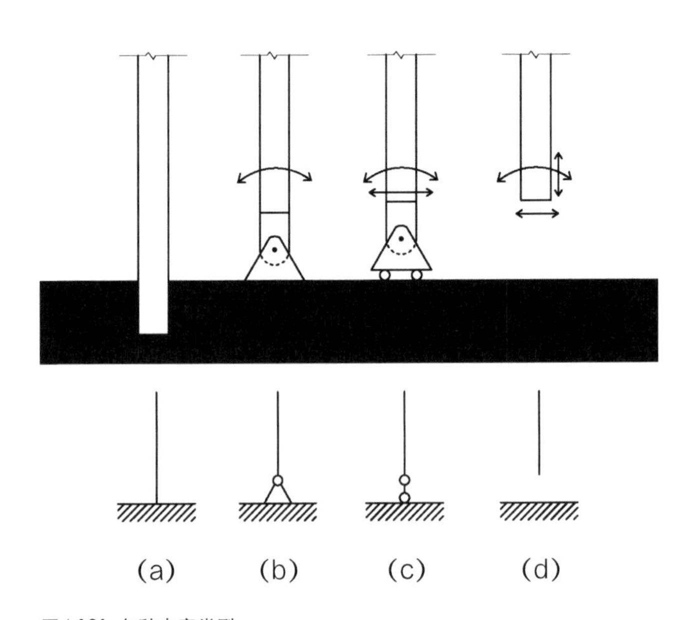

图4.131 各种支座类型

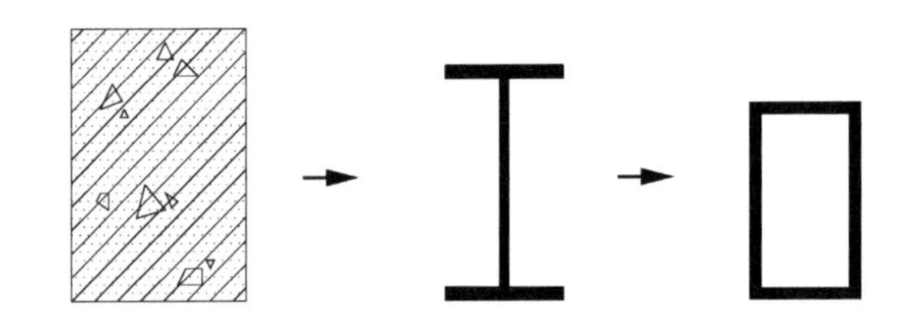
图4.132 不同材料的梁，截面面积和形式会产生变化

相反的横向外力作用下，杆件的横截面将沿着外力方向发生错动。剪刀剪切纸张就是剪切现象的实例。这时杆件的内力称为剪力。

3）扭转（图4.130d）。即在一对方向相反、位于垂至于杆轴线的两平面内的力偶作用下，杆的横截面发生相对转动。拧毛巾是日常生活中扭转的实例。这时杆件的内力称为扭矩。

4）弯曲（图4.130e）。即在一对方向相反、位于杆的纵向平面内的力偶作用下，杆件将在纵向平面内发生弯曲。平时用两手把一根木棍掰弯就是弯曲现象。这时杆件的内力称为弯矩。

在不同的支座、荷载条件下，构件可能同时存在上述多种变形，结构工程师计算时会考虑不同种类的内力分布情况。

建筑稳定地立于大地之上，建筑结构构件需要相互连接成一个整体，将上述建筑荷载传递给地面，重力荷载的方向垂直指向地心，而地面对建筑提供反向的支持力，这被称为来自地面的反力。大地是所有建筑物的支持面，建筑结构构件之间也会有不同的连接和支撑方式，也称为支座的类型。主要的支座类型有固定式（也称刚性连接，图4.131a）和旋转式（也称铰连接，图4.131b）。刚接节点使构件在各个方向上都很难移动和旋转，铰接节点使构件可以绕主轴旋转，但不能移动位置。球式铰链则允许构件在所有方向（x、y、z轴）上转动。另外还有滚轮式的支座，允许构件绕主轴旋转和在单一方向上位移（图4.131c）。构件的自由端则是没有与其他构件和支撑面相连接的（图4.131d）。这些支撑方式可以用一系列简图表示。

对于结构的设计通常涉及如下几个层面：1）结构力学；2）材料力学；3)结构体系选型。举例来说，可以理解为，结构力学研究胳膊、躯干、大腿、小腿各自使了多少劲，即内力的大小和分布状况；材料力学针对胳膊、大腿这些单独构件进行研究，研究胳膊上的某块肌肉使了多少劲，负担如何，研究哪些肌肉纤维拉伸、哪些肌肉纤维收紧之类的；而结构体系选型则是较宏观的考虑，这个运动员四肢和躯干的搭配、肌肉群的分布是否适合进行举重运动，如同建筑的高矮胖瘦需要配以不同的结构。材料力学是微观层面，结构力学是中观层面，结构体系选型是宏观层面。

结构工程师常常利用其经验和知识先决定结构体系，再进行结构力学和材料力学层面的计算，以验证结构体系是否成立。虽然具体详尽的计算将由结构工程师完成，但建筑学的学生也需要了解这三个层面的基础知识，而“结构和空间”创造性地结合，建筑空间的功能性与社会性则是建筑师的本职工作。

梁是跨越空间的基本水平构件。“跨度－荷载－支撑条件－形式－材料”，这些因素存在着紧密的关系，决定了水平构件的最终形态和空间分布。除了钢筋混凝土框架结构（教学楼等公共建筑常用的结构类型）中常见的矩形截面梁，还有各种截面的梁、如工字形钢梁、箱形截面梁、T字形截面梁和各种组合梁，如果在不同方向上搭建，还可以进一步形成屋架、桁架、网架等。

建筑学学生要理解这些水平构件的形式变化，知道跨越多大的空间需要什么形式的水平构件。一个关键点，是理解尺度（对于梁而言就是跨度）的变化。建筑结构构件不能随着尺度、跨度的增加而简单放大。比如，在4～8m的跨度内使用矩形实心截面梁是经济合理的，而跨度为8～50m时，则应该考虑采用组合梁、桁架、拱等形式，跨度更大时，斜拉索、悬索结构将有用武之地。当然，也要避免大材小用，在小跨度上不应使用过于复杂的构件形式与结构体系。

使用不同的材料制作梁之类的水平构件，结构形式的也会有差异。比如使用小型木桁架的跨度上（如8～10m）如果换用钢材，则可以使用截面较为简单的工字形梁，因为钢的强度和刚度更大；同样的道理，如果钢筋混凝土框架中的一个矩形截面的梁换成工字钢，则不需要那么大的截面面积，或者保持外形不变，内部则可以是空心的（如图4.132）。

另外，构件在不同截面上应力不同，如图4.133（1）中的三个例子，a梁两端简支在支撑面上，两端是铰接；b梁两端则固定在支撑面上，两端是刚接；c梁一段刚接在支撑面上，一端是自由端。三根梁都受到竖直向下的作用力P。图4.133（2）是这三根梁的变形示

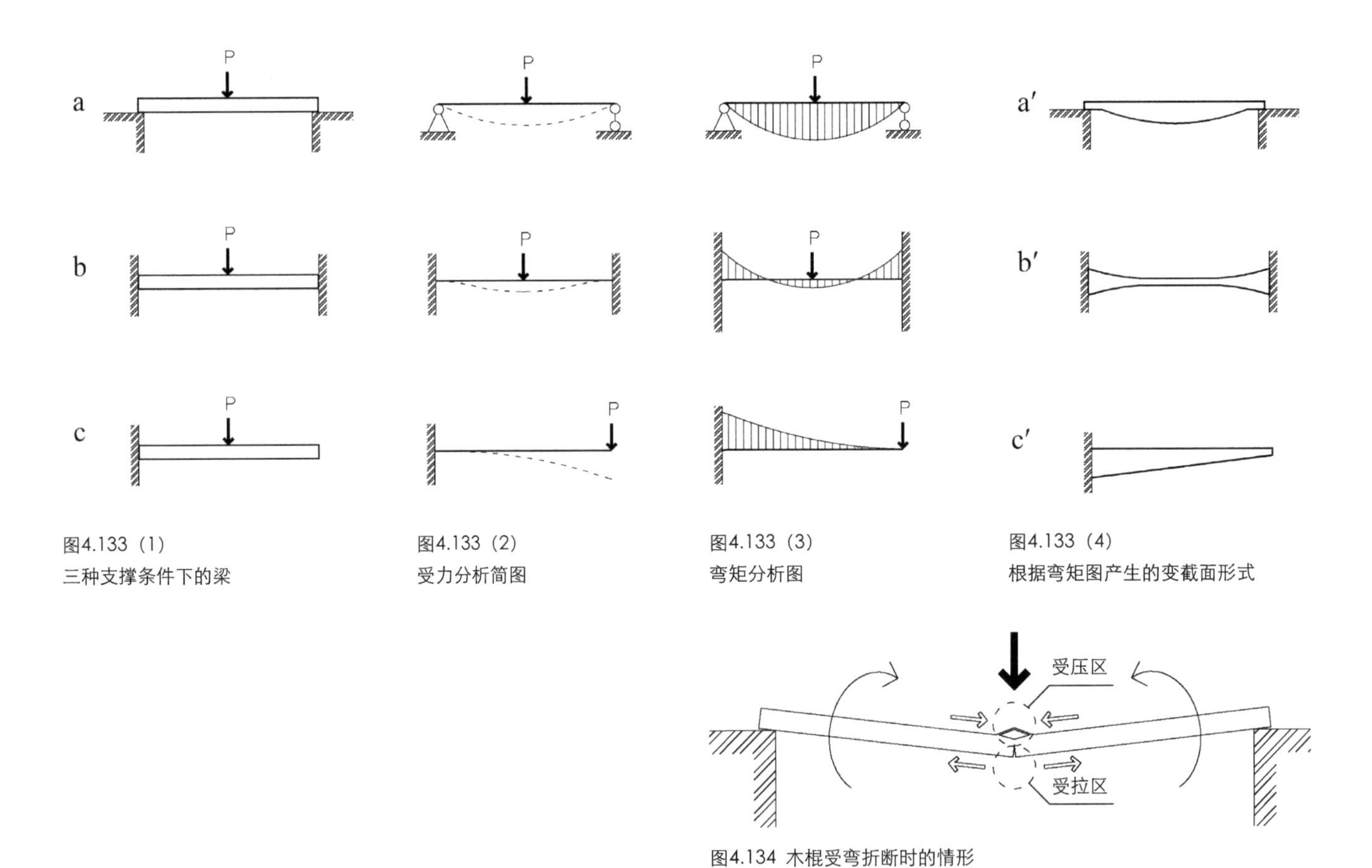

图4.133（1）
三种支撑条件下的梁

图4.133（2）
受力分析简图

图4.133（3）
弯矩分析图

图4.133（4）
根据弯矩图产生的变截面形式

图4.134 木棍受弯折断时的情形

意图，虚线表示变形的趋势。图4.133（3）是三根梁的弯矩示意图，表明梁的内力（弯矩）的分布状况（在这里略去三梁内部轴力和剪力的分析）。

可以看出a梁在中间（跨中）弯矩最大，在两端弯矩为零，这符合我们日常生活中掰一根木棍通常断在中间的经验，（图4.134）而且如果我们观察木棍破坏的状况，可以发现木棍断开的地方，一部分纤维是被拉断的，而相对的另一部分则还连接着，并且木材纤维有被压折的痕迹。由此可以理解，在图示破坏的截面上，梁的上半部分受压力，而下半部分受拉力，位于中间的中性轴既不受拉力也不受压力，可见同一个截面上，应力分布也是不同的。

b、c梁弯矩分布是不同于a梁的，c梁的弯矩在固定端为最大，自由端弯矩为零，且梁的上半部分受拉，下半部分受压；b梁弯矩较均匀地分布在梁上，且弯矩方向有变化，梁中段类似a梁，是下半部分受拉，而梁的两端则类似c梁，是上半部分受拉。

通过上述分析，可以看出，哪里内力大，哪里被破坏的危险就大，因此就有必要加强内力大的部位，在那里增加材料；也就可以适当减少内力小的部分的材料。这引入了变截面梁的概念。a、b、c三根梁在上述支撑条件和荷载条件下，可以变化成图4.133(4)所示的形状，a′梁成为典型的鱼腹梁，b′梁是刚性框架中加强节点的做法，而c′梁是典型的悬挑梁做法。构件形状本身开始反映内部主要内力的状况，变截面构件的弯曲或渐变带来的形式美感与构件内部应力状况统一起来，这是构件力与美相结合的开始，也是结构具有视觉表现力的科学基础。

图4.135是瑞士维尔玛拉山区的一座步行桥。桥与梁具有相同的本质，所以两者也经常连用。这座跨度为48m的步行桥跨越一个很深的山谷，地处偏僻交通不便，现场施工条件和场地条件很有限，这促使工程师们采用施工和基础要求低的简支梁方案，两端支座也是施工简单的铰接支座。而桥梁主体的施工方式也相当特殊：首先，在工厂预制好该桥的两大主要部件，包括鱼腹状的三弦桁架与桥面部分。之后，使用直升飞机将桁架与桥面分两次吊装。因此，桥梁每部分的重量必须小于该型号直升机的起吊重量4.3吨。

图4.135　瑞士维尔玛拉山区的特拉弗辛纳步行桥，结构与细部设计精良，可惜毁于1999年的一次山体滑坡。

可以看到，作为主要承重构件的三弦桁架的外形与上述简支梁的弯矩图高度相关，而该桁架的受压杆件采用防腐木材制作，而受拉构件用钢材制作，这种钢木组合充分发挥了材料的力学特性，产生轻盈效果的同时，木材的亲切自然也得到了表现。

图4.136是城市高架轨道线的支撑结构，为典型的钢筋混凝土门式刚架。这种结构的竖直构件与水平构件要求刚性连接，所以其连接部分断面特意加大，形成腋下斜角。这与图4.133（4）中的b’原理相同。

根据图4.133（4）中的c’，也不难理解图4.137中悬挑梁末端的收分。

结构造型与结构设计课题要求学习者从结构知识的理性角度和视觉表现力的感觉两方面去构思方案，结构和空间秩序的设定既需要想象力也需要判断力。

图4.136 位于上海的高架轨道线下部支撑结构

图4.137 胶合木结构主次梁与悬挑端

图4.141 大跨度木屋架

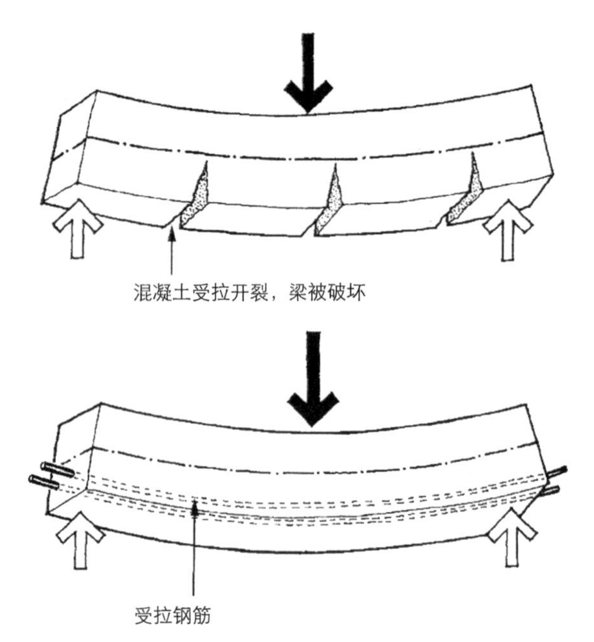

图4.138 混凝土配钢筋示意图，无钢筋的混凝土梁会产生拉力破坏，在底部配钢筋可承受拉力

了解了梁在同一个截面上应力的分布情况，可以理解，最适合用来做梁的材料其实是有同样能力抵抗压力和拉力的材料，钢是这样的材料，木材在顺纹理时也是较好的做梁的材料，而混凝土和石材适合抵抗压力，抵抗拉力的性能却很差。古埃及、古希腊神庙中的石梁，它的跨度就较短。钢筋混凝土梁则是把钢材的抗拉性能与混凝土的抗压性能结合在一起的结果，主要的钢筋配置在梁受拉的区域，钢材在温度变化时的收缩率与混凝土很接近，因此可以共同工作，如图4.138。应用类似的应力分析，也可以设计出钢木组合梁或屋架，如图4.139。一个桁架则可以看作是一根大梁，只不过桁架是用一系列杆件互相连接成三角形，所有单独的杆件在理论上只受拉力或压力。桁架应用在跨度较大的情况下，用来制作桁架的材料一般是木材或钢材，如果用实心的钢筋混凝土矩形截面梁来完成一个大跨度，则必然显得粗笨，梁的自重很大，承载有效活荷载的效率大大降低（图4.140）。

图4.141是跨度近30m的木质屋架，配合木质檩条和木望板屋面，为空间增加了朴实的气氛。木杆件的线条提供视觉的划分，大尺度空间变得富有节奏。

图4.142中屋面的主要结构是跨度在12m左右的轻型钢桁架（由角钢组合焊接而成），间距1.2m左右的C型钢檩条是次一级结构，位于最上部的屋面板是轻质复合压型钢板（聚苯板板芯上下粘附经过防腐处理薄钢板）。为了组织屋面排水，桁架中间起拱，形成两

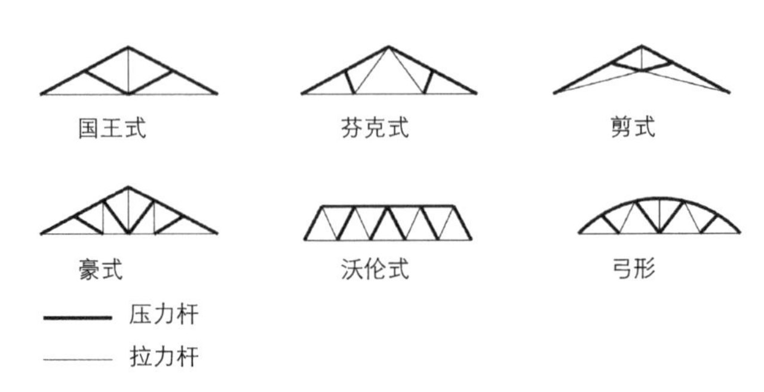

图4.139 屋架与桁架，压力杆可以用粗壮些的钢或木构件制作，拉力杆可以用细的钢杆制作

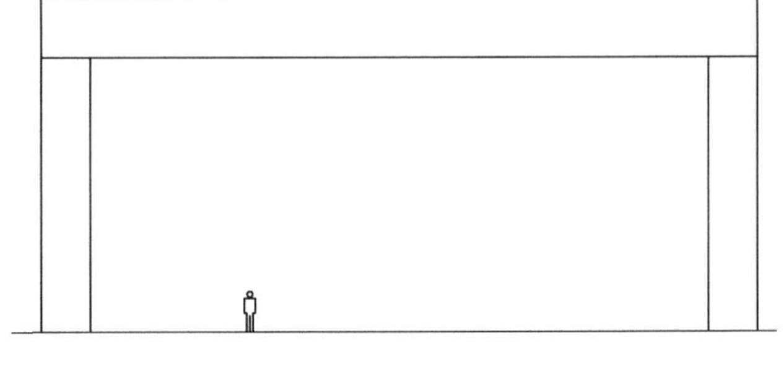

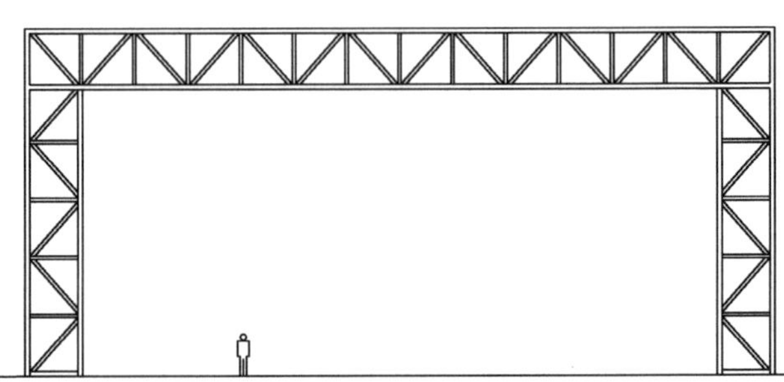

图4.140 跨度很大时，粗笨的钢筋混凝土梁柱与透空轻巧的钢桁架形成鲜明对比

坡屋面。

图4.143是位于北京798艺术区中一处厂房改建而成的展览厅。主要的门式刚架跨度超过20m，而最大的断面高度不超过1m。该钢筋混凝土刚架断面为工字形，如前所述，这也是更高效利用结构材料提高承载力的措施。从图中可以看出，在刚架转折处，断面被加大，以抵抗较大的弯矩。

图4.144是798艺术区另一典型厂房空间。连续的Y字形钢筋混凝土框架支撑着曲面混凝土薄壳屋面，大面积北向天窗给室内提供了均匀稳定的照明。这样的结构在保持了很好的经济性、功能性的同时，其曲直对比产生强烈的韵律感，而朴素材料与安静光线的配合又颇具个性。既使原来的厂房功能已经消失，空间仍然具有长久的生命力，可以方便的植入新的功能后依然适用。

图4.145是典型的钢筋混凝土框架结构所造就的空间，由于层高较大，而且局部设置夹层，使得空间关系变得丰富一些，如果没有这两点，日常的此类空间常常是乏味的，建筑结构对于空间感受的贡献不大。

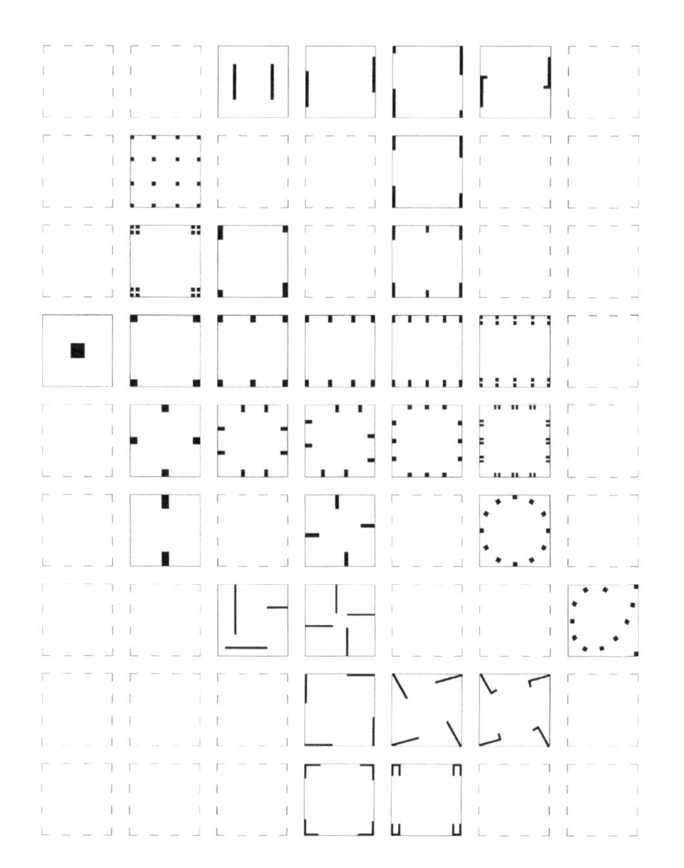

图4.146 结构平面形式矩阵图

图4.142 北京798艺术区一处展厅

图4.143 北京798艺术区一处展厅

图4.144 北京798艺术区一处展厅

图4.145 北京798艺术区一处展厅

图4.147 河北蓟县独乐寺观音阁一角

图4.148 法国巴黎圣母院内部

对于竖向体系而言，构件（主要是柱和墙）的截面设计和平面布置是首先要予以重视的，笔者绘制的结构平面形式矩阵图（图4.146），是一种简明有效的形式图解分析。该矩阵图设定了一个简单的结构要求：用一定截面尺寸的竖直构件支撑起一块平板屋面。图中每一个正方形屋面投影的尺寸可以是10m×10m，而左边起始处使用一个截面为1m×1m的方形柱子在屋面中心支撑（涂黑部分），屋面板四边悬挑。其余的结构平面布置方式随着每个独立构件的大小、形状和位置而改变，但必须让每个平面布置方式中所有构件截面面积之和保持1m²不变。这个形式变换游戏有众多的可能性，虚线方格中还可以填入很多变换后的结果，学生可以在总截面面积不变的前提下探讨把屋面板支撑起来所需要的平衡，以及结构实体与空间相互作用而产生的动/静、开/合、疏/密、虚/实、对称/非对称、汇聚/离散等微妙之处。学生通过这样的平面操作，应该意识到竖向支撑构件在平面图中的布置大有文章可作，同样数量的材料用不同的堆积和布置方式可以形成很有趣的空间和形态。圆柱、异形柱、组合柱、曲线墙体、变厚度墙体等诸多形态的引入，可以提供更多的平面形态变换。

中西方的古代建筑对于建筑结构的表现力都是相当关注的。斗栱与木构架体系是中国传统建筑的突出特征（图4.147）。而高耸的束柱、十字交叉拱券则是欧洲哥特式教堂的重要标志（图4.148）。

基于这些对于结构与空间的基本认识，本节介绍3个教学课题。

题目1：纸质屋面及其支撑结构

内容：以纸张为材料，以1:20为比例用白乳胶作粘结剂设计制作一个外周边投影面积0.25m²（实际为100m²）的屋面及其支撑结构。要求在0.15m（实际为3m）标高处屋面投影面积不小于外周边投影面积，结构下皮至地面净空最小处高于0.15m（实际为3m）。平面规格为0.5m×0.5m或0.7m×0.35m（实际尺寸为10m×10m，或14m×7m），结构材料所占面积小于20%，屋面漏空面积小于15%。探讨结构形态的问

图4.149 典型的轻型木结构住宅施工现场。可见密集排列的木龙骨，以及斜撑、楼层平台、屋架。

图4.150 纸建筑模型。采用类似轻型木结构的垂直龙骨和水平格栅体系。在龙骨的密度和宽度上随着所围合的空间大小做了变化，这些龙骨墙体可以进一步发展为室内的书架、壁橱等，一面半透明彩色墙体还产生了别致的光效。

图4.151 美国比弗顿市立图书馆。树干状组合木柱、正方网格屋面横梁和天窗。

图4.152 纸建筑模型。用较小的柱距和三角屋架形成尺度亲切的结构和空间，屋面随着屋架的起伏呈现折板形态，三叉形的柱子自然地融合在三角形的平面网格中，令人想起当年密斯的十字形钢柱与正交柱网的配合。

图4.153 日本建筑师伊东丰雄设计的仙台媒体中心。空心柱笼是主要的承重结构，内部可以成为垂直交通盒或通过设备管道。

图4.154 纸建筑模型。一系列纸筒沿曲线布置，构成垂直支撑，而不同大小的圆环和交叉梁组成屋面结构体系，从外部到内部都构成了很丰富的空间关系和视觉效果。

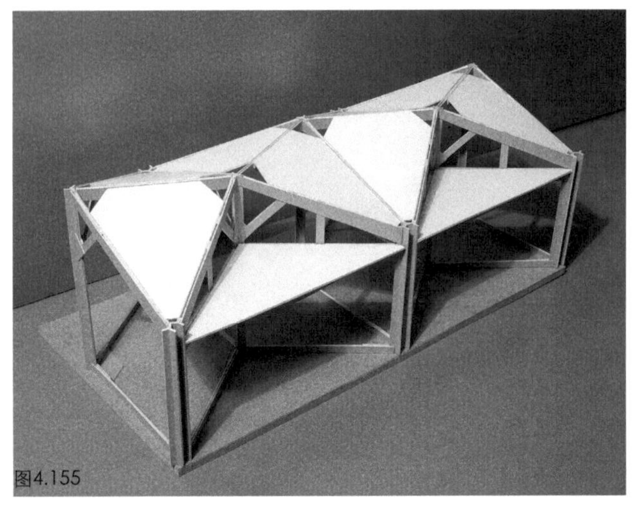
图4.155

图4.156

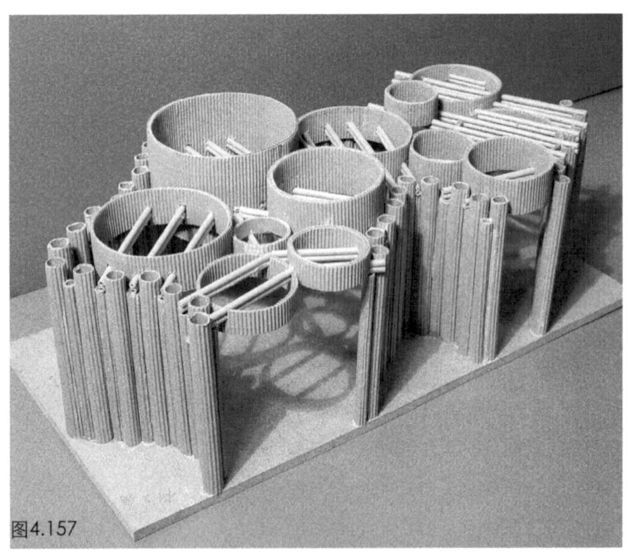
图4.157

图4.158

图4.159

图4.160

题，发掘结构抵抗重力开辟空间的多种可能。

选择纸作为基本材料的理由：

1）易于加工，学生较为熟悉，换用课题视角将其陌生化——纸作为建筑/结构材料的可能性。

2）不同类型、不同质地、不同厚薄的纸应该有不同的形式潜力，好比常用的建筑材料有不同的表现力——纸也应该被丰富的想象。

在制作过程中，要求学生首先自由选择不同类型的纸按照其特性加工成合适形态的构件——纸卷、纸棍、方形纸板、L形纸板、夹层纸梁或桁架等。在进一步搭建完整结构的时候，经常用手和身体对于各种形态的纸（圆/方/三角/菱形等各形状筒体、折板、空间壳体、绳索等）进行拉、压、弯折、扭转、剪切等基本的加载操作，直接体验“材料－形态－力”的关系，目标是将好的空间形态与坚固的结构体系结合起来。这时的模型不只是用来做视觉判断，也用来做结构的强度、刚度、稳定性判断。强调“体验”先行，“知识”跟进；感受与理解交替进行。

图4.155～图4.160是3个纸建筑实例，分别是外观与内部情形。

题目2：木质屋面结构制作与加载实验

用1cm见方的木线、3mm厚密度板、细钢丝、白乳胶等材料制作一系列屋架结构，支撑间跨度为60cm。称量结构自重后进行加载实验，直至结构破坏。

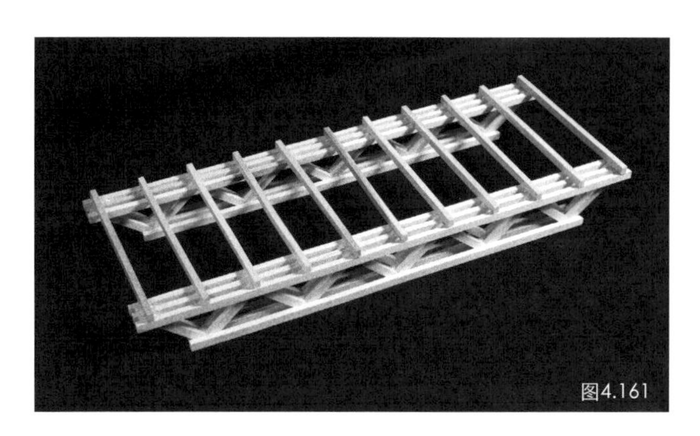
图4.161

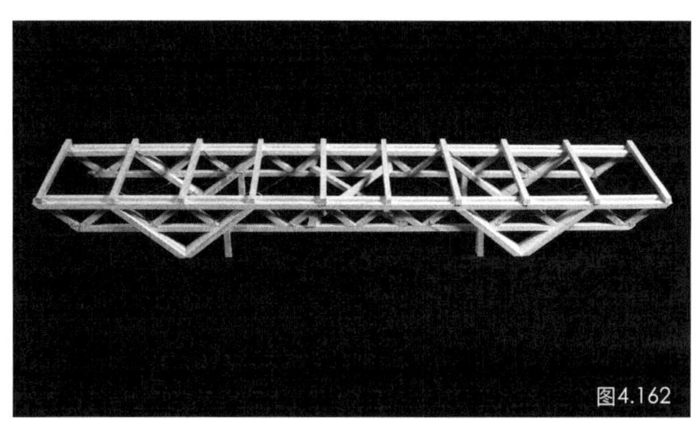
图4.162

图4.163

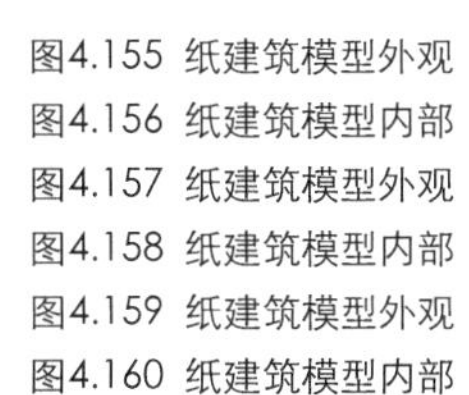
图4.155 纸建筑模型外观
图4.156 纸建筑模型内部
图4.157 纸建筑模型外观
图4.158 纸建筑模型内部
图4.159 纸建筑模型外观
图4.160 纸建筑模型内部

图4.161～图4.163 木质屋面结构模型
图4.164 加载实验前的全部结构模型

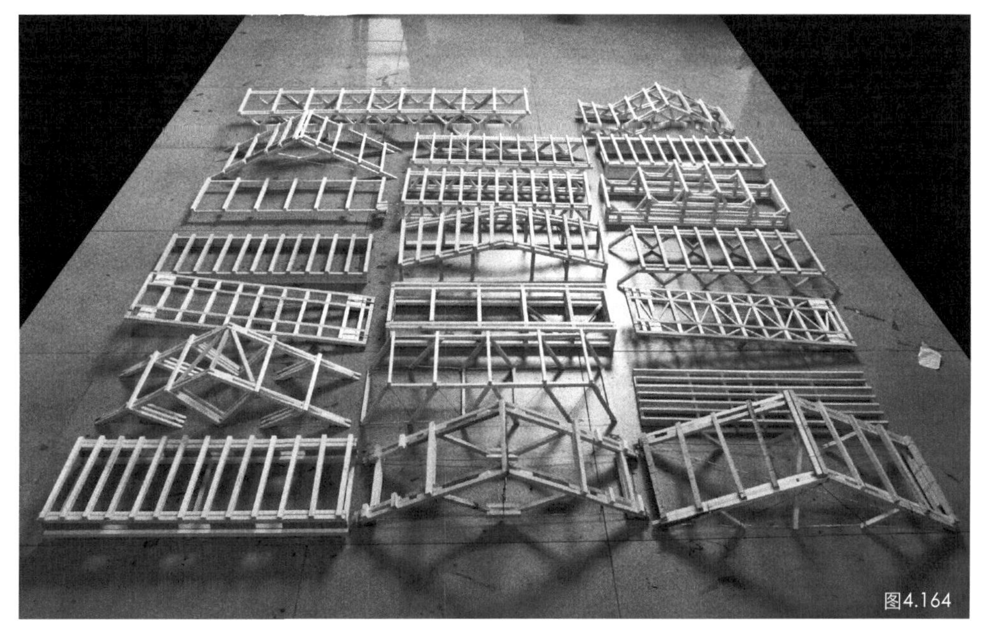
图4.164

图4.165

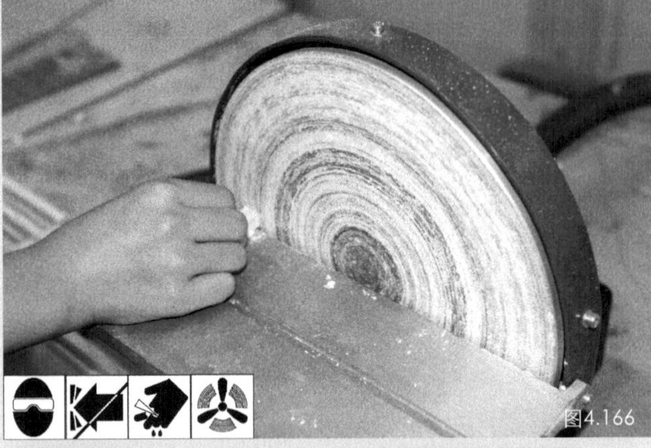
图4.166

图4.167

图4.168

图4.169
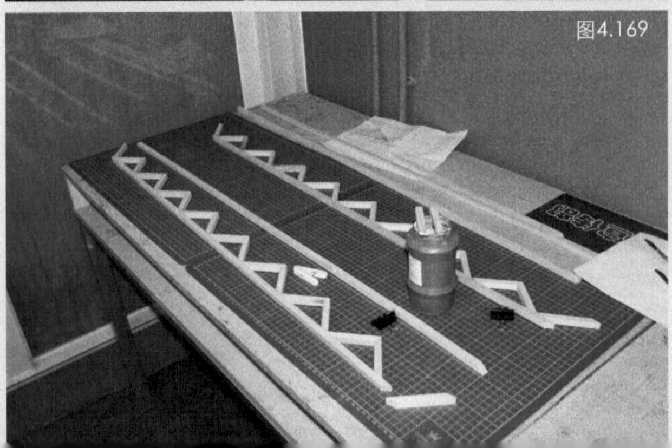

图4.170

图4.171

此课题虽然只是按照教师提供的简图进行制作，但制作者仍然需要自行考虑杆件细部和节点，进行不同材料的牢固连接。另外的两个教学目的在于让初学者理解常见屋面结构的受力特点，粗略的通过模型制作体验木结构屋架的搭建过程。

图4.165～图4.169是屋架模型构件的切割、打磨、粘接装配过程。较为复杂的屋架需要绘制出细部尺寸后，根据图样进行下料和粘接，如图4.167所示。

图4.170是其中一个屋架模型的加载过程。因为所准备的沙袋等荷载不能将结构破坏，人作为体验工具和荷载站在模型上，这个模型的承载的重量达到其自重的约600倍，给参加实验的人留下深刻印象。

图4.171是实验后的情景，图4.164中的模型变为一堆残骸，有时模型并不只是用来观看的，在完成其使命后，比视觉更多的体验已经留在制作者和实验者的身体中。

题目3：木结构建筑设计

作业要求是使用木结构设计某楼盘的售楼处，建筑面积约400m²，有展示区、洽谈区、办公区、卫生间等功能。此课题在外部环境方面的要求较低，功能组织的难度也不高，重点放在材料、结构、空间的问题上。8周时间的成果要求是1:100平立剖图和结构模型，1:20～1:5典型墙身剖面和节点详图，以及1:30断面构造模型。

图4.172～图4.175是该题目实例1。在经过工作模型（图4.172）的推敲之后，设计者使用细木条制作了成果模型反映建筑结构。设计者能够准确理解图4.146所示的结构平面变换，由两个矩形木柱构成的组合柱长轴与主要跨度方向一致，开间则较密，形成节奏感和挺拔的立面开间比例。组合柱顶部被屋面组合

图4.172

图4.173

图4.174

图4.175

图4.165 用小型圆锯机截断木方
图4.166 用圆盘打磨机打磨木方断面
图4.167 根据放样图粘接屋架
图4.168、图4.169 粘接固定屋架结构模型
图4.170 对模型进行加载实验
图4.171 加载实验后被破坏的结构模型
图4.172 木结构设计研究模型
图4.173～图4.175 木结构设计成果模型

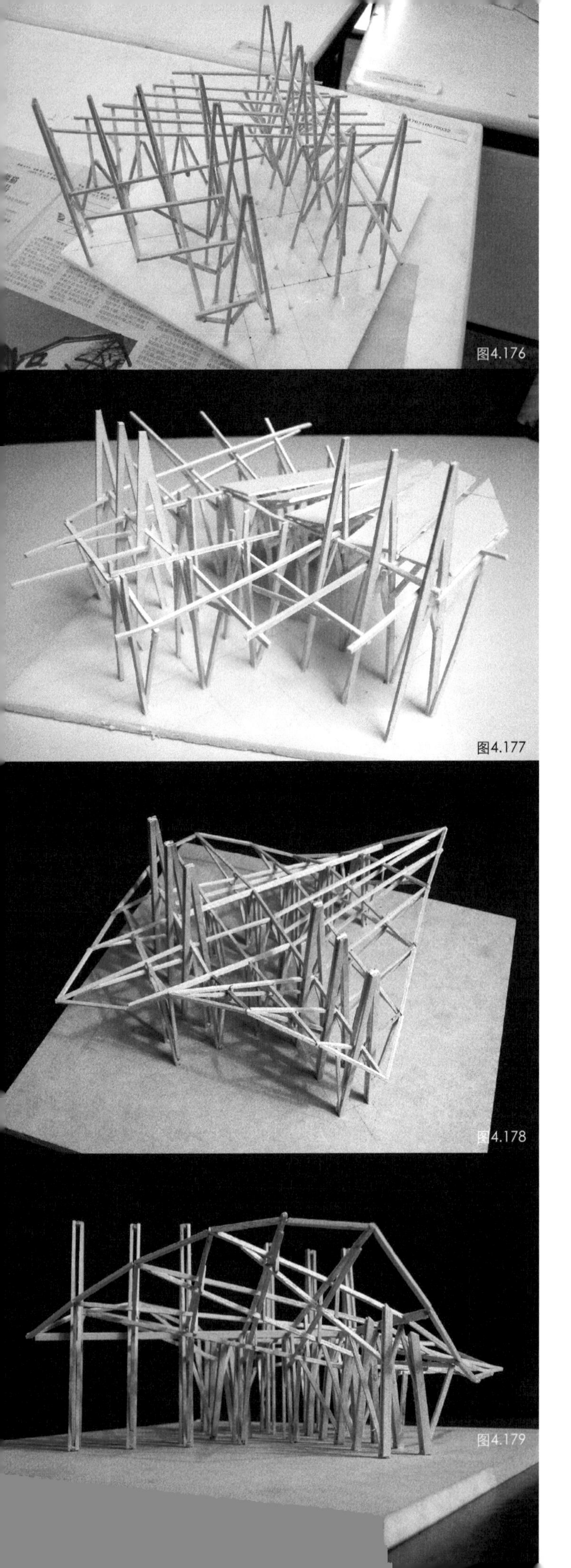

梁从两面夹住，予以连接，是较典型的木结构做法。长向跨度较大的部分，组合梁又局部采取了钢木组合的形式，有效合理利用钢制下弦杆承受拉力，表现轻盈的姿态（图4.174）。整个结构中竖向与水平部分清晰简洁，表现出了木材的建造特点，墙身和节点设计思路明确。

图4.176～图4.182是该题目实例2。设计者先后制作了多个研究模形（如图4.176、图4.177），最终的结构利用人字型木支架的多重排列，获得了丛林般的空间感，又像是一组组桅杆高高竖起，不同方向的悬挑和张拉形成屋顶结构，富有表现力和动感。美中不足的是划分内部功能时，隔墙布置与主要结构缺乏有机的联系。

图4.180、图4.181是1:50的剖面局部和1:5的檐口大样图。在详图设计阶段，结构体系需要与构造措施紧密联系，保证各司其责的同时，协调两者在局部空间关系和视觉比例的关系。

图4.176 木结构设计初期概念模型
图4.177 木结构设计初期概念模型
图4.178 木结构设计成果模型
图4.179 木结构设计成果模型

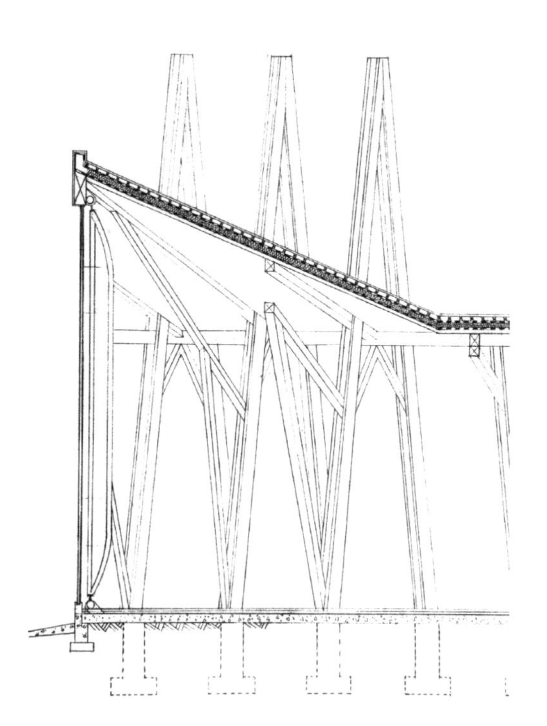

图4.180 木结构设计剖面局部

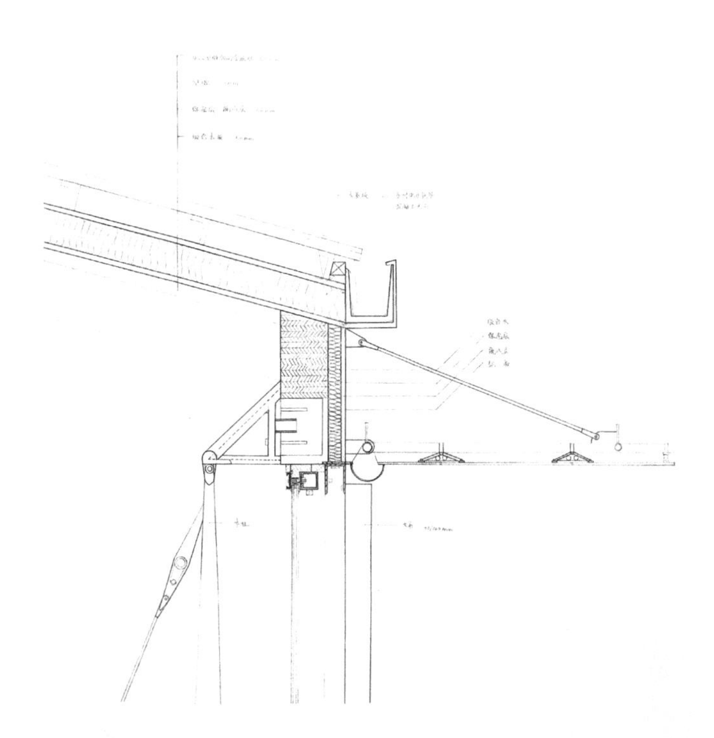

图4.181 木结构设计节点大样

图4.182 木结构设计成果模型

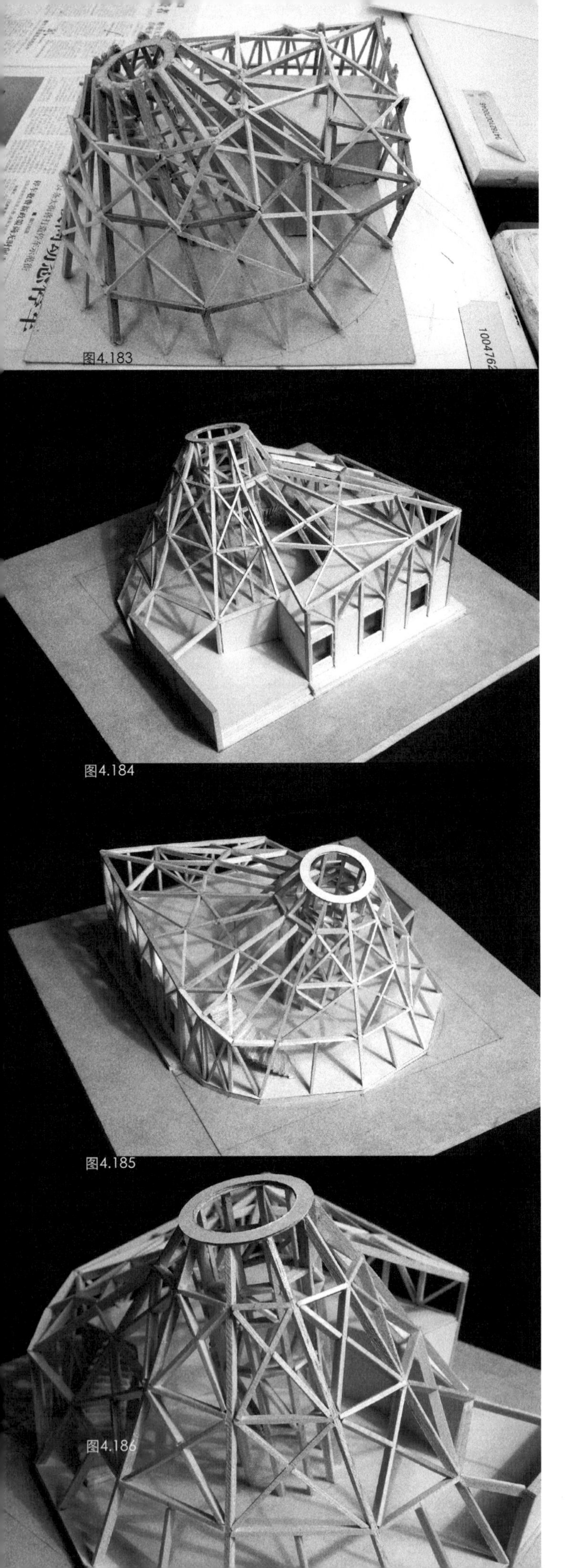

图4.183

图4.184

图4.185

图4.186

图4.183～图4.190是该题目实例3。采用梯形和三角形为单元的单层网壳覆盖空间，用圆柱、圆锥、棱台进行较复杂的体量组合，形成丰富的空间层次和运动向度，明确的体量转折保持了各部分独立的造型特点，同时也不缺乏整体造型的力度。各部分构造有较高的可实现度。

图4.191和图4.192是实际工程中运用单层网壳结构的例子——2007年落成的德国慕尼黑宝马汽车展览馆的一个展厅。正反两个圆锥状单层钢结构网壳造就了如龙卷风一般螺旋上升的强烈动感。

图4.183 木结构初期研究模型，斜圆锥状的单层网壳结构。
图4.184 木结构成果模型
图4.185 木结构成果模型
图4.186 木结构成果模型局部
图4.187 木结构设计剖面图
图4.188 木结构设计立面图

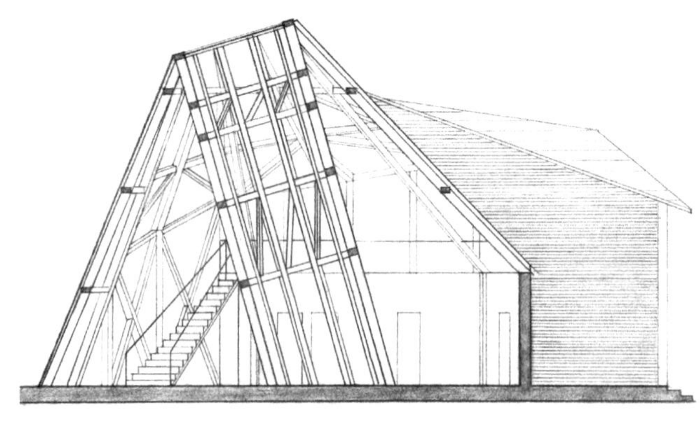

图4.187

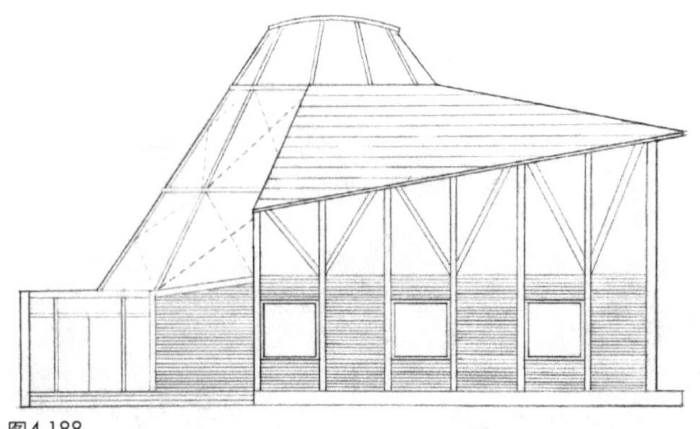

图4.188

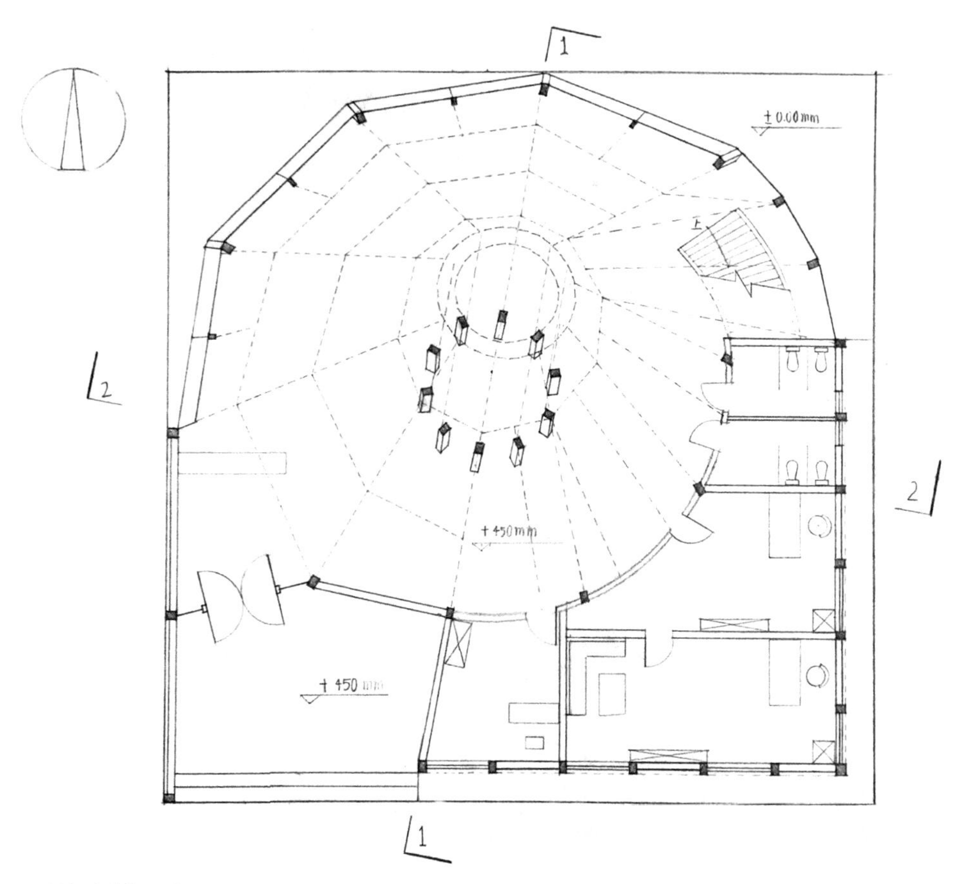

图4.189 木结构设计平面图

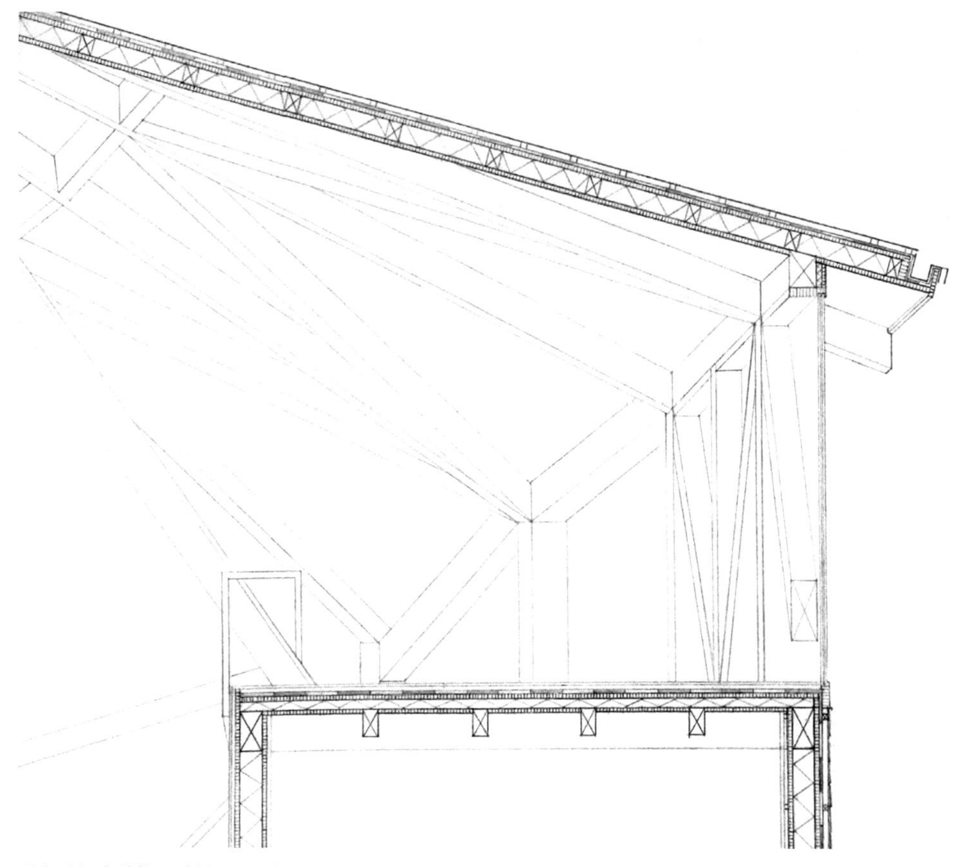

图4.190 木结构设计剖面图局部

图4.191 德国慕尼黑宝马汽车展览馆的一个展厅

图4.192 德国慕尼黑宝马汽车展览馆的一个展厅外观

图4.193～图4.198是该题目实例4。图4.193的初步研究模型中出现了组合柱，位于中心的四组柱子与建筑外轮廓存在一个扭转的角度，使平面在均衡中有扭转的动态，为屋面结构的转折、起伏打下了基础。组合柱在平面中间时是4肢，位于周边时则变为2肢，符合其荷载状况。梁柱穿插连接和轻型变截面桁架对表现结构起到了积极作用。中心正方形吹拔空间的顶部采光赋予建筑一定的仪式性和庄重感。图4.194是进一步深化设计后的模型，图4.195是最终结构模型。

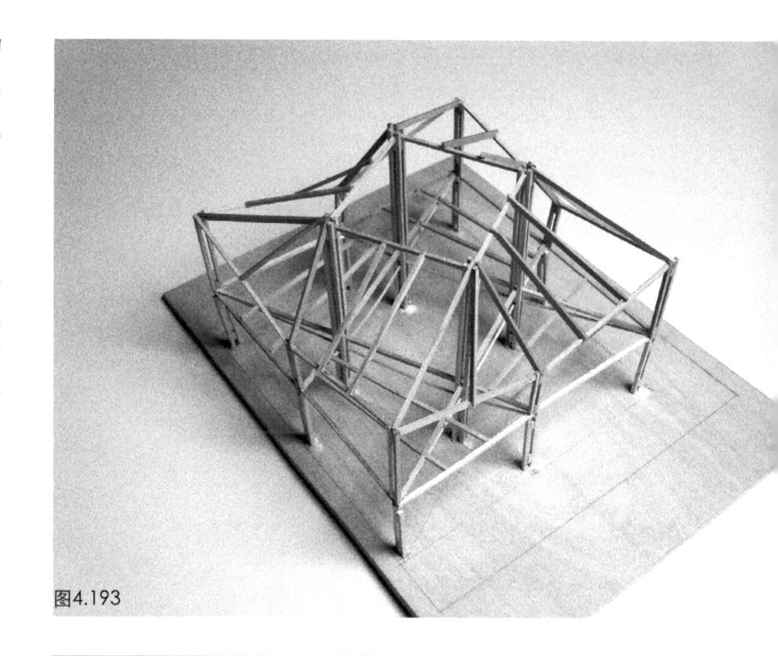
图4.193

图4.194

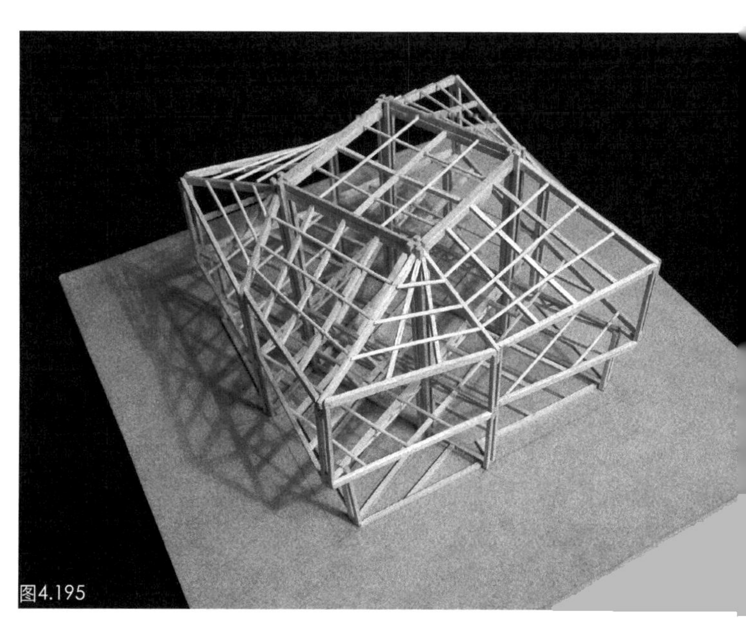
图4.195

图4.193 木结构初期研究模型
图4.194 木结构研究模型
图4.195 木结构成果模型

图4.196

图4.196 木建筑结构模型局部。可见4肢和2肢组合柱，以及变截面木桁架。

图4.197 木建筑首层平面图

图4.198 木建筑立面图

图4.199 木建筑结构模型局部。可见组合梁柱在三个方向上的搭接。

图4.200 木建筑结构模型外观

图4.199

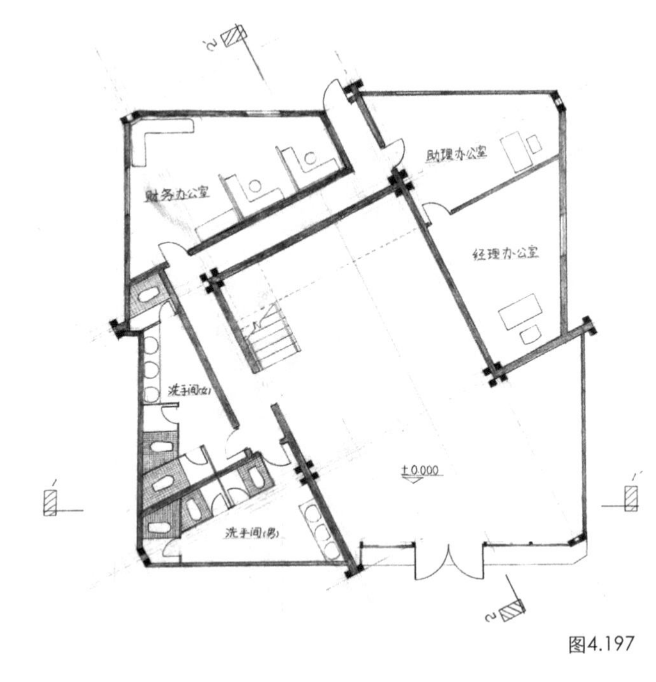

图4.197

图4.200

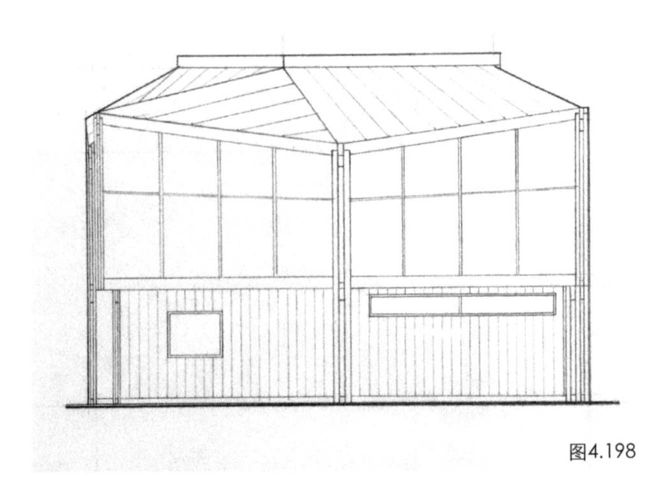

图4.198

图4.199～图4.201是运用组合柱、组合梁进行木结构设计的另外一些方案，这种利用小断面木构件进行组合设计的做法在欧美较为常见。图4.202是德国一处休闲廊架，柱子采用双柱组合，固定在钢制柱础上，稍微脱离地面以利于木材的防潮。柱间横梁在向心方向上为四根木方的组合梁。木材的固定采用不锈钢螺栓。

使用小断面木材一方面节约木材资源、提高木材利用效率，另一方面，木构件的疏密布置和搭接方式也提供了视觉节奏感。图4.201的模型实例借鉴了日本建筑师安藤忠雄的一个展厅设计，在这里，结构成为赋予空间个性与尺度感的重要因素，结构与自然光也很好的整合起来。

图4.202b

图4.202c

图4.201

图4.202a

图4.201 一个木结构建筑模型内部。结构赋予空间大尺度的感觉，天窗的光线通过结构得到过滤。

图4.202a 德国一处公园中的木质廊架

图4.202b 木质廊架连接处理

图4.202c 木质廊架与座椅的连接

图4.203～图4.207是本小节最后一个实例。采用经过变形的门式刚架辐射形排列，中心的倒圆锥空间是吸纳天光的巨型漏斗，略带神秘的宗教意象。这样的空间用作商业售楼处也许稍嫌不妥，但作者对于变截面刚架的形态和尺寸控制还是比较到位的，从空间的布局到构造层次交待得都很清楚。

图4.203是研究模型的内部，用0.8mm厚的卡纸制作，在此基础上，用中密度板和小木条制作了1：100的结构模型。每一榀刚架在设计上经过了变截面处理，轮廓的曲率和收分较为合适。

图4.203 木建筑研究模型内部
图4.204 木建筑结构模型外观
图4.205 木建筑结构模型外观
图4.206 木建筑结构模型细部
图4.207 剖面图纸

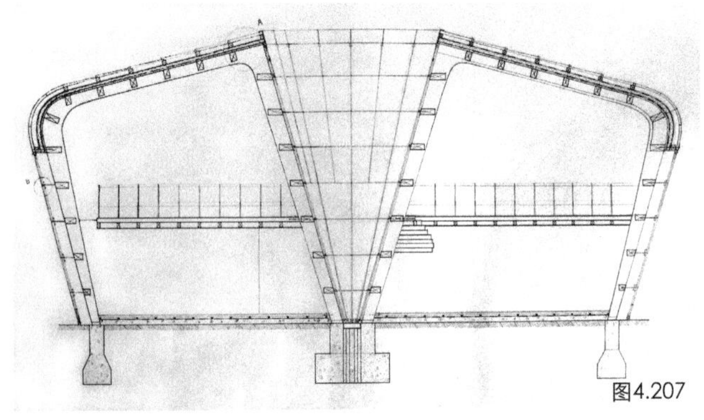

4.5 幼儿园设计

幼儿园设计一般是2年级下或3年级的设计课题。本节以1个设计实例说明在此类单元式布局建筑设计中使用模型推进设计的方法。

在构思初期，用KT板制作了数个概念模型进行建筑布局尝试。每班级的生活单元与活动空间，以及较大的室外活动空间是需要考虑的主要因素，教师办公空间与后勤服务空间也需要安排进适当的流程中。

这些概念模型同样需要放置在同比例的地段模型（图4.208）中考察。这时的模型比例为1：300～1：500。放在地段模型上面以后，可以用一盏台灯在夜间模拟白天太阳运动轨迹，观察周围高层建筑对新建筑日照的影响。此类日照、视线等外部条件分析也可以使用计算机建模，由软件更精确的完成。图4.209中左下角的模型底板实际上是一张由各区域日照小时数构成的日照分析图，直接用KT板切割出建筑体量后在这张分析图上制作了概念模型。

当然，设计师需要综合分析各项因素，权衡各因素对于设计的影响程度，在这个实例中，由于南侧高楼的遮挡，使地块北部日照时间更长（图4.209模型中的左半部分），设计者考虑到儿童在户外活动时比在室内更需要阳光，所以将建筑布置在南侧，而把较大

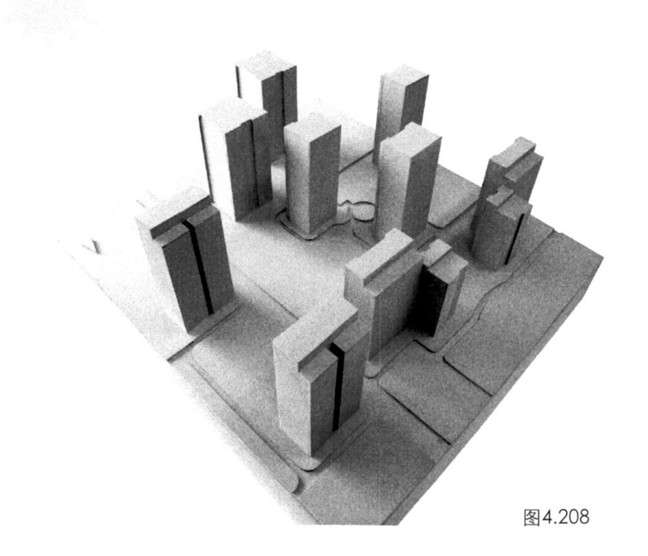

图4.208

图4.208 幼儿园设计1：500基地模型

图4.209 幼儿园设计的4个概念模型，反映了建筑、院落和场地的关系

图4.209

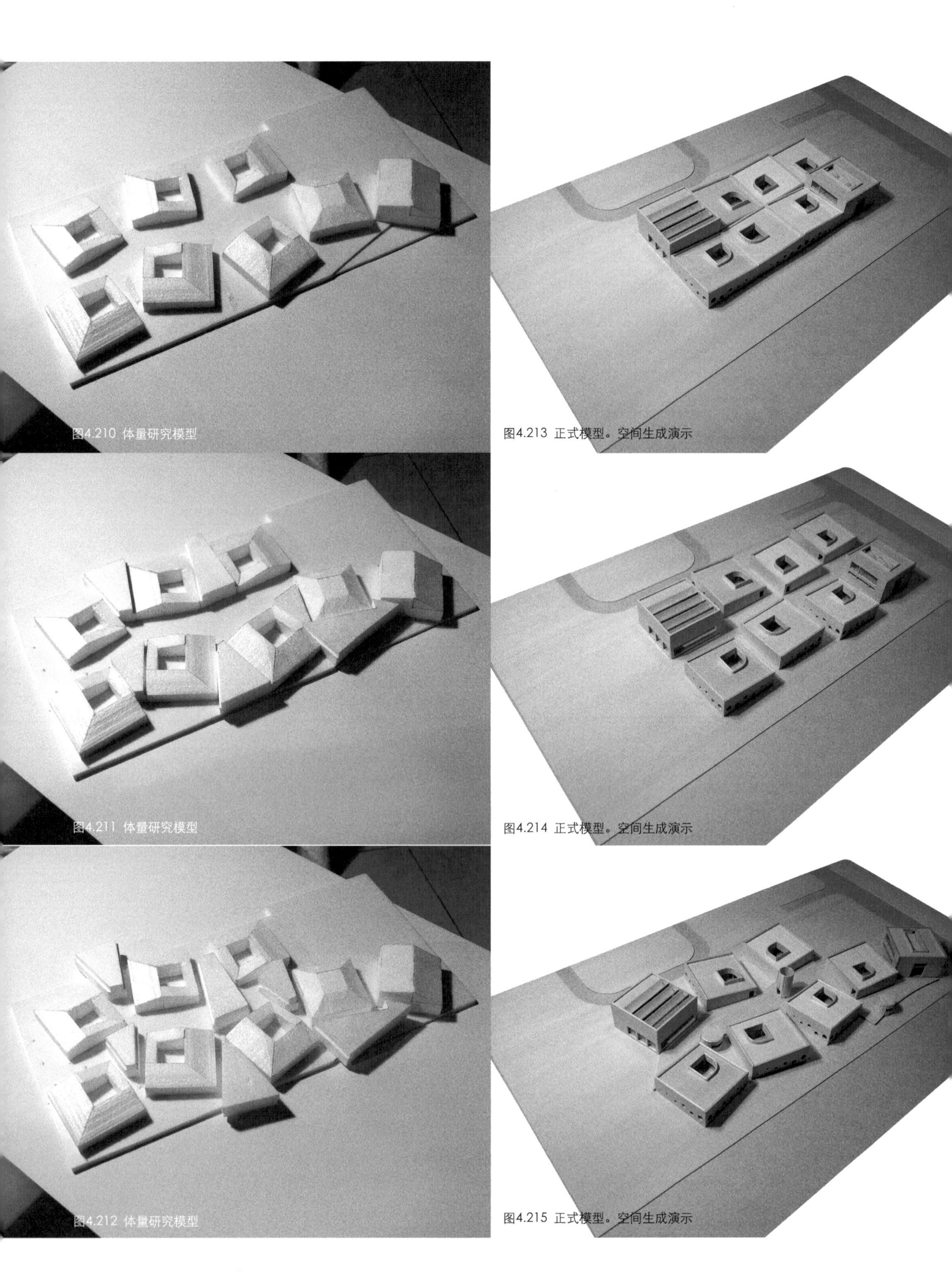
图4.210 体量研究模型

图4.211 体量研究模型

图4.212 体量研究模型

图4.213 正式模型。空间生成演示

图4.214 正式模型。空间生成演示

图4.215 正式模型。空间生成演示

的空场留在北部。

图4.210～图4.212是进一步深化设计之后用聚苯板切割制作的研究模型，比例为1:200。此时，班级单元具有独立天井（如图4.210），而班级间的楔形空间可以作为分班活动场地（如图4.211）。切割制作该体量研究模型使用了图4.216中的电热丝泡沫切割器。

图4.213～图4.215是8个单元体量进行组合与变化的过程，最终，一条折线形长廊出现在这些体块之间，形成宽敞连续的室内活动空间，联系所有班级。模型最左上角为音乐教室，最右侧是后勤服务空间。该成果模型比例为1:200，使用1mm和2mm厚椴木片手工切割制作，粘接时可以使用502瞬干胶，用刀尖沾取胶水，或用针管吸取少量胶水后进行粘接，如图4.217。

图4.218是班级单元体模型内部照片，略微倾斜的屋面方便排水，室内层高较低的部分是盥洗室，较高的部分是活动室，两者既有区分，也可以自然过渡，开窗采用了圆形，分布在不同高度上，增加趣味，而随着孩子的增高，他们可以从更高的窗户看出去。制作外墙立面时，圆孔采用图4.219中的台钻打孔，钻头直径在3～6mm之间。

天井的一部分墙体是弧面且转弯半径较小，制作时将椴木片间隔1～2mm切出一条浅缝，深度达到板厚一半即可。经过切缝处理的板材更容易弯曲。制作圆柱形的入口值班室、海洋球室和公共卫生间时都采用了这样的方法（图4.218、图4.227、图4.228）。

折线廊道的顶棚高于班级单元，在长廊两侧有一排独立支柱制成廊道的屋面（图4.222、图4.223）。

图4.216 电热丝泡沫切割器

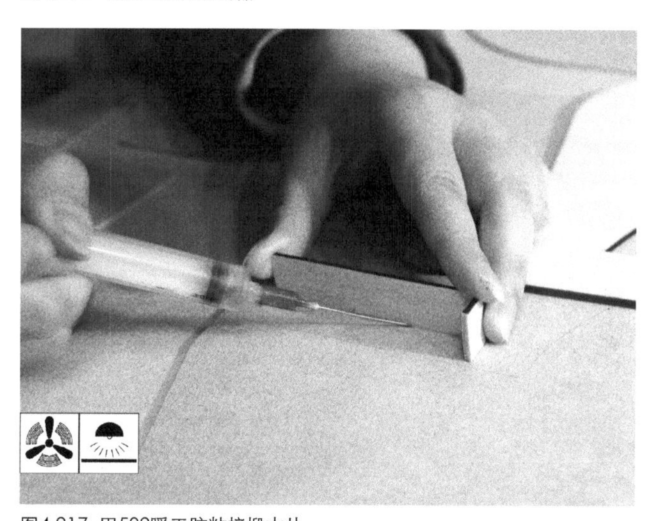

图4.217 用502瞬干胶粘接椴木片

图4.218 班级单元模型内部

图4.219

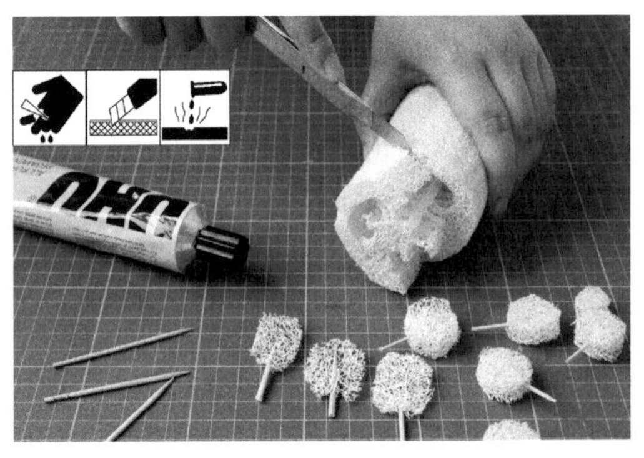
图4.220

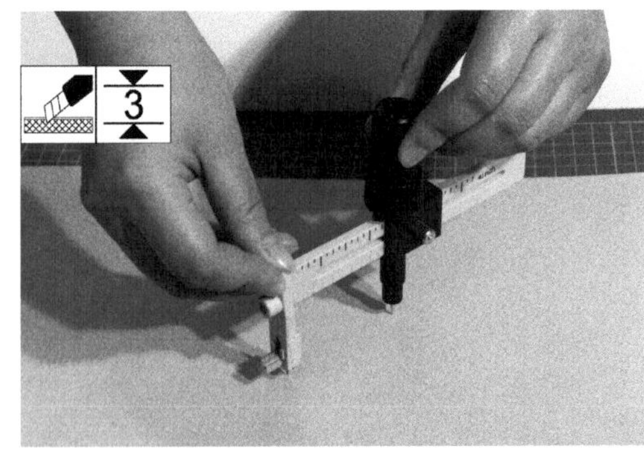

图4.221

图4.222

图4.223

图4.219 中型台钻
图4.220 用丝瓜筋制作模型树
图4.221 制作模型底板时，用划圆刀切割路缘转角，再将切好的椴木片粘覆在中密度板上完成模型底板
图4.222 正式模型(掀去长廊屋面)
图4.223 正式模型（加盖长廊屋面）
图4.224 正式模型俯瞰

图4.224

图4.225
图4.226
图4.227

图4.225 后勤服务部分。中间有高窗的部分是厨房操作间
图4.226 音乐教室
图4.227 幼儿园入口与值班室（去除屋面）
图4.228 幼儿园折线长廊与海洋球室（去除屋面）

图4.228

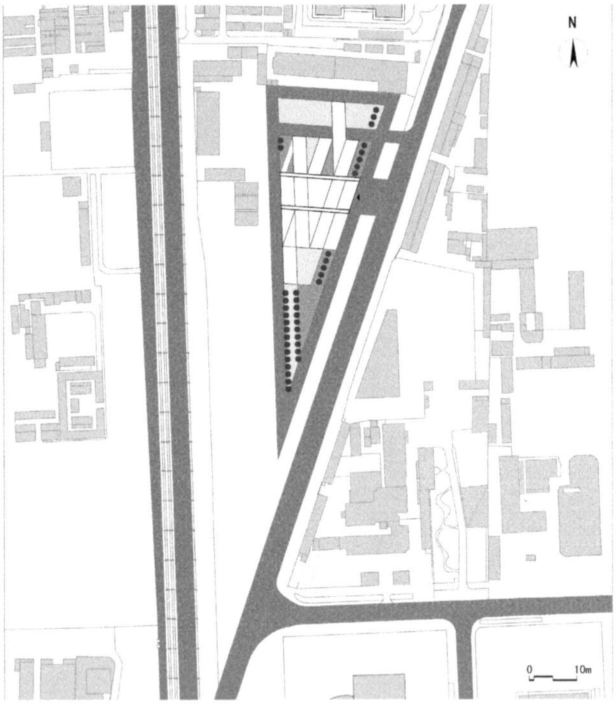

图4.229 美术馆设计总平面图

4.6 美术馆设计

美术馆设计一般是3年级的设计课题。本小节实例所处地段较为特殊，狭长的三角形地块给设计带来挑战，也带来灵感（图4.229）。

图4.230是1:500的概念模型，采用1mm厚卡纸板手工切割制作——两片墙体限定出主要的公共空间，展厅转化为一组长方体，相互编织穿插起来。概念模型将场地条件和设计目标具体为一组空间关系。在完成此步骤后，平面功能在图纸上深入调整。

建筑用地面积为12000m²，建筑面积约为7600m²，地下1层、地上3层，地下层设有可容纳400人的学术报告厅及藏品库区，地上一层设有大厅、管理办公用房、纪念品商店、咖啡吧、艺术家工作室、图书室及临时展览区域，二层为临时展厅，三层为永久展厅。主要空间由六条箱体与两组墙体间的空间相互穿插构成，六条箱体时而交汇、时而在贯穿三层的公共空间中融合、时而又分离。同时，在竖直方向上的互相交错形成了不同高度的箱体外部空间，满足了不同体量艺术品的展览需求，人们也可以在不同角度、不同高度、全方位地观看展品。

图4.230 美术馆设计概念模型

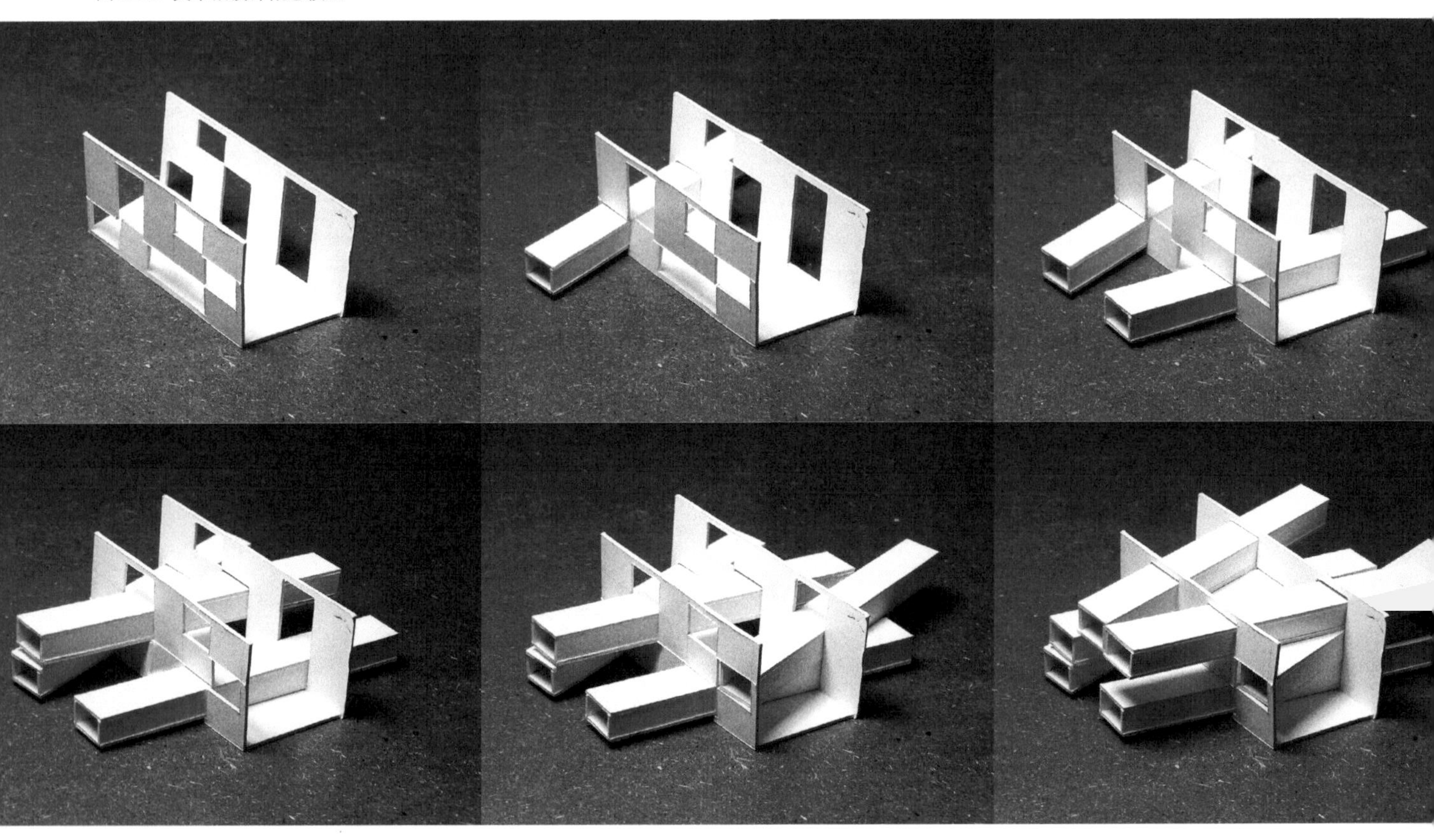

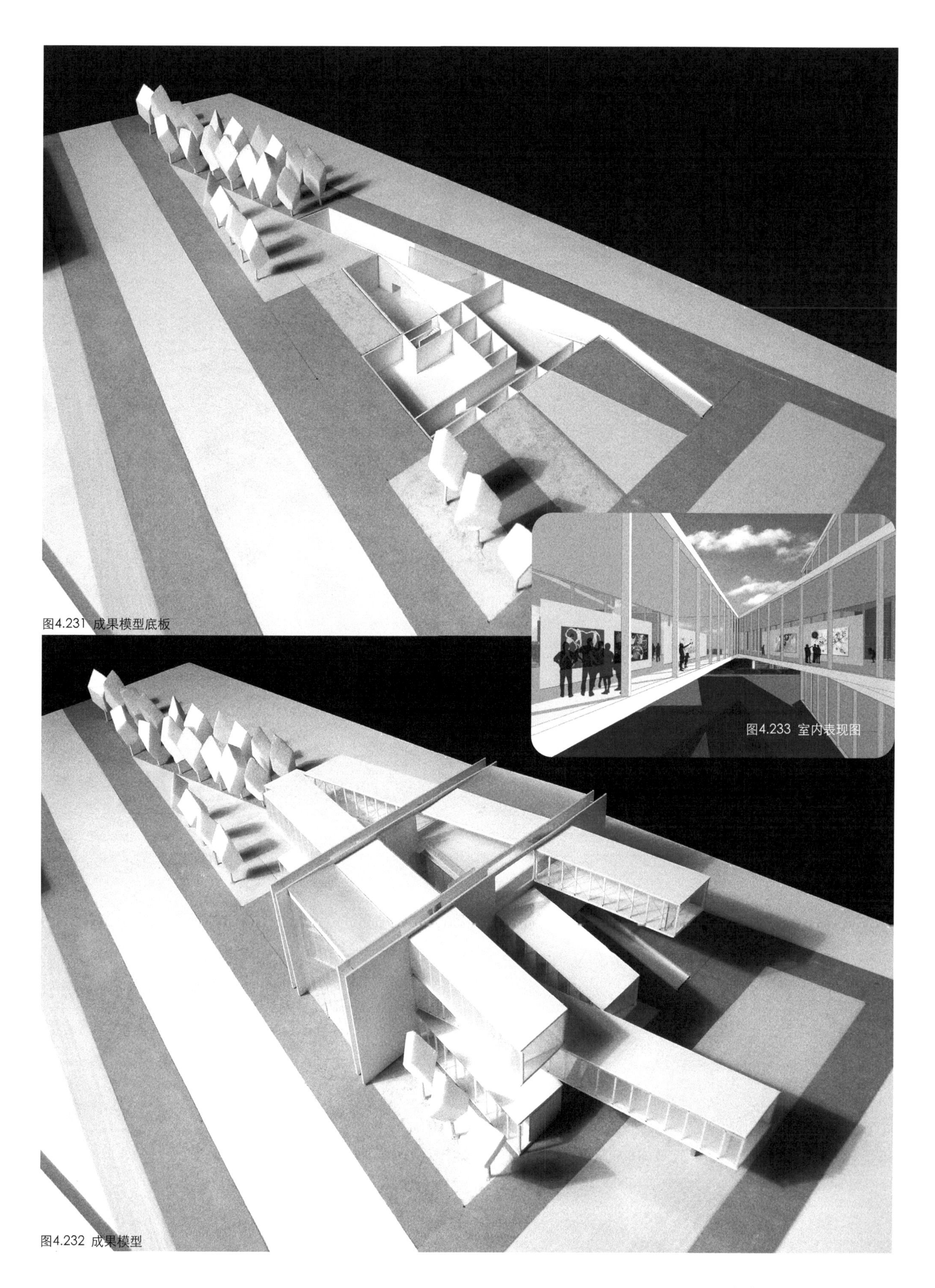

图4.231 成果模型底板

图4.232 成果模型

图4.233 室内表现图

最终成果模型比例为1:200，用白色卡纸和透明亚克力板制作。模型底板事前切挖出地下室的部分。模型中树的形态与三角形地块有所呼应，简洁的体量感也与设计本身的性格相协调，其制作方法在前面第3章中已有详细介绍。

在高年级的设计课题中，除了实体模型，用计算机软件建模也是重要的设计手段，两者应该各自发挥特长。图4.234、图4.235是用Sketch up 建模获得的剖透视图，能够清晰的表现内部空间和结构。图4.233和图4.239是室内透视表现图，经过Photoshop软件的拼贴处理，得到了较好的室内气氛，如果结合Vray或Lightscape之类的渲染软件，则可以得到更为逼真的室内光环境效果。由表现图提供的现场感、材质、颜色、尺度感等信息在实体模型中不容易得到表现，因此，实体模型和表现图可以在一定程度上互补。

本书强调在不同的设计阶段应该采用不同的设计

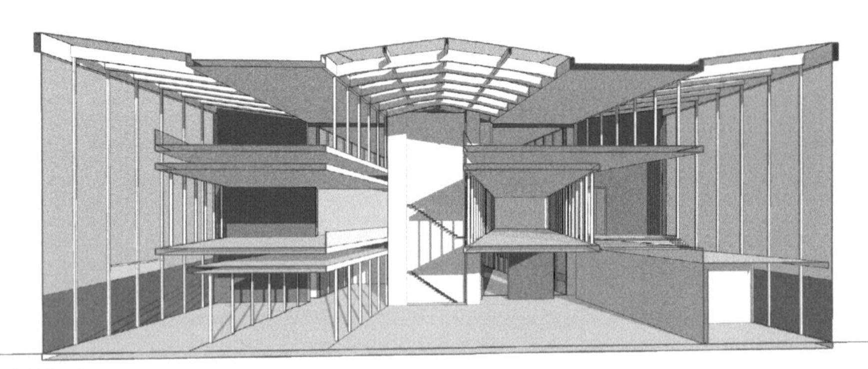

图4.234 美术馆设计横向剖透视图

图4.235 美术馆设计纵向剖透视图

图4.236 美术馆设计模型平视

工具和表现方式。高效适用、有助于实现该阶段的设计目标、可以调动设计所需的视觉触觉和灵感，这些是选用设计工具和表现方式的原则。

学习建筑设计的学生需要掌握多种设计工具和表现方式，以便在设计各阶段都能够正确的使用，将设计深入下去，将构思完整的传达出来。

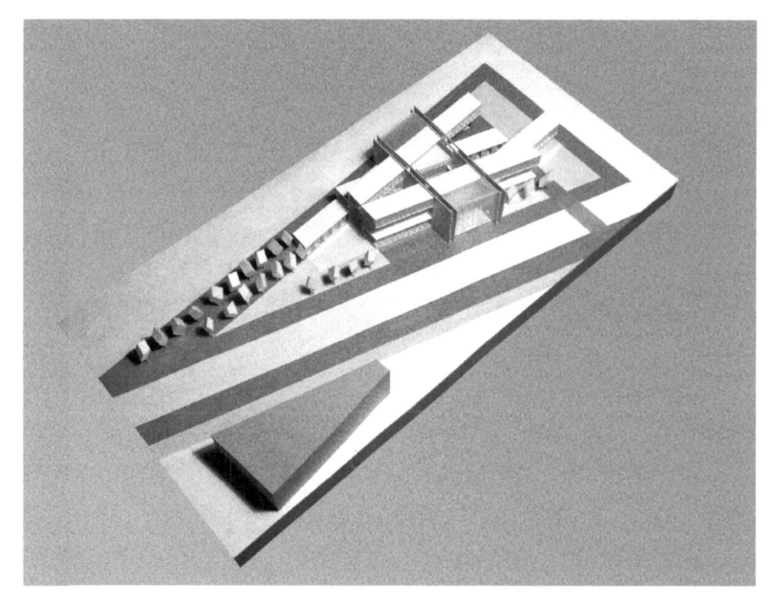

图4.238 美术馆设计模型俯视

图4.239 美术馆设计室内表现图

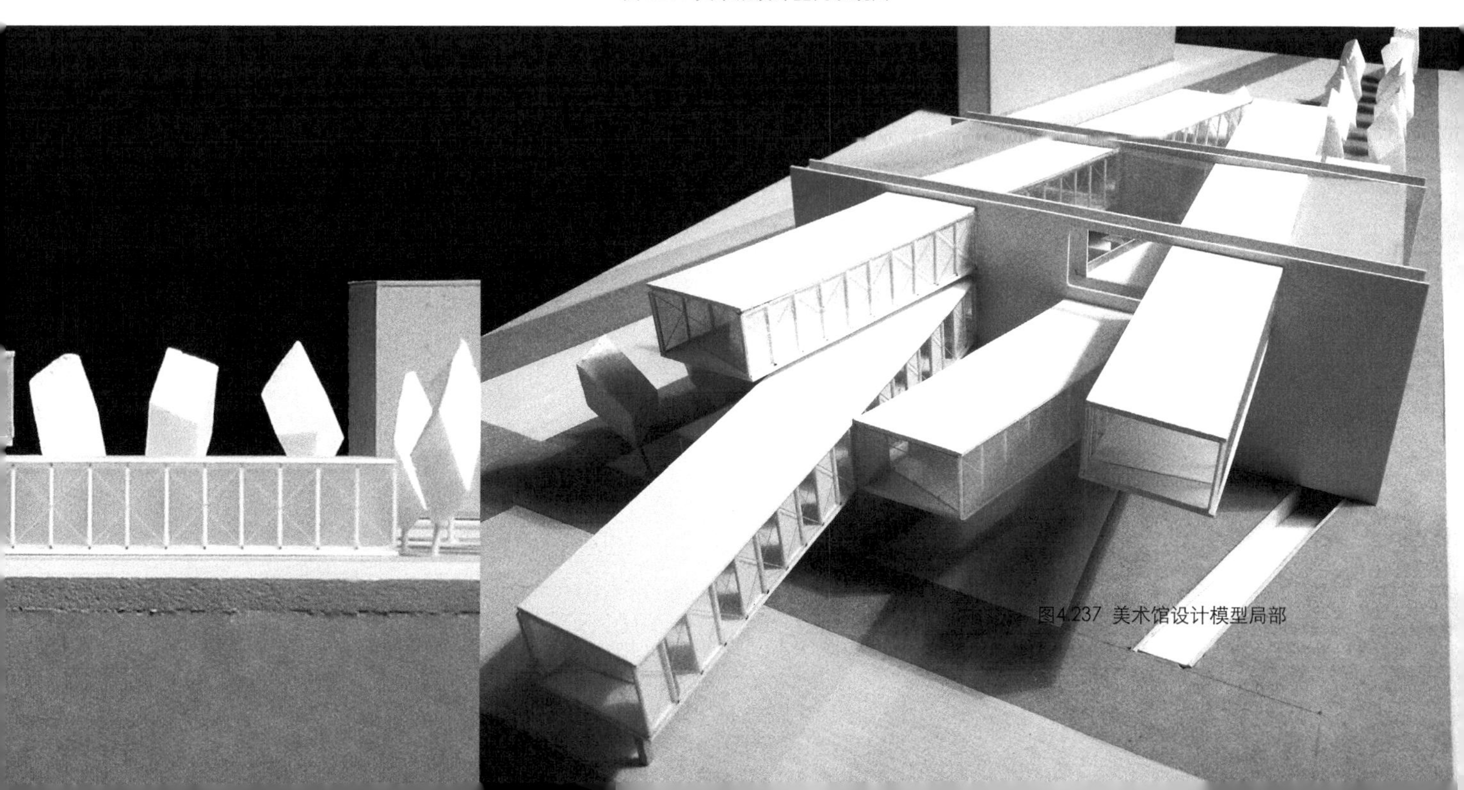

图4.237 美术馆设计模型局部

4.7 集合住宅设计

本节设计实例地段位于北京老城区雍和宫附近，周边有传统住宅和大体量的旧厂房（现为艺术家工作室和建筑事务所）。本次设计任务是：通过低层高密的住宅形式，创造一个户型多元化的，满足现代居住要求的小型住宅组团。

北京是一个集历史和现代为一身的大城市，这里有大量的传统住宅，也有很多近10年建设的新住宅。随着城市的发展，北京旧城部分的住宅改造已经成为了一个必须要解决的问题。如何在满足居民现代生活需要（卫生、日照、人均面积等）的前提下，和周边环境进行对话是当今北京的建筑师必须回答的命题。老城区居民的生活模式、城市经济形态、建筑群体的尺度和肌理等均是要考虑的问题。

“住以商而存，商以住而兴”已是该地段由来已久的特点。

该地段的现状是，沿街商业由于置身民居文保区，受高度限制多为小店铺，拥挤且杂乱。住宅又受沿街商业影响藏匿于深深的街巷之中，并且基础设施不足使其不再适于现代生活。因此，需要改变基地现状，提供一种全新的商住模式。

图4.240、图2.241是在地段模型上进行的体量分析，图中红色虚线框内是新加入的住宅组团，而周边是单层居民住宅夹杂一些大体量的建筑。

最终的设计方案里，首层架空为商业综合体，集商业餐饮休闲于一身，为社区内外的人均提供了便利。二层三层为集合住宅部分，其院落的模式传承了北京居民的居住传统，但院落和房间的结合更为紧凑。组织交通方面，再现了旧北京胡同的面貌，与城市肌理浑然天成，又在“胡同”中添加了社区公共空间。“垂直绿化”较好的解决了由于住宅密度大而带来的绿化率问题。

集合住宅＋商业综和体的模式不仅使基地现状的问题得以化解，也使东四地段的商住传统得到新的诠释。

在1:500地段模型的基础上（图4.242），制作了1:300的住宅单元体量模型（图4.243、图4.244），这组体量模型主要是研究住宅紧凑的室内与室外小院落

图4.240 在地段模型中进行方案推敲

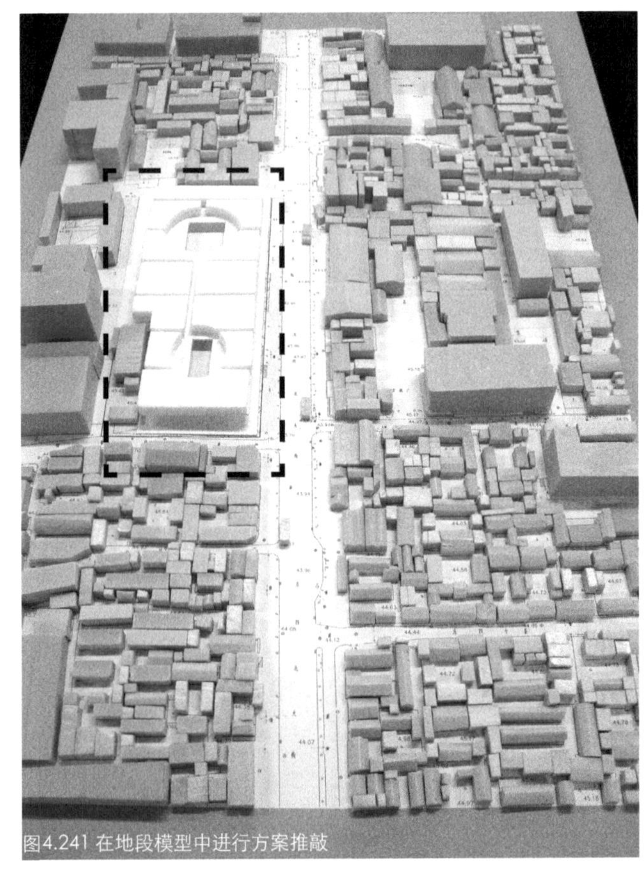
图4.241 在地段模型中进行方案推敲

1：500地段模型中放置概念模型进行方案推敲，可见由于入户支路（小胡同）的划分，使得住宅尺度与周边民宅接近。

1：300住宅单元体量模型，在这个早期方案中，住宅有交错编织的效果，在最终，简化为主要通道+小胡同的方式。

图4.244 1：300住宅单元体量模型局部

图4.245 集合住宅设计成果模型，1：200

图4.246 集合住宅设计成果模型局部，1：200

的关系。地段模型和院落体量模型都采用了硬质聚苯板作为主要材料，使用电热丝切割器（泡沫切割器）进行加工。粘接时主要使用双面胶。

图4.245～图4.248是用白色PVC板作为主体材料制作而成的成果模型，此时模型的比例为1:200。首层由框架结构柱作为主要支撑，内部为商业设施，外墙为落地玻璃，模型中采用透明亚克力制作，用勾刀在亚克力表面刻画出落地玻璃分格，使模型具有一定的尺度感。二层和三层为集合住宅，其中两个圆形的室外空间作为社区的公共活动场所，用南北向连廊作为主要通道进行连接。而东西向分布的一些入户支路模拟了老北京的“胡同”。二层和三层，模型重点表现了住宅内院与房间相互交错的肌理。

这个设计综合使用了1:500的地段模型、1:300的体量研究模型和1:200的成果模型进行设计推敲和表现。图纸绘制则采用了AutoCAD、Sketchup、Photoshop软件进行图纸绘制和建模。

图4.247b

图4.247a

图4.247a 切割PVC板制作模型主体，以及切割硬质聚苯板制作周边民宅体块，体块涂以深灰色丙烯颜料。

图4.247b 成果模型俯瞰。可见一大一小两个公共活动空间。

图4.248 成果模型局部

图4.249 设计图纸综合表现

图4.250 设计图纸综合表现

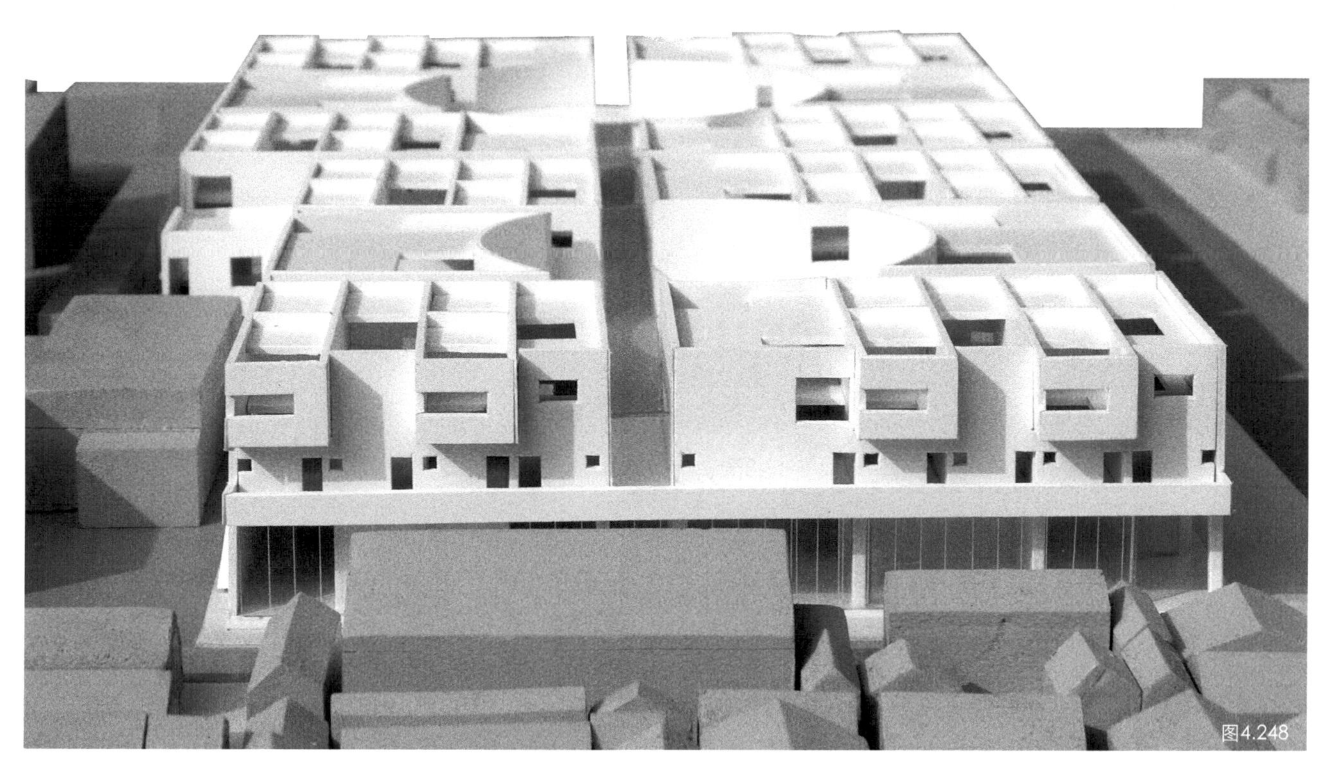
图4.248

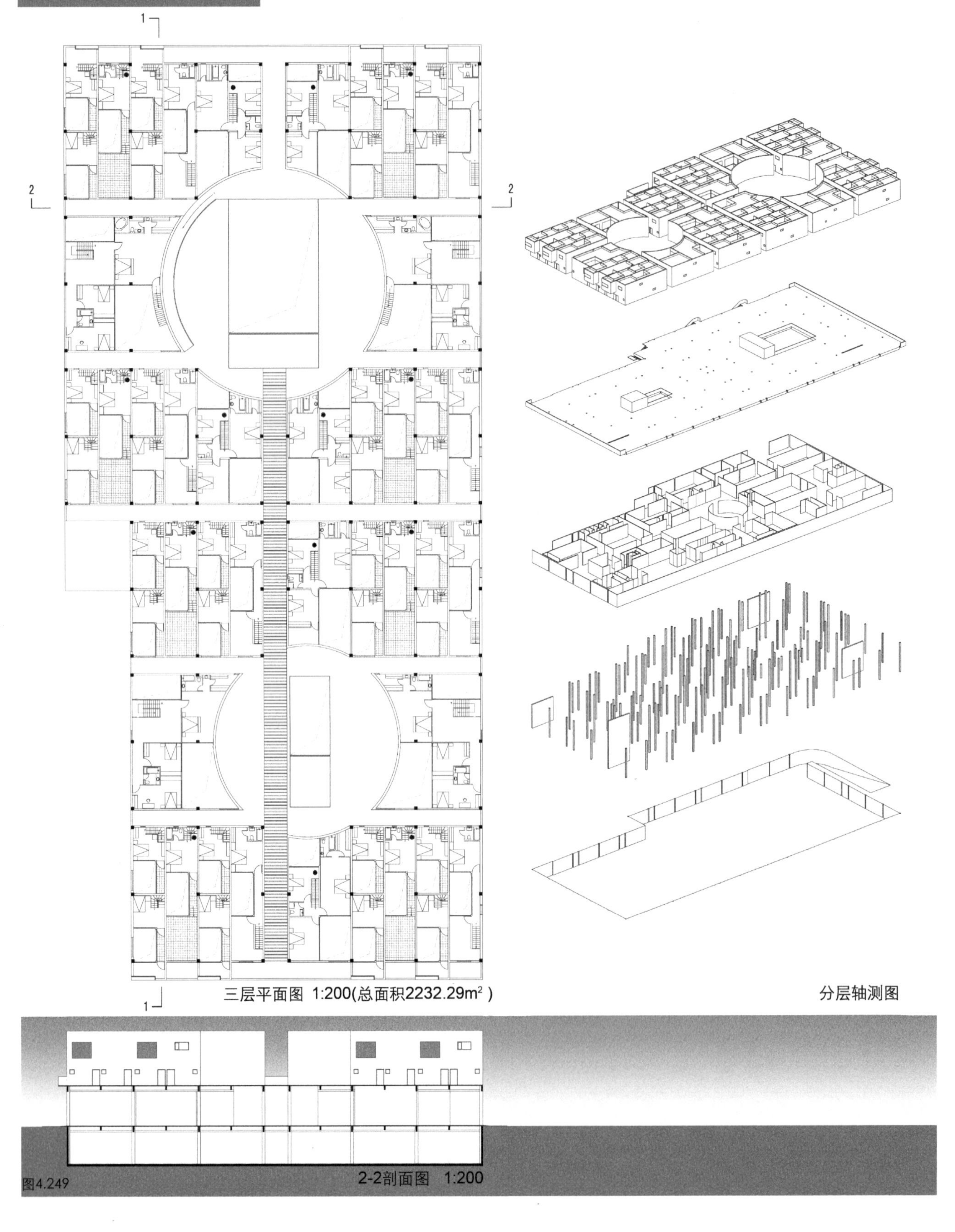

图4.249

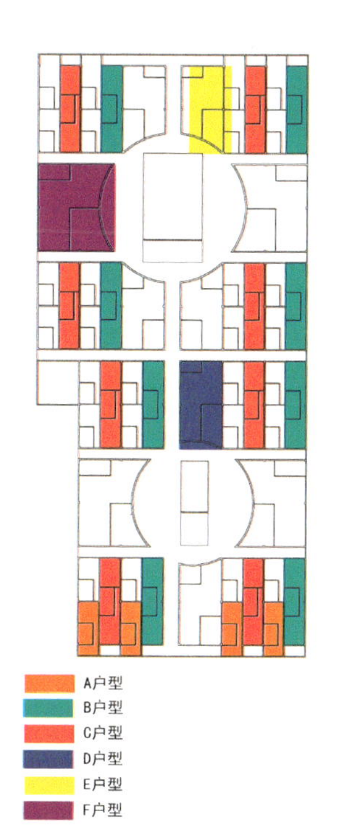

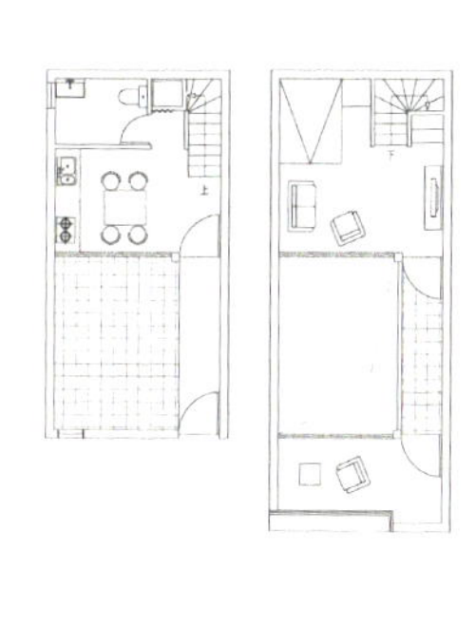

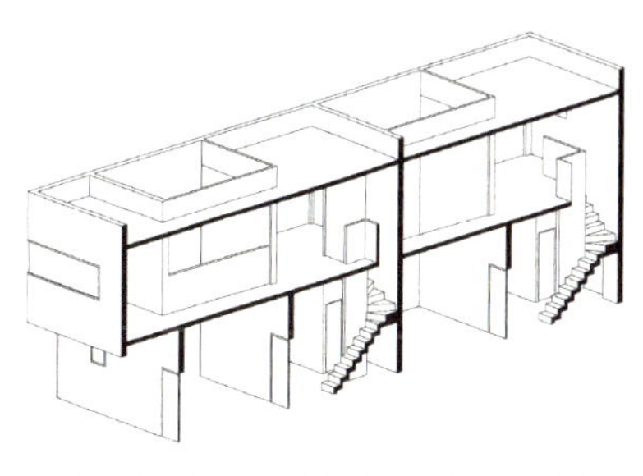

A户型平面图　1:100/首层23.88m²+二层31.16m²/总面积55.04m²

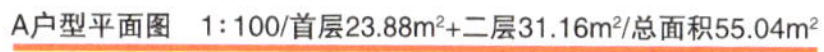

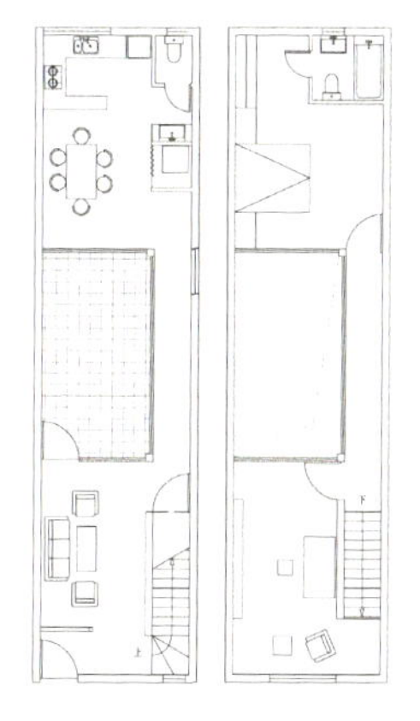

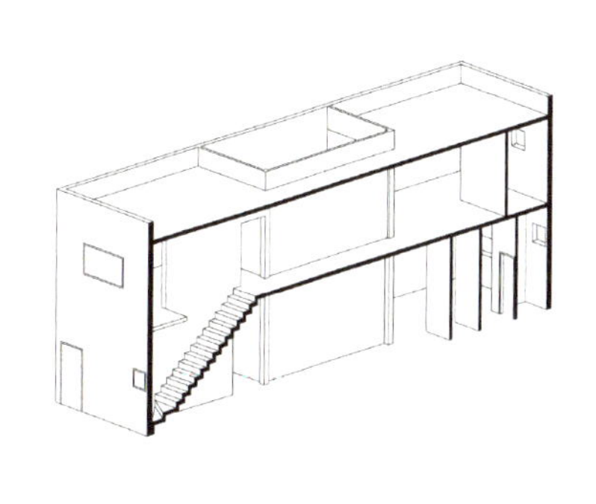

B户型平面图　1:100/首层60.04m²+二层60.04m²/总面积120.08m²

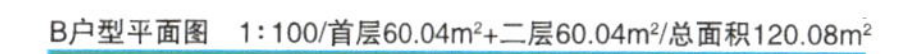

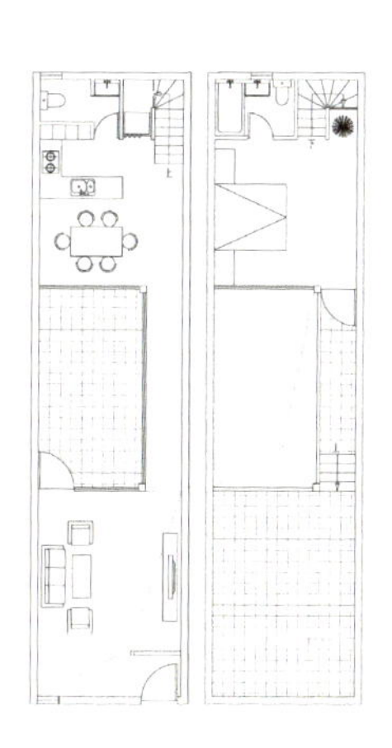

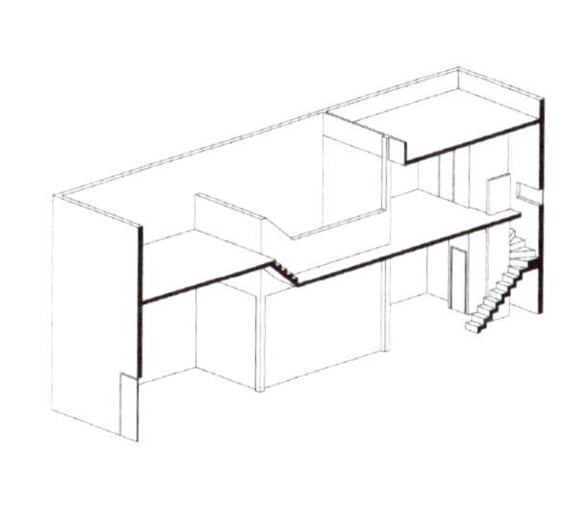

C户型平面图　1:100/首层60.04m²+二层15.64m²/总面积75.68m²

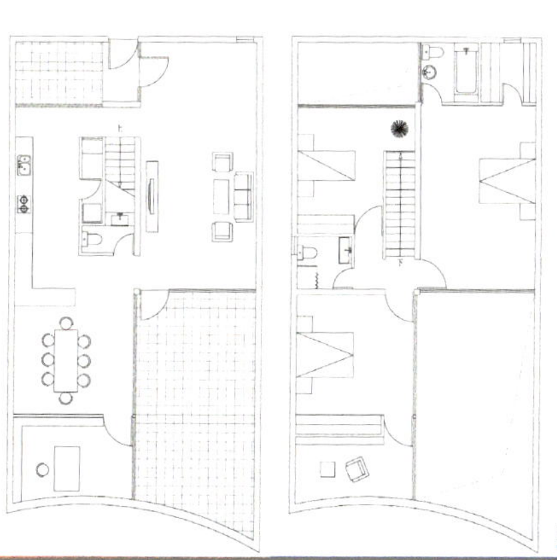

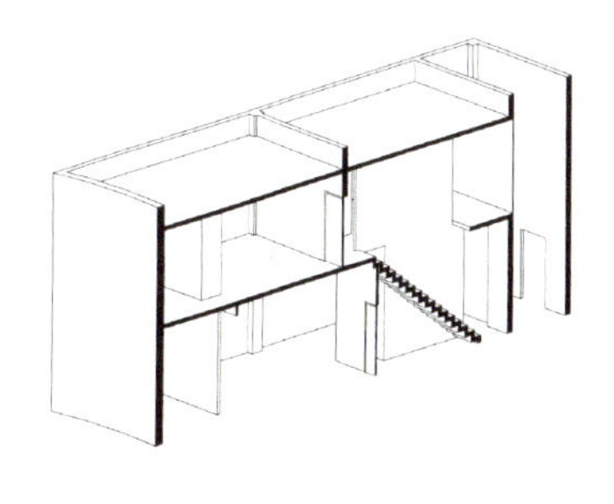

D户型平面图　1:100/首层101.45m²+二层101.45m²/总面积202.9m²

二层住宅部分的公共巷道透视图

图4.250

4.8 文化类建筑综合体设计

本节设计实例为文化类建筑综合体设计——创意工场综合体。

设计基地位于北京正东电子动力集团有限公司（751厂）内，与798厂（现大山子艺术区）相邻，751厂区内有部分工厂仍在使用，也存在一些废弃不用的旧炉区，这些工业时代遗迹形成极具特色的景观装置。图4.252是拼接而成的基地全景照片，基地总面积为6696m²，南北边长为70.7m，东西边长为95.4m，基地南邻地区主干道四号路，东面道路设计规划为地区次干道，西面为绵延数百米的管廊，距离基地边线仅4.5m，尤为壮观，基地北面为原厂区内厂房，现已在改造中。

图4.251是一组798、751厂区的典型厂房和设备形态，包括弧形北向天窗、长方体、圆柱体、球体、流动的管道与大尺度的悬挑。这些形态真实的反映着工厂的实际功能需要与工艺流程，不加修饰却真实可信、充满力度感，大尺度空间也给建筑功能的置换提供了很多可能性，工厂容纳了从20世纪50年代到今天的各种文化元素。

如何在这样一个视觉形态丰富、时空跨度较大、意识形态杂糅的环境中设计一个文化综合体，使之既有鲜明视觉特征，又与周边文脉相呼应？

本节实例的设计概念主要来自于对751、798厂空间体验的记忆综合，方案的建筑形态能反映出751、798厂原有的一些具有代表性的建筑符号，设计者力图将这些多样的建筑符号通过不同的建筑体量组合起来，同时也围合出了一个尺度宜人的内院，可成为人们理想的交流空间。创意工场综合体建筑总面积为7545m²，主体部分为3层，综合了展览馆、艺术家工作室、商店、餐馆、书店、艺术教室、办公室、小型图书馆等功能设施。

视觉冲击力、动感和节奏感是设计者关注的重点，重新组合视觉记忆片段与文脉符号以获得新的文

化品格。

复杂多变的三维曲面形态成为形式感的基础，而三维实体模型也成为处理这些形式问题的便捷高效手段。为了在设计中融入富于弹性和张力的视觉形式，制作概念模型时采用了0.3～0.4mm厚度的卡纸。如图4.253a所示，在切割、弯曲、折叠卡纸时要注意手指的触感和力度，在改变卡纸形态的同时，也应该适当顺应卡纸的弹性与内力，使人为定型与纸的自然弯曲相结合。

这样做的目的是在设计之初就进行触觉到视觉的转换，使所谓“弹性、张力”在视觉与触觉上保持一致，获得通感效果。这是其他设计手段难以做到的，因为仅仅通过图纸或是计算机屏幕，几乎完全无法获得关于建筑的触觉。笔者在设计教学中强调，建筑体验设计是多种人体感觉的复合，设计过程中显然应该有最直接的手段将相关体验加入设计。事实上，只是将卡纸进行简单的弯折、扭曲时，操作者的双手就已经在体验舒缓松弛的曲线与急促紧张的扭转，同时反复进行的视觉判断与调整将加强这一进程的连续性，使得最终多样的形式获得一种统一。

这种“视觉-触觉”相统一的技巧是本节的重点。初学者需要反复练习，到达较高水准后，便可以用视觉代替裁纸刀进行切割（即视觉对高矮胖瘦、长宽比例、动态节奏十分敏感）、用触觉去体验建筑外观与内部空间的力度。

当然，在塑造空间和体量的同时，一些建筑设计的基本关系同样不能忽视，它们包括：建筑各部分出入口与周边道路和场地的关系、建筑各部分功能所需要的朝向以及采光通风要求、建筑内部与外部空间、内院空间的视觉与实际交通联系等。

图4.251（组图）798和751工厂内的厂房与炉区大型设备
图4.252 设计地段拼接全景照片

图4.251
图4.252

图4.253a 在概念草图中确定初步的体量组合与周边衔接关系后，迅速进入概念草模制作和推敲阶段。切割、弯折薄卡纸，塑造体量和空间。这个阶段模型比例可以为1:300～1:500。可以用黏性不大的纸胶带（美纹纸）进行临时固定以便随时修改。

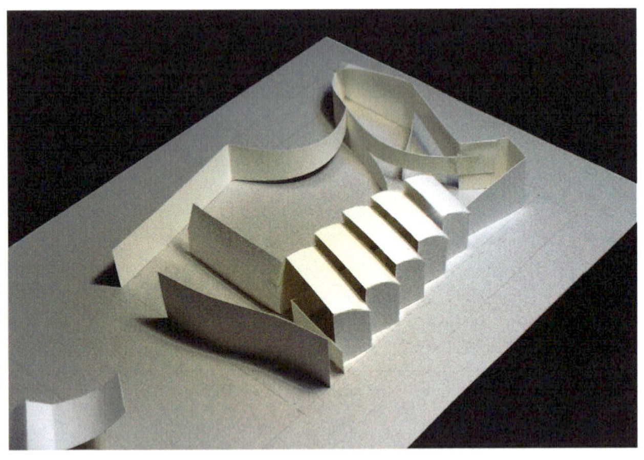

图4.253b 取自798厂区的弧形顶棚元素富于节奏的限定出场地的一边。内院的围合也出现雏形。

图4.253c 体量的交接式需要耐心处理的部分，制作时可以结合立面草图进行推敲，而后，制作出草模进行三维视觉判断。

图4.253d 三维曲面围合出的建筑体量是形式推敲的重点。图中左上角两个梭形体量稍显重复且彼此缺少联系，右侧两个体量的衔接较好，且短弧线的节奏感与长弧线的舒缓感形成趣味和对比。右下部鱼形体量末端为大尺度悬挑而出的报告厅。

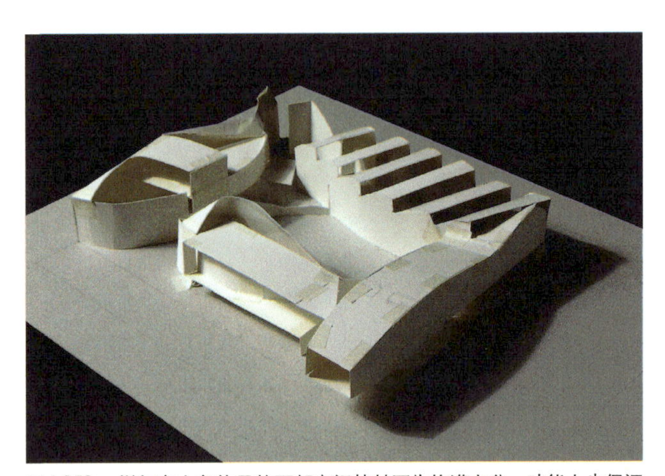

图4.253e 增加左上角体量的顶部空间使其更为饱满充分，功能上也保证足够的展出面积。将较小梭形体量（餐厅）改为长方体与曲面的组合，形态上与展厅进行区别。

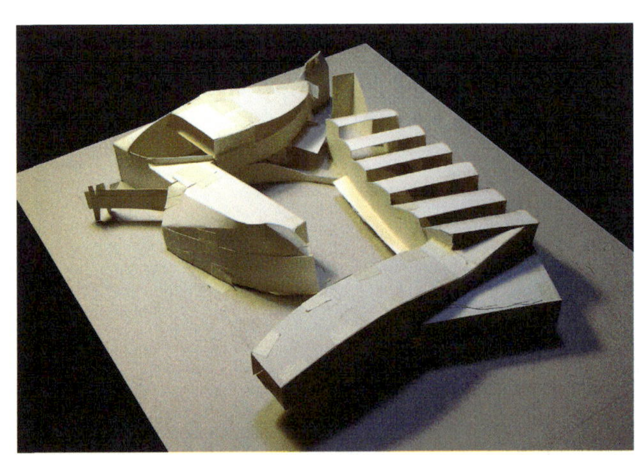

图4.253f 为了使内院更具围合与包容感，将餐厅体量旋转180°，向内院开敞，对外改为封闭，更具体量感和实体感。右下角增加的三角形体量是阅览室和教学区入口。

图4.254a 南侧立面和展厅入口部分

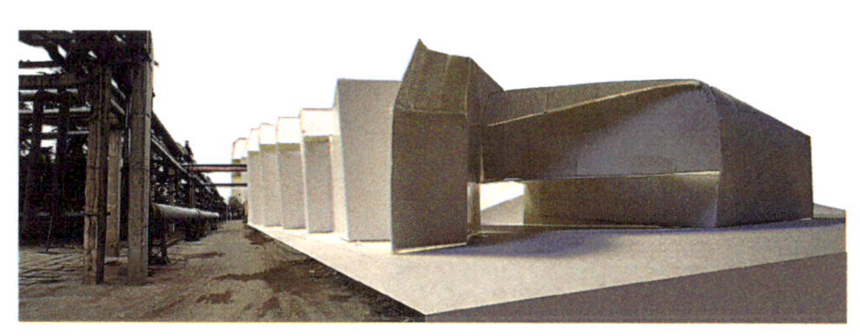

图4.254b 低角度平拍的模型照片可以与现场照片进行拼贴，以考察建筑与周边环境的关系。可以看出连续而有节奏的体量与左侧连续管廊形成富于深度的外部空间。

虽然图面效果不甚精致，但这对方案初期的推敲是很有帮助的，模型本身也需要经常举起来放在眼前模拟建成后常人视角进行观看。

图4.255a 东侧和北侧体量的人视点平视照片

图4.255b 东北侧模型照片与现场照片进行拼贴。富于整体感的体量与右侧长方体厂房平行且体积感相当，而弧线天际线与原有厂房的直线形成对比，凸显建筑性格的不同。

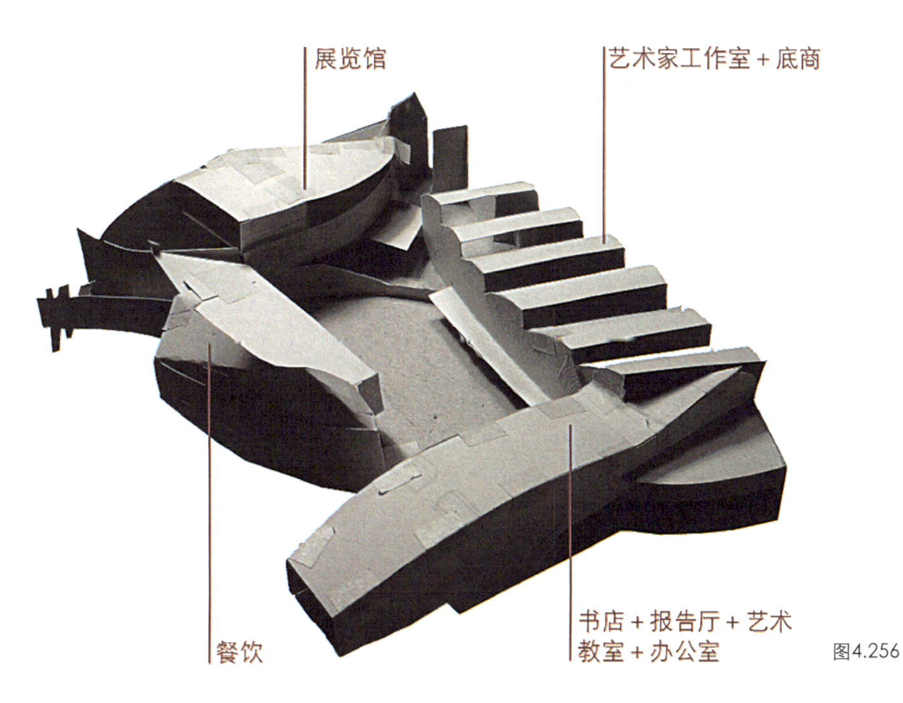

图4.256

图4.256 模型照片经过进一步图像处理可以成为有效的分析图，用以直观说明设计构思。此图即为功能分配示意图。

图4.257～图4.260 图版综合表现。将各种图纸、模型照片、表现图和设计概念分析图组合为图版整体。这与单张展示图片的方式不同（投影演示文件ppt常常是单张演示方式），与小型作品集图册的排版方式也很不同。一般来说，不应该把这种大图版简单缩小变为A4大小的作品集，这里只是为了展示大图版的整体效果才直接缩小进行印刷。

METRO FACTORIES 创意工场综合体

1

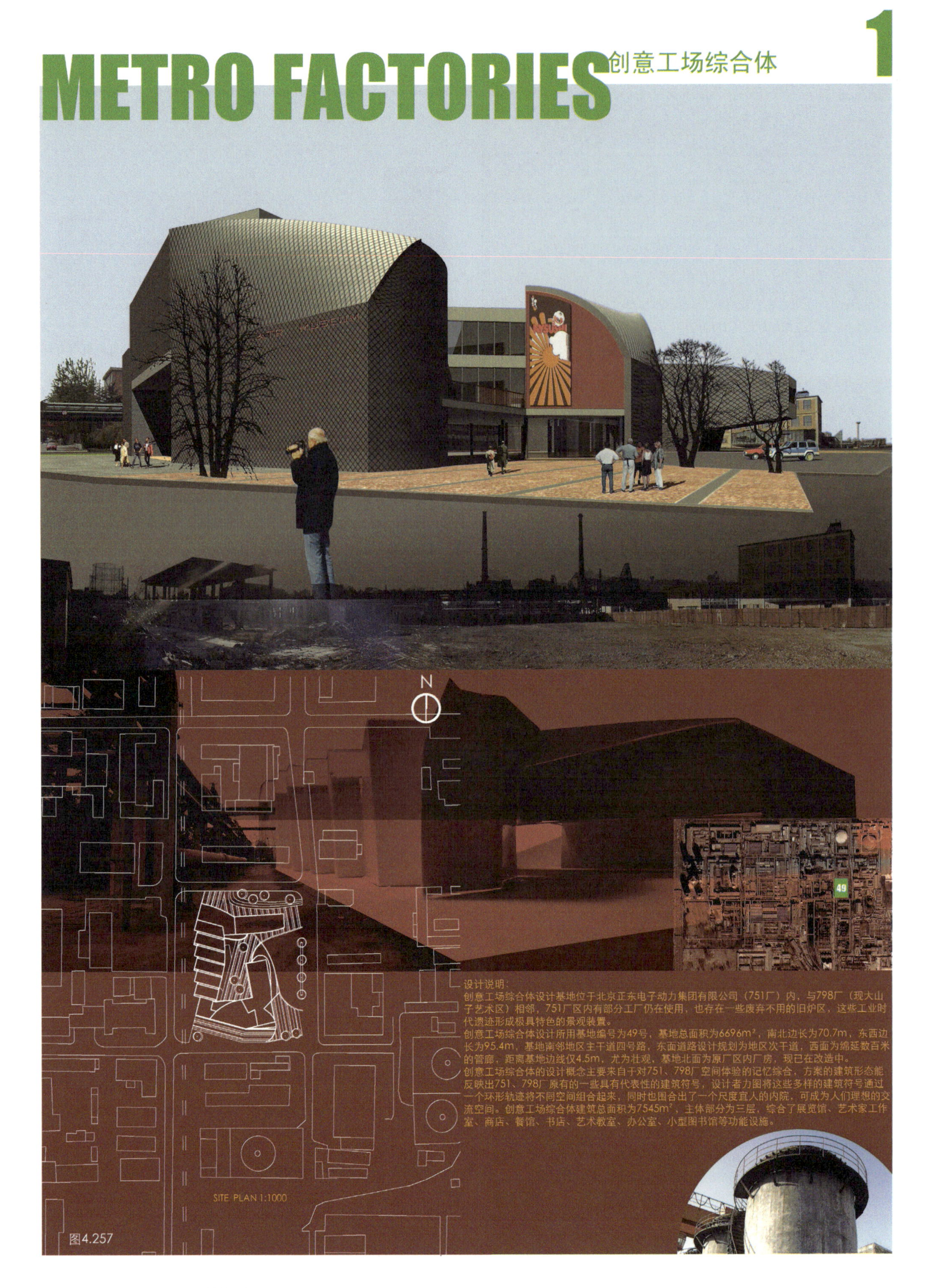

设计说明：

创意工场综合体设计基地位于北京正东电子动力集团有限公司（751厂）内，与798厂（现大山子艺术区）相邻，751厂区内有部分工厂仍在使用，也存在一些废弃不用的旧炉区，这些工业时代遗迹形成极具特色的景观装置。

创意工场综合体设计所用基地编号为49号，基地总面积为6696m²，南北边长为70.7m，东西边长为95.4m，基地南邻地区主干道四号路，东面道路设计规划为地区次干道，西面为绵延数百米的管廊，距离基地边线仅4.5m，尤为壮观，基地北面为原厂区内厂房，现已在改造中。

创意工场综合体的设计概念主要来自于对751、798厂空间体验的记忆综合，方案的建筑形态能反映出751、798厂原有的一些具有代表性的建筑符号，设计者力图将这些多样的建筑符号通过一个环形轨迹将不同空间组合起来，同时也围合出了一个尺度宜人的内院，可成为人们理想的交流空间。创意工场综合体建筑总面积为7545m²，主体部分为三层，综合了展览馆、艺术家工作室、商店、餐馆、书店、艺术教室、办公室、小型图书馆等功能设施。

图4.257

METRO FACTORIES 创意工场综合体 2

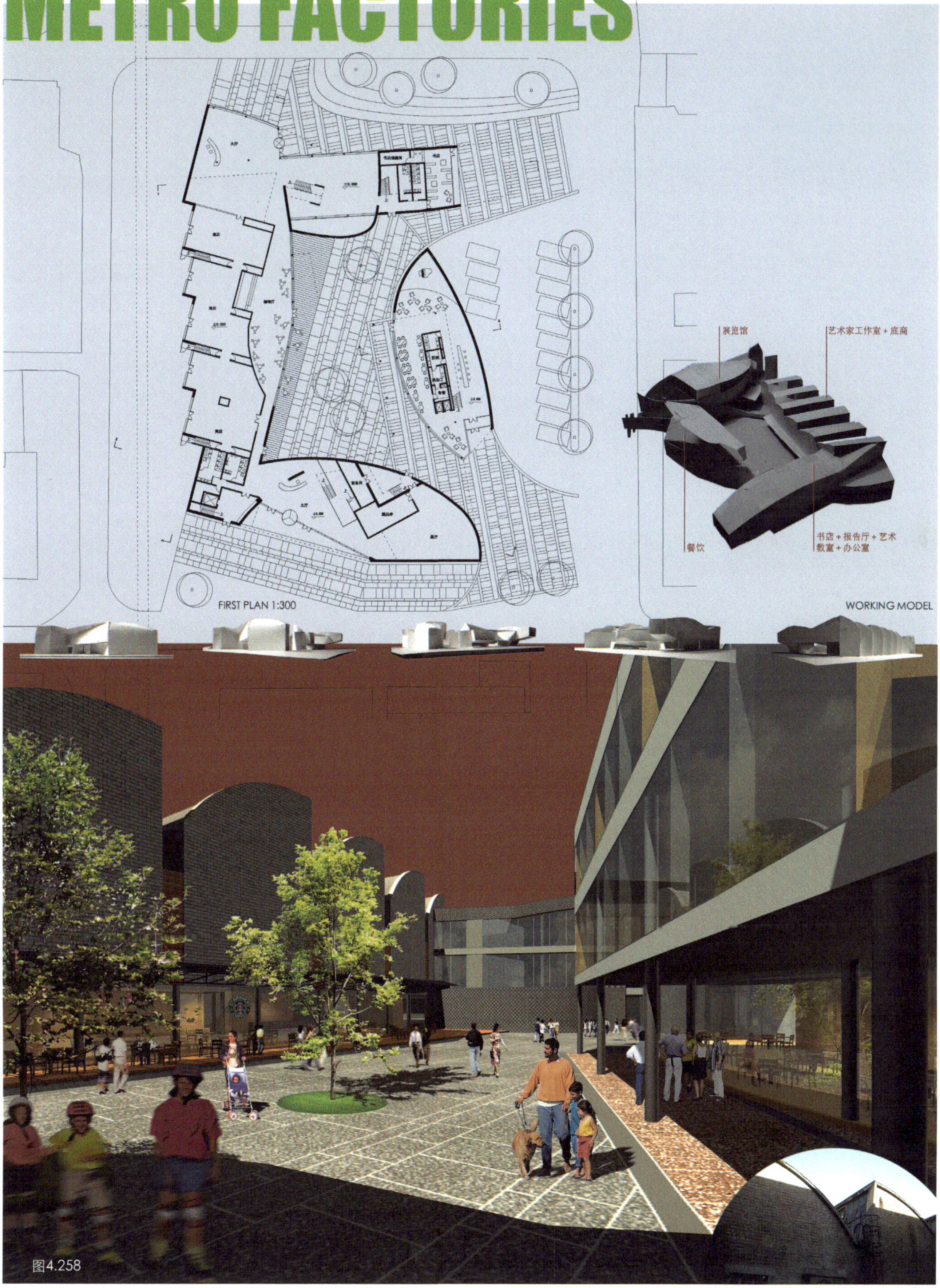

FIRST PLAN 1:300

展览馆

艺术家工作室＋底商

餐饮

书店＋报告厅＋艺术
教室＋办公室

WORKING MODEL

图4.258

SECOND PLAN 1:300
SECTION 1-1 1:300
SECTION 2-2 1:300
SECTION 3-3 1:300
SECTION 4-4 1:300
THIRD PLAN 1:300

图4.259

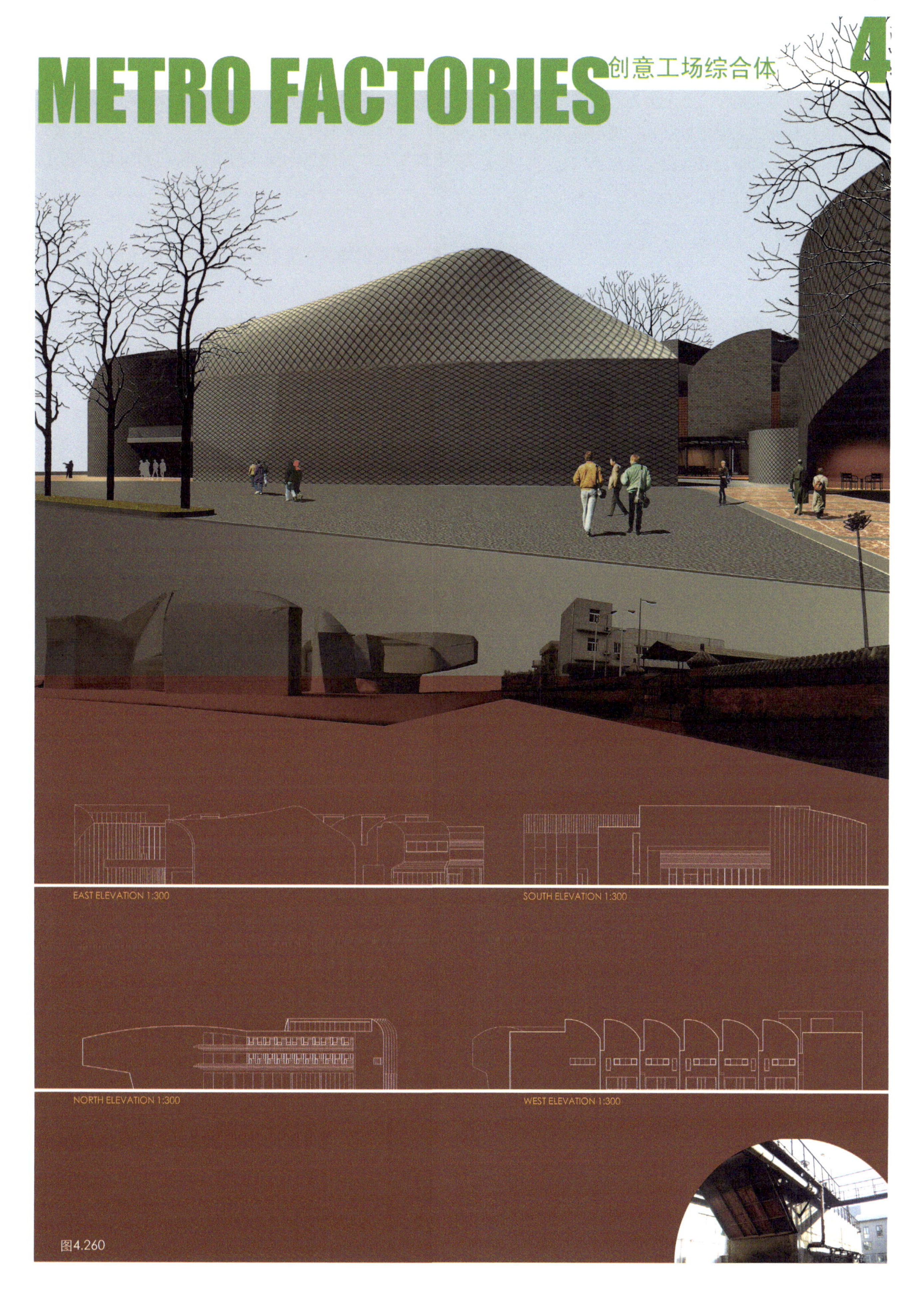
METRO FACTORIES
创意工场综合体
4
EAST ELEVATION 1:300
SOUTH ELEVATION 1:300
NORTH ELEVATION 1:300
WEST ELEVATION 1:300
图4.260

4.9 实验家具设计

本节实例为二年级的一个名为“为坐而设计”的课题，最终作业成果要求以实物原型出现，这为学生亲自动手加工与体验材料提供了更好的机会——成果是1:1大小，采用更具现实使用价值的材料，加工工具也更接近现实的建造工具。本节实例可视为足尺模型制作。

设计过程要求从日常生活中体验、观察与“坐”的行为相关的现象，提出自己的理解，并从中组建特定的概念，确定设计方向。实际上，这个课题虽然不是建筑类型，但已经涵盖了与设计相关的主要过程：1.观察发现问题与现象；2.分析问题和现象；3.提出设计观念（概念）；4.解决细部和实施问题。第1、2阶段是“设计”能够介入社会，对人的生活产生影响的关键阶段，而3、4阶段，则是确保整个设计完整、明确、有效的阶段。初学设计的学生在1～4整个阶段都会遇到思路的困惑和方法的困难，更何况，他们还不曾体会，设计常常不是1至4的直线推进过程，后续阶段的问题常常反过来影响先前的决定和方向。比如，分析问题的过程会发现前一个问题观察阶段的不足和局限性，需要补充调研甚至重新寻找问题；设计概念形成过程中，可能发现对问题和现象的分析存在不足和偏差，甚至所产生的概念与所做的分析关系模糊；到了解决材料、工具、工艺的阶段，许多实际困难和矛盾又会极大地扭曲原本的设计概念，导致最终结果差强人意甚至与头两个阶段完全脱节。

本节第一个实例如右页图所示。在调研即观察现象、发现问题阶段，设计小组注意到在公共空间中，由于人际关系的亲疏远近不同，彼此的坐姿、朝向、远近都不同。典型的状态诸如情侣的亲密相靠、一般情况下的平坐或是陌生人的背向而坐。学生将这些关系归纳为3张坐姿关系简图（图4.273a）。至此，基本完成了第1、2个阶段，从纷繁的坐的行为和方式中明确出要进一步关注的类别和研究对象。

接下来较为困难的是如何从中产生设计的概念？小组成员有人提出，将3个简图所显示的形态做成对应的3个坐具，三者并置以阐释观察、分析、归纳的结果。笔者认为，这个想法（即概念）虽然简洁明确地反映了观察、分析、归纳的结果，但是缺乏一个好的设计应该有的综合性、整体性和超越性。好的设计与生活现实有着密切联系，却也应该有现实中尚没有的东西，超越当下现实的东西，即想象力。3个简图一一对应3个坐具，这个概念中的直线式思维方式应该被更有包容性、多义性的思维方式代替。笔者在指导过程中提示学生小组，在3个简图的形态之间实际上存在一系列渐变形态——从中间下凹到向上突起的渐变形态。3个简图可以看作3个典型人际坐姿关系，在这3种关系中间，还存在着一系列更为微妙的人际关系。在观察现象、分析问题阶段需要进行归纳，大胆舍弃细枝末节，突出主要问题，而在概念形成阶段则需要耐心细致地把已经找到的设计元素进行富有想象力地重组。这个阶段，制作了1:10的概念模型，如图4.273b。在此基础上，用三维建模软件在计算机中制作了多个数字模型，研究每个片层的形状和旋转叠加角度。起始和结束片层角度相差过大，会导致片层数量过多或是每层旋转角过大影响坐时的舒适度，而旋转角太小，设计概念的表达又不够充分（图4.273c）。

另外，左右片层和前后片层的连接方式也是构造上要重点解决的问题。一开始学生设想的绞接节点无法将一系列形态固定，改进后用一根中央龙骨连接所有21个层（42片），连接节点应保证一定的刚性，所以片层截面在连接处被放大。由于每层的旋转，片层形状存在微差（每层旋转1.5°），与龙骨结合点也在不断偏移，导致龙骨是一条折线。使用AutoCAD精确绘制每一个片层的形状和其叠加状态，进而绘制折线龙骨的形状和每个连接节点的位置。这一步骤中，需要有画法几何、计算机图形学方面的知识和技能，才能将设计概念深化到可以实施的程度（图4.275）。

材料的选择、加工工艺和工序以及木工工具的使用是接下来要面对的问题，制作足尺成品时采用了12mm厚胶合板作为主要材料，切割后再次粘合为36mm厚的构件。使用的主要工具为德国费斯托木工工具系统。如图4.274a为台式砂带机，图4.274b和图4.274c为台式圆锯机，图4.274d为手提曲线锯，图4.274e为手提圆锯。由于使用电锯类工具有一定的危险性，故使用这些工具需经过事前的培训。

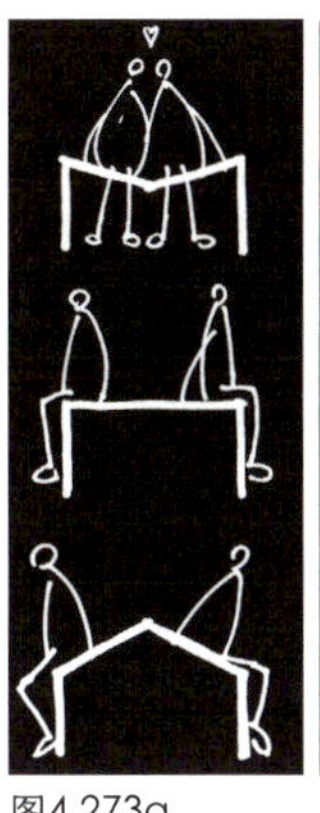

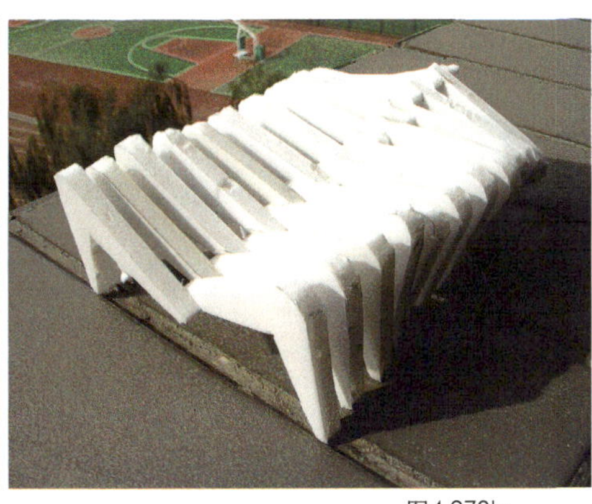

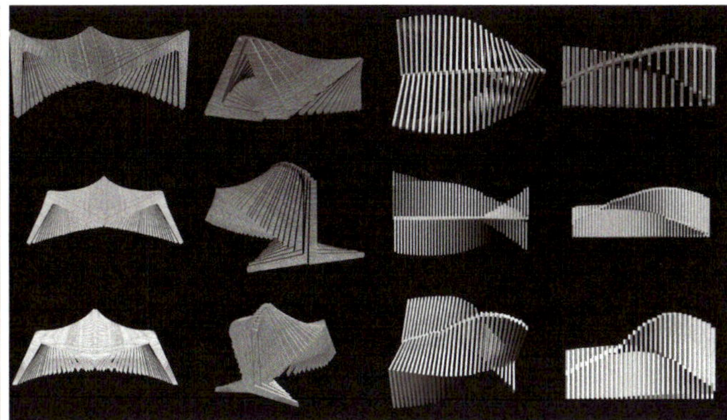

图4.273a 图4.273b 图4.273c

图4.273a 概念简图。彼此的坐姿、朝向、远近 都不同，区分了人际关系的亲疏远近。对于生活的观察成为形式来源。
图4.273b 概念草模。采用KT板制作，比例为1:10。将初步形态确定下来，最终成果的片层连接方式与此草模不同。
图4.273c 数字模型形态研究。单个构件的夹角以及每层旋转角度均不同。

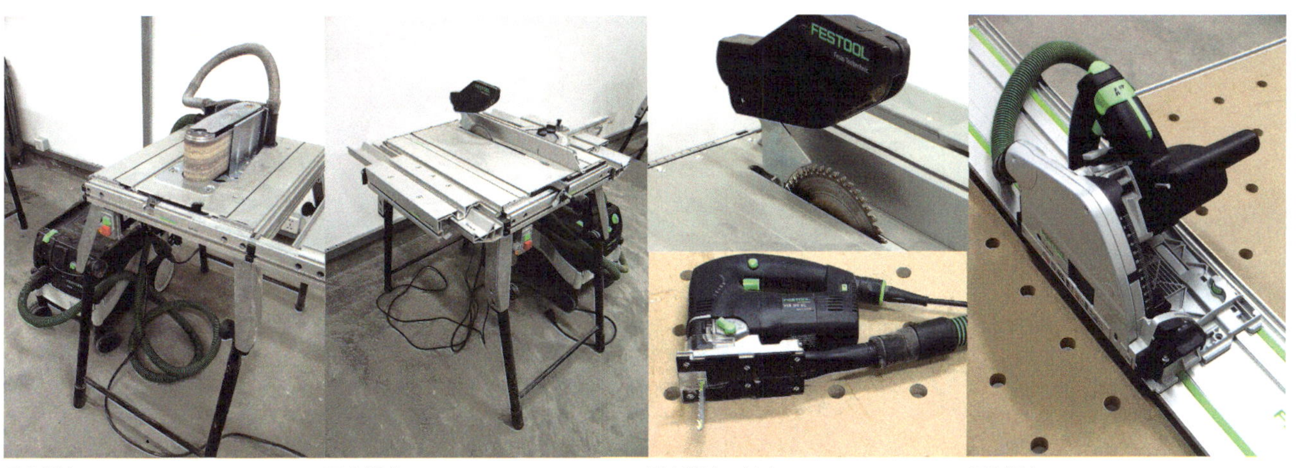

图4.274a 图4.274b 图4.274c（上）
图4.274d（下） 图4.274e

图4.274a 台式砂带机，用于快速打磨平面或曲面木构件。德国费斯托木工工具系统的主要工具均可以配合标准吸尘器除尘。
图4.274b 台式圆锯机，配合角度靠山和滑轨，方便的进行直线切割，锯切精度高，毛刺很少。
图4.274c 台式圆锯机局部
图4.274d 手提曲线锯，可切割曲线形态，切割力强，同样可以接驳吸尘器。
图4.274e 手提圆锯，配合专用导轨，可以方便而高精度的切割较大的板材。

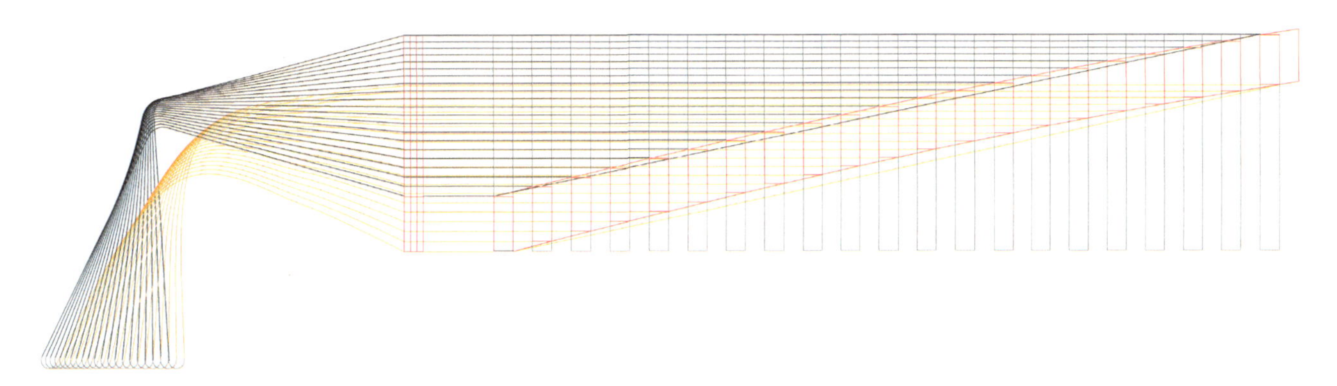

图4.275 AutoCAD绘制的构件大样。左半边为坐具正立面重叠投影图，黑色折线为构件上弦，黄色折线为构件下弦。右半边是为了求解中央龙骨的外轮廓而绘制的图样，红色线条为其外轮廓和每层构件的连接位置。

图4.276a
图4.276b
图4.276c
图4.276d
图4.276e
图4.276f
图4.276g
图4.276h
图4.276i
图4.276j
图4.276k
图4.276m
图4.276n
图4.276p
图4.276q

图4.276a　根据1:1图纸进行放样，在板材上画出构件形状，重复构件可以先用厚卡纸板制作出一个标准下料模板，再逐一放样绘制。下料模板考虑到制作误差，比实际外轮廓大5mm。

图4.276b 用曲线锯进行切割下料

图4.276c 在台式圆锯机上切割直线边

图4.276d 用白乳胶将3层构件粘合

图4.276e 以射钉固定粘合的构件

图4.276f　粘合24小时后，用台式砂带机打磨构件至所需要的轮廓尺寸，打磨前另外制作了一个标准尺寸模板将最终外轮廓绘制在构件上。

图4.276g 制作完成的独立构件，此时它们完全一样

图4.276h 制作中央龙骨，并固定钢制直角连接件

图4.276i 由于每片层的转角为1.5°，故需要精确切割。切割之前，用薄纸绘制了一个标准模板进行角度控制。

图4.276j 用手提圆锯配合导轨进行精确的角度切割。工具的配合误差小于1mm，切割面光洁无毛刺。

图4.276k 使用标准模板测量并确定螺纹连杆穿孔位置。螺纹连杆为直线，但穿过每一片层时位置并不相同，其圆心坐标由AutoCAD软件测量确定。

图4.276m 在定好位的构件上用手电钻钻孔，孔径略大于螺纹连杆直径。

图4.276n 使用螺纹连杆和螺母、垫片固定每一片层

图4.276p 使用螺栓和螺钉同步固定片层与中央龙骨

图4.276q 组装完成后打磨去毛刺

图4.277 最终成果侧立面

图4.278 最终成果较高一侧立面

图4.279 最终成果较低一侧立面

图4.280 最终成果俯瞰

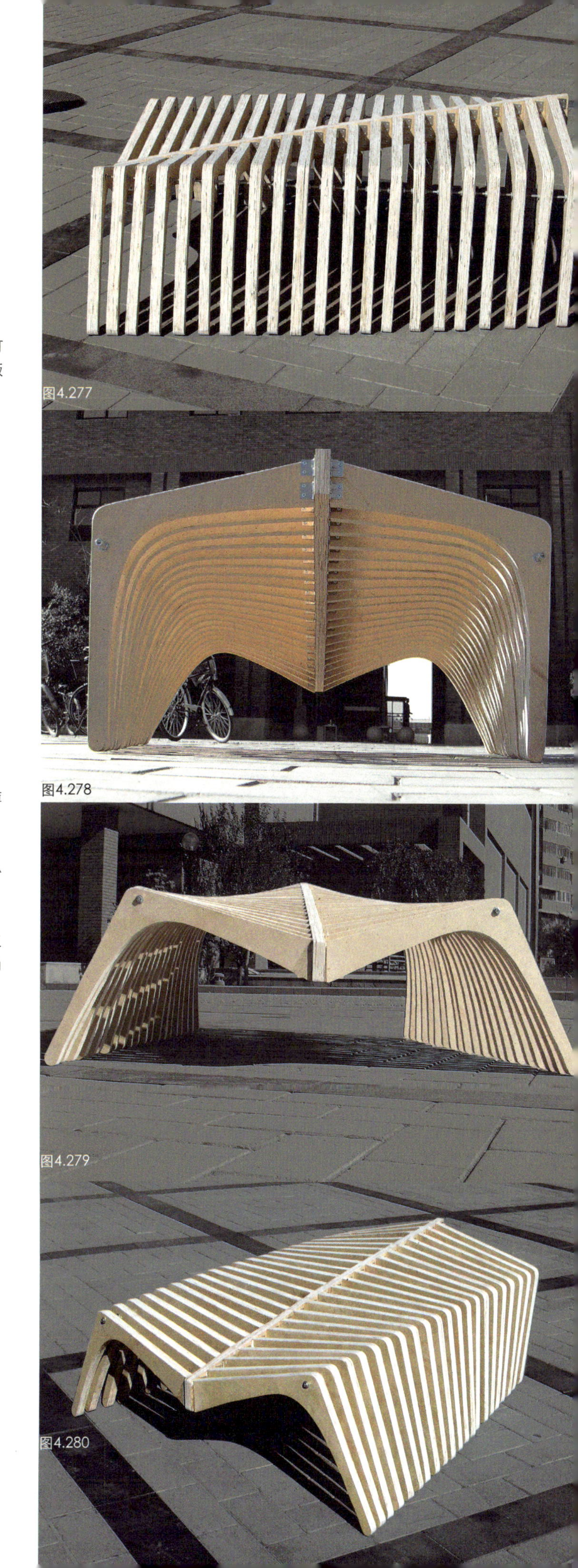

图4.277

图4.278

图4.279

图4.280

图4.281

图4.282

图4.283

图4.284a

本节第二个实例同样来自为坐而设计课题，图4.281是第一轮的概念草模，用卡纸制作，比例为1:10。这个设计在功能上将不同方向的两个躺椅进行组合，形式上强调曲线的起伏和韵律感，坐具本身在无人使用时，亦可以成为独特的形式存在。

图4.282是改进后的第二轮模型，曲线的形态注意根据人体半坐（卧）姿态进行了仔细调整，上表面采用直木条的做法也更具有可实施性。侧面圆孔可透出内部灯光，增加了该作品的浪漫色彩。

在设计之初就反复制作修改三维实体模型，是培养敏锐视觉判断力的有效方法，而且同样可以据此提出需要解决的更深入的问题。比如，第一轮草模的上表面是用卡纸和胶水简单与侧面粘接，实际用什么材料、如何交接固定的问题自然被问及，第二轮的侧面板改为内外复合的两层，内层轮廓比外层稍低一些，刚好放置并固定直木条（参见图4.284b）。上表面与侧面也形成了虚实对比。在模型上直观的进行判断和修改不仅可以帮助推敲形式问题，对于材料、结构、构造等相关问题，同样可以逐步深入考虑。这样做的目的是为了在设计过程中，更真切的逼近最终的实现效果，模型只是工具，目标指向最终的成果。进行建筑设计时制作从小到大的一系列模型，同样是为了更加直观有效地把握最终建成效果。

确定设计方案以后，小组成员制作了足尺的成果。

图4.281 概念草模第一轮
图4.282 概念草模第二轮
图4.283 在整张中密度板上进行侧面板的放样
图4.284a 在两个侧面板之间用白乳胶和射钉固定直木条

图4.284b 坐具侧面板和直木条的连接与固定方式。侧面板由12mm厚中密度板与18mm厚细木工板粘合而成。坐具内部预装了荧光灯管，圆孔用曲线锯切割，覆以半透明涤纶片。

图4.285 用带式砂光机打磨侧面板边缘

图4.286 坐具底座的支撑与不同方向的加强措施

图4.287 作品完成后的发光效果。侧面板与地面交接处留出了缝隙，漏出的光线减轻作品的视觉重量，同时也留出电源线出口。

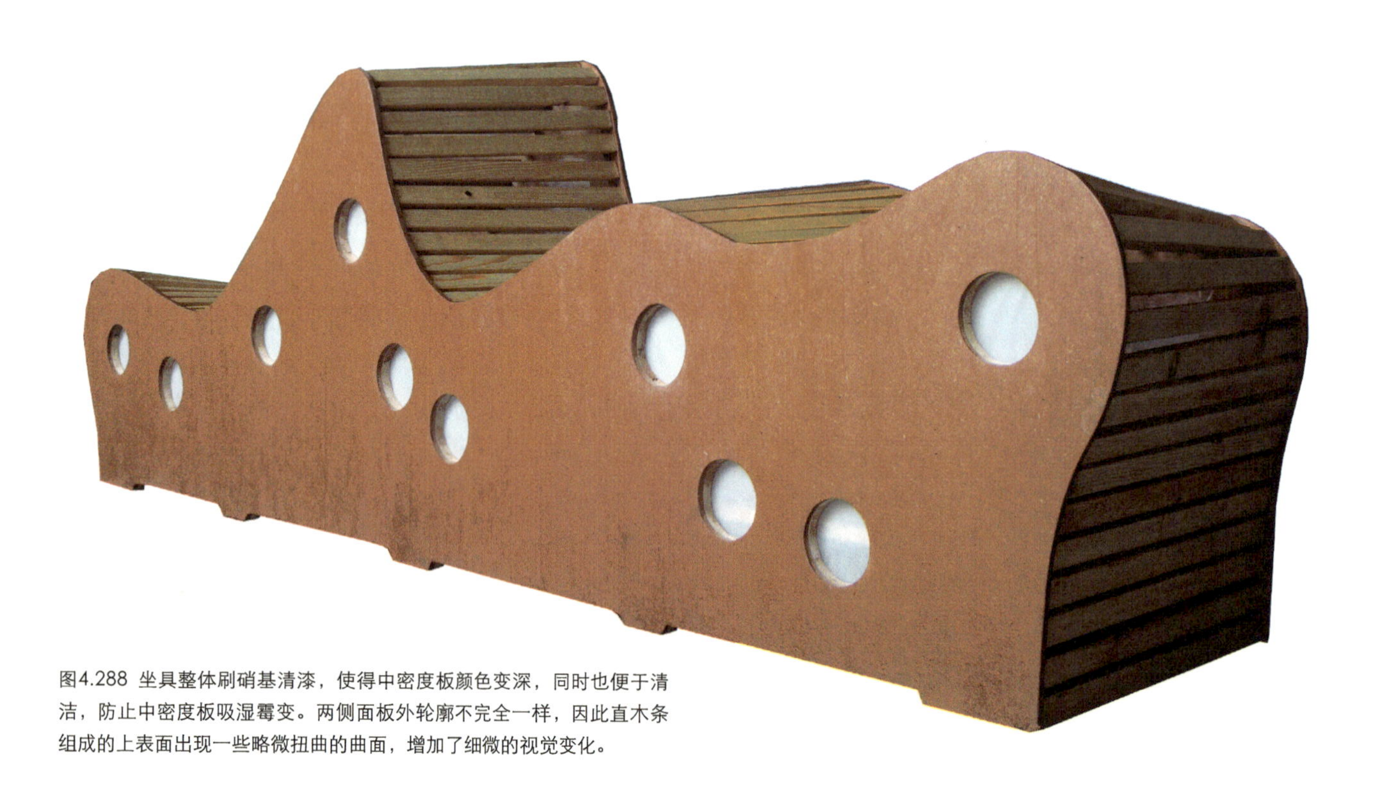

图4.288 坐具整体刷硝基清漆，使得中密度板颜色变深，同时也便于清洁，防止中密度板吸湿霉变。两侧面板外轮廓不完全一样，因此直木条组成的上表面出现一些略微扭曲的曲面，增加了细微的视觉变化。

本节最后一个实例名为“翻转椅”。设计概念是将正式坐姿、半躺状态、临时坐靠等人体姿态融入同一个设计中，每翻转一次适合一个不同的坐姿。实现了正式座椅－躺椅－小凳子等系列转换，这也是将功能与造型、结构与材料结合得较好的例子。

设计过程同样从草模、草图开始，图4.289是第一轮草图和草模，概念表达较为清晰，但还存在许多需要解决的问题。比如，尖锐的四个角在翻转时易损坏，与翻转动态不够匹配；四个坐姿如果要尽可能的都满足人体工程学舒适度要求，需要仔细推敲椅子的轮廓；某些坐姿不容易保持足够的平衡，容易翻倒，这也是用手去按压测试模型时发现的一个突出问题。

图4.290a～4.290d是第二轮模型。椅面尝试了两种不同的处理，一是绷紧的尼龙细线，二是直木条，最终的方案确定为后者。

而随后的椅子侧面轮廓推敲花费了大量时间，这时已经需要足尺的模型，图4.291是1:1的图纸推敲和用瓦楞纸板制作的足尺侧面板大样。这些工作是为了确定4个坐姿在相互制约的情况下，如何更为合理而舒适，设计小组对于一个部位的微小改变，都可能很大的影响到另一个坐姿的最终形态，必须进行反复的取舍和平衡。

实物的制作过程使用了曲线锯、射钉枪、圆偏心振动打磨机等多种木工工具。图4.297～图4.300是最终成果的使用展示。

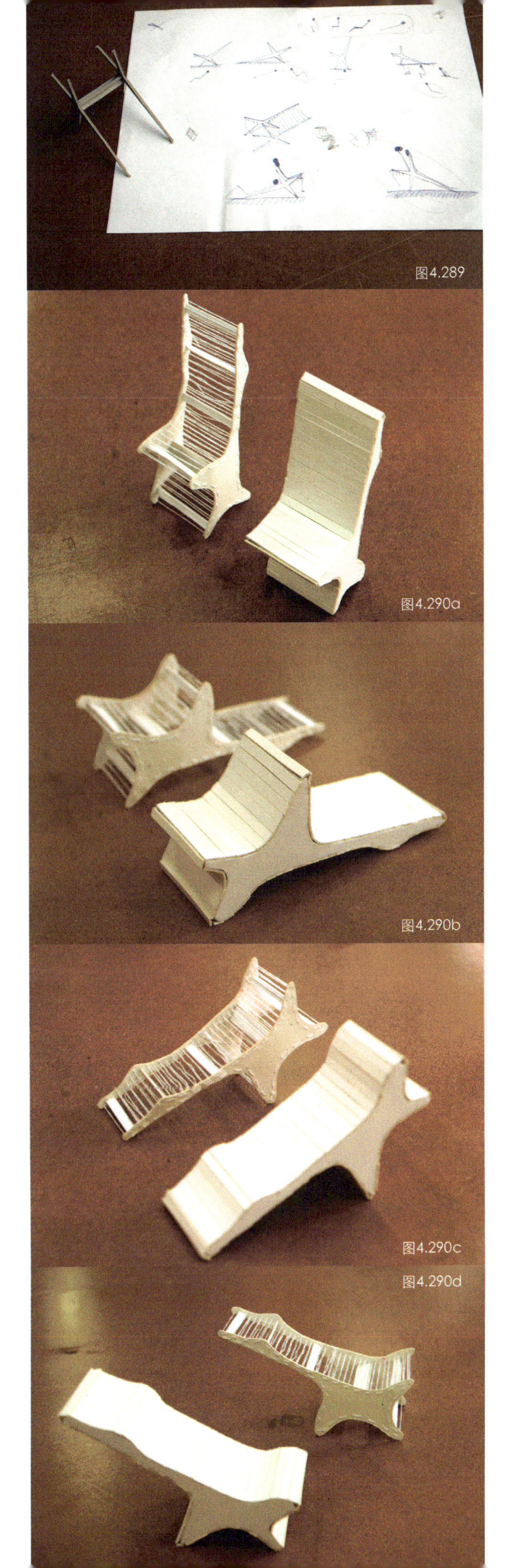

图4.289 翻转椅第一轮草图和草模

图4.290a～图4.290d 翻转椅第二轮模型的四个坐姿

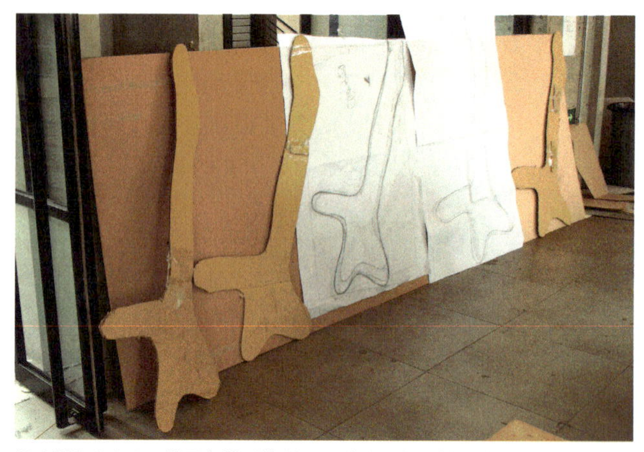

图4.291 1:1足尺绘图与模型推敲，以确定翻转椅侧面轮廓。绘图采用计算机与手工方式相结合，制作出模型后再加以体验和修改，返回修改计算机图样，进行再一次的打印和手工修改。

图4.294 打磨修正侧面板外形。下料时考虑到切割和粘合误差，把侧面板外轮廓稍作放大，粘合完成后进行最后的打磨修正。

图4.292 在整张细木工板上绘出翻转椅侧面大样，用曲线锯进行切割。

图4.295 粘接固定直木条，保持一定间隙。除了表面可见的木条，内部适当部位有细木工板进行支撑和连接，在设计时，这一点同样需要考虑。

图4.293 根据强度需要，将两层细木工板粘合使用。用射钉和夹具进行施压固定24小时。

图4.296 打磨成品，刷5～6遍清漆，形成保护面层。翻转椅面与地面接触的数个部位由于时间限制，未能进行构造上的处理，以防止磨损和避免污迹。

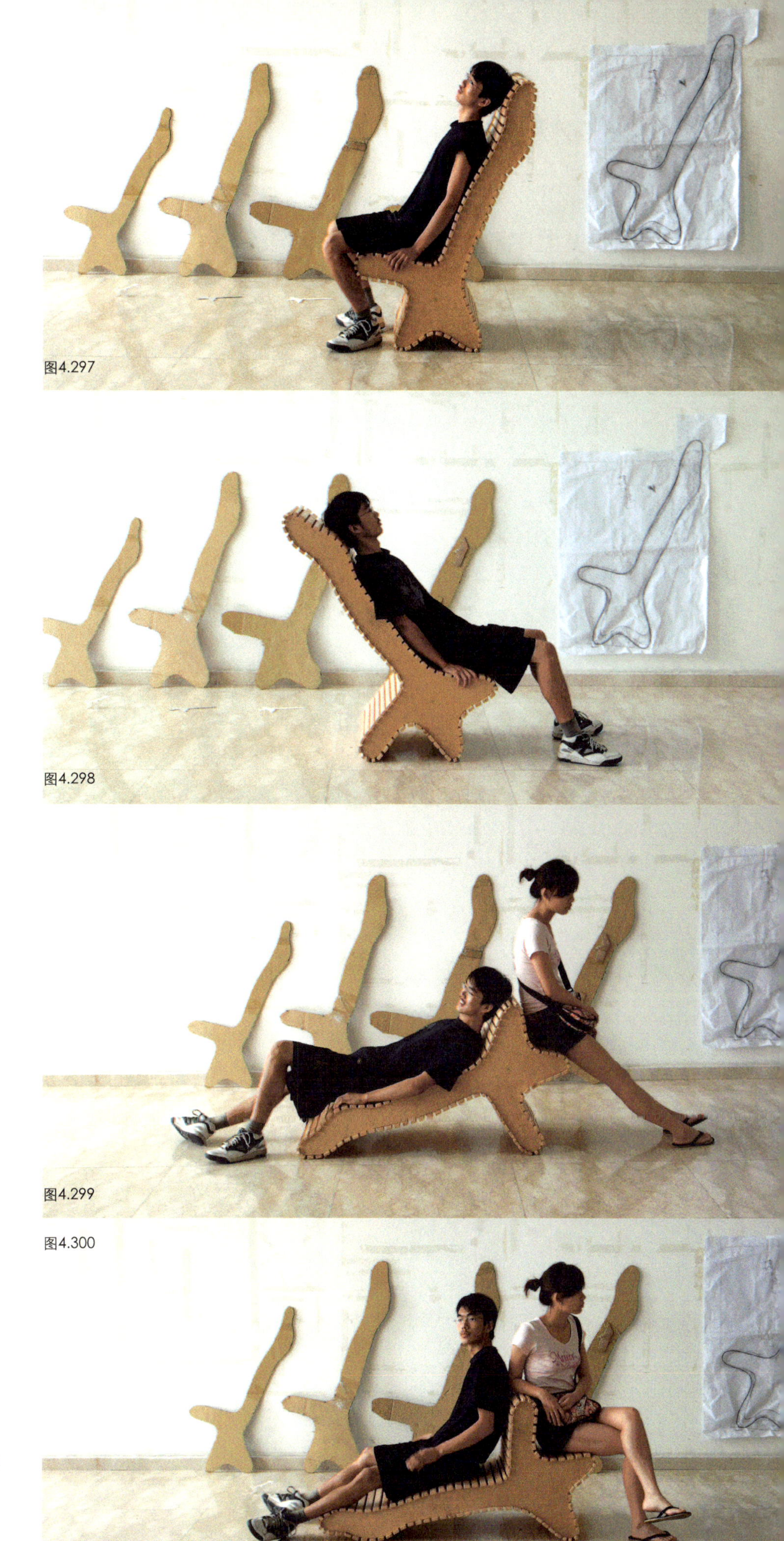

图4.297

图4.298

图4.299

图4.300

图4.297～图4.300　翻转椅使用方式展示。远处为推敲过程图纸和数个1:1侧面板模型。

5. 表现材料、表皮与构造的模型

5.1 一般模型中对于材料和肌理的表现

在过去近一个世纪中，空间和造型、符号与意义等问题主导了建筑学的讨论，而关于材料表现和建造问题的声音较弱。但近年来，设计师和研究者重新燃起了对建筑的结构和材料的兴趣，新材料和新的结构形式不断涌现，既使是已有的材料与结构形式也常常被以全新的方式重新应用，由此在全球范围内产生了一大批在技术、观念和审美上有很大突破的新建筑，呈现出非常鲜明的时代特色。

对于材料和建筑表皮肌理的表现是重要的设计语汇，对于外观简洁方正的形态而言，在表皮上做文章是设计师常用的手段之一。

图5.1a、图5.1b和图5.1c是3个凸显表皮设计的建筑实例，但其中包含的意味颇为不同，需要进行区别。图5.1a中的灰砖既是承重结构材料也是表皮材料（厚表皮）。其中，交错的丁头砖乍一看具有很强的装饰意味，很有趣且具有特别的肌理效果，而究其原因，却很简单——砖的平面尺寸大概240mm×120mm，这层砖表皮是通称的幺二墙（120mm厚），在上述部位，设计师采用了一顺一丁的砌筑方式，内表面取平，则丁砖间隔着突出表面120mm，如此便不用将砖砍去一半。作为更进一步地表现，将丁砖切去约2cm、4cm、6cm、8cm直至12cm，渐次砌筑，形成更富于微妙变化的退晕效果，最终融入全顺边砌筑的墙面。原本很简单的砌筑方式直接引发了一个个特别的表皮构思。这样的表皮肌理与建造方式有了深层次的联系，更加耐人寻味。

图5.1b是国家游泳中心——水立方的膜表皮，这层薄膜把背后复杂的空间网架钢结构几乎完全遮挡，皮与骨是完全分离的状态。膜本身充气鼓泡的状态突出建筑轻盈梦幻的效果，但是膜的分格与图案组织方式与内部钢结构网格仍有直接联系，一定程度上仍然可以间接的让人解读出“皮与骨”的关系。

图5.1c是奥林匹克公园中另一处辅助用房外表皮。可以看到退在这层钢格栅表皮后面的是整面玻璃幕墙。玻璃幕墙本身已经是皮与骨分离的一种做法，钢格栅可以视为第2层半透明、透气的表皮。这第2层表皮与真正的建筑结构已经看不出什么内在的关联，

图5.1a 通州艺术中心门房外墙局部，北京宋庄小堡村
图5.1b 国家游泳中心——水立方外立面局部
图5.1c 奥林匹克公园中的一处辅助功能用房
图5.1d 国家体育场——鸟巢外立面局部

图5.1a

图5.1b

图5.1c

图5.1d

图5.1e 鸟巢夜景

这样的表皮除去一点点遮阳作用和一些装饰作用，难以解读出更为丰富的建筑意味，显得单薄而孤立。

图5.1d是国家体育场——鸟巢的外立面局部。这可以视作“表皮化的结构”抑或是“结构化的表皮”，不规则网状效果显然是设计师追求的视觉效果，但其中已经渗透入大量的空间因素，可以说纵深和竖向多个层次的空间介入，形成一个将使用者完全编织在其中的一个超级表皮。为了强化这种表皮的编织效果，内部混凝土看台悬挑的休息平台边缘和部分看台竖向支柱也被喷涂以同样的浅灰色，以假乱真的参与到外部钢结构的交错与编织中。在这里，“皮与骨”的概念分类显得不太适用，鸟巢整体形态的规则性、完整性（双曲马鞍面）与局部构架的无序、随机和冲突形成了强烈的对比，成为最主要的建筑体验。

比较这几个实例，旨在提示读者思考建筑表皮材料与建筑结构乃至内部空间的深层次联系，不仅仅是追求设计时和做模型时的视觉效果表象。

制作成果模型时，如果制作1:50甚至1:20的较大比例模型，常常需要适当表现建筑外立面的材料和肌理效果。这里需要注意几个原则：

1.突出重点，表现与设计构思直接相关的材料和肌理效果，忽略次要和无关部分。不需要处处追求真实材料效果，否则将适得其反，造成模型整体效果“花”、“乱”。

2.表现材料和肌理效果时要注意实际尺寸和模型比例，否则可能造成模型尺度感混乱。比如石材墙面划分间距过大，可能造成建筑本身相比之下变小；而划分过于细碎，也可能显得繁琐。

3.如选择不同的模型材料进行材料和肌理表现，应注意在色彩、质感上的协调，保持模型的整体效果仍然是重要的。选择越多种的模型材料，一般说来，整体协调的难度也越大。

4.作为成果模型，要求有较高的精细程度，因此表现材料和肌理效果时要有足够的制作耐心，如果过于粗糙随意，模型本身的视觉效果将大受影响，还不如不去表现材料和肌理。

图5.2 由于模型比例较大，墙体往往也较厚，在墙体内侧衬贴较轻质和廉价的材料，而在外侧使用较好效果的材料是一个不错的选择。需要注意将两层牢固粘接，避免放置时间较长后分离剥落。

图5.3 在亚克力板表面用勾刀刻画出玻璃幕墙的分格是常用的方式，需要注意划分尺度大小。

图5.4 双层墙体采用同样的灰色卡纸板，在外层用裁纸刀刻出不规则石材分格，剔去缝隙中的纸屑。

图5.6 模型中选择了外墙重点部分进行了材质表现。

图5.5a 木板条平台材料肌理表现。用1mm见方的塑料细条排列粘接而成。

图5.7 用细木片制作的木质外墙板实例。内层墙体采用白色PVC板制作。

图5.5b 平台背面用2mm见方的塑料细条制作结构龙骨。

图5.8 内墙桑拿板墙面实例

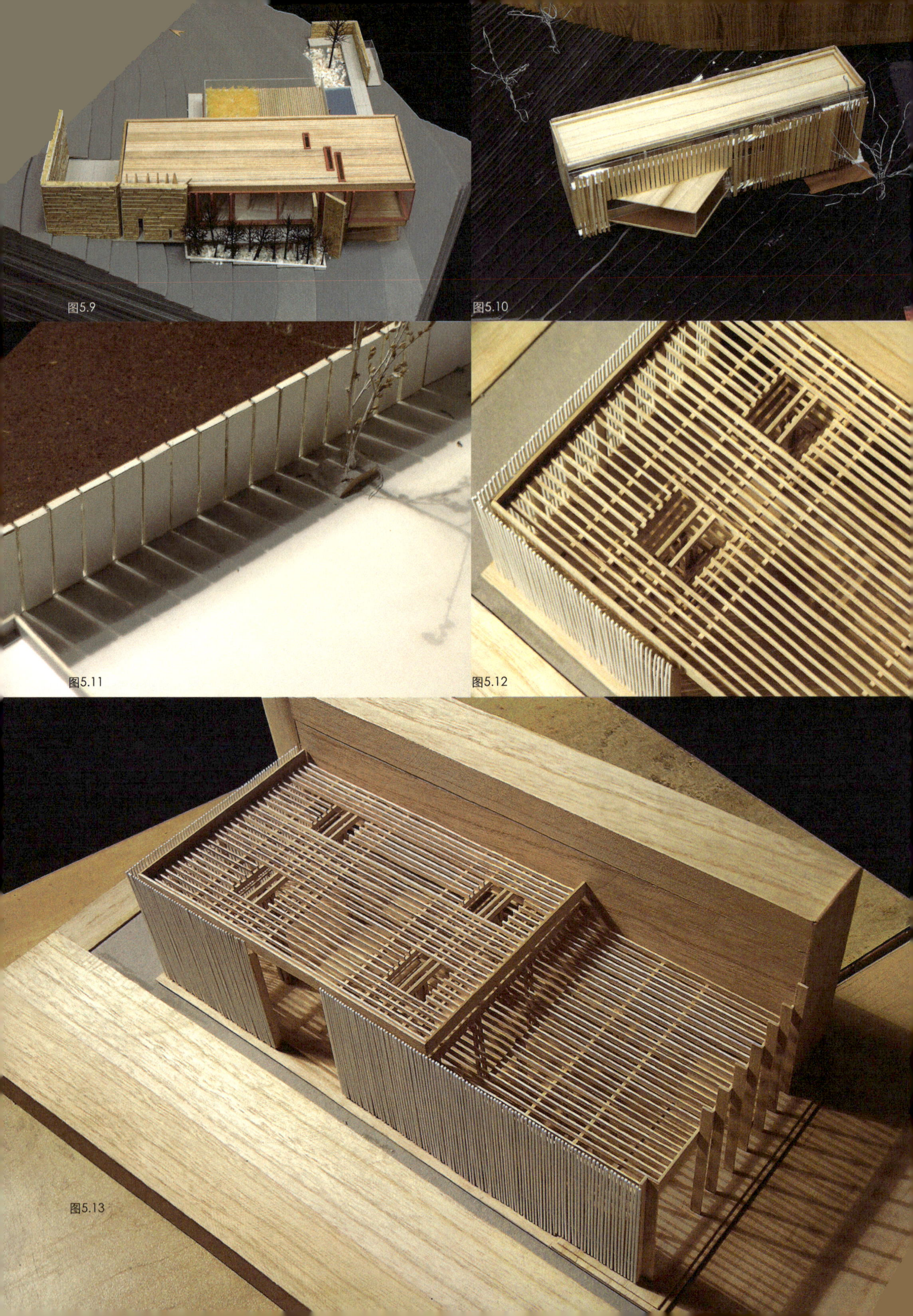
图5.9
图5.10
图5.11
图5.12
图5.13

图5.9 别墅模型1:50。使用了彩色卡纸、细木片等多种模型材料表现片状石材墙面、木质平台等建筑材料肌理。

图5.10 别墅模型1:50。 用细木片表现立面遮阳系统，根据室内照明要求和太阳照射角度，遮阳板的角度也有所不同。

图5.11 城市住宅模型1:50。 院墙的处理，用不透明白色卡纸粘附在透明亚克力板表面，留出间隙，形成有趣的阴影效果，富于节奏感。

图5.12 售楼处展厅设计模型1:50。2mm见方的细木条和1mm见方的白色塑料条经过极其耐心的排列和粘接，形成精细的建筑表皮。其杆件间距反映了各自的结构和构造需要。

图5.13 售楼处展厅设计模型1:50。屋顶的错落与立面疏密变化。

图5.14 售楼处展厅设计模型1:50。室内形成漫射光线与细腻的阴影效果，木结构的表现力得以表达。

图5.15 别墅设计模型，Office dA事务所设计。用细小的木块模拟砌体结构，表现砌块外墙的疏密变化以及裙摆式的砖幕墙效果。建筑表皮虽然由坚硬的建材建造，却表现出织物一般的特性。

图5.16 砌块立面局部，一层半透光的表皮。

5.2 材料肌理与表皮模型

如上小节所述，材料肌理有时成为建筑设计重要的方面，好的材料表现使得建筑获得丰富的触感和视觉愉悦。图5.17～图5.19是一组用砖砌体进行肌理表现的建成实例。设计师把重复的砌筑劳作变成一种创造性的来源，砖块这种小型建筑材料变得生动、活跃。

图5.17和图5.18着眼于规律性较强的变化，几何特征明显；而图5.19则追求一种“写意”效果，砖块的起伏似乎带上了情绪与诗意。

为了可以深入研究此类材料肌理与建筑表皮，有时可以制作材料肌理模型和表皮模型，通常是将部分建筑部件（如墙体、屋面等）制作成大比例的模型，精确研究和模拟实际建成效果。此类模型比例一般较大，从1:10～1:5不等，有时甚至做到1:1（参见第5.4节）。

图5.20a～图5.20c就是用小木块以1:10的比例制作的材料肌理研究模型。在这些墙体片段中，尝试了多种砌筑方式，仿佛在绘画中尝试不同的笔触，用凹凸、渐变、褶皱、镂空等多种手段进行组合。

不仅是砌体结构有材料表面肌理问题，几乎所有材料都面临如何形成表面、包裹空间的问题。

结构与表皮多种可能的关系也始终需要建筑师进行思考：

1. 结构材料与表皮材料合一，对结构的处理就是对表皮的处理，此时，处理后的表面效果可能赋予结构以全新的意味，甚至颠覆结构材料原本的视觉和心理属性。

2. 结构与表皮不同种材料，但两者紧密结合在一起。在混凝土或砌体墙体外抹灰、刷涂料就是典型的例子。这时，表皮材料覆盖结构材料，将结构材料的

图5.17 北京通州艺术中心门房外墙局部，Office dA事务所设计。
图5.18 北京通州艺术中心门房外墙局部，镂空部分内部为半地下设备用房。
图5.19 北京草场地三影堂摄影艺术中心外墙，艾未未事务所设计。
图5.20a～图5.20c 小木块制作的砌体结构外墙表皮效果。

图5.20a

图5.20b

图5.20c

图5.21a

图5.21b

具象和细节一概抹去，通常会获得抽象、简约的表面效果。结构变得内敛，而空间因素变得突出。

3. 结构与表皮为不同种材料，而且两者在空间上较为分离，明确形成两个表现层次。这时，结构和表皮逻辑可以分别解读，两者的关联也是构造设计的重点。表皮在结构的外侧、内侧或是两侧，在室内外形成不同的体验。

4. 表皮的颜色、纹理、透明性、反光性等物理特性极大地影响建筑的观感，而其防水、密闭或是透气性能又直接影响建筑的日常使用和对主体结构的保护。

图5.21a是使用数控激光切割机制作的小型装配构件，用于表现高精度的装配效果和细部。

数控加工技术的发展使得重复加工和高精度装配变得容易实现，以此来进行材料肌理创作的例子层出不穷，在建筑设计、产品设计、平面设计等领域都有广泛应用。

图5.23b是一个使用激光切割机切割薄木片，再弯曲造型制成的灯罩。森林的轮廓线使得这款灯具与其名称十分贴切——挪威森林吊灯。

使用数字设计技术和数控加工技术，使得从图形到实物、从二维到三维的转换变得方便，其中自然也蕴含着多样的设计契机。与此同时，材料表达、构造和装配设计、视觉判断、功能设计、加工工艺等环节也更为集中的需要设计师综合予以解决。

关于数控设备加工制作模型的技术，读者可进一步阅读本书第7章。

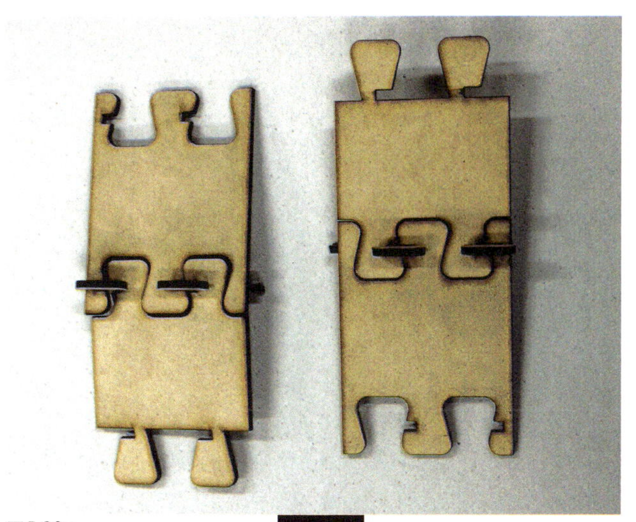

图5.22a

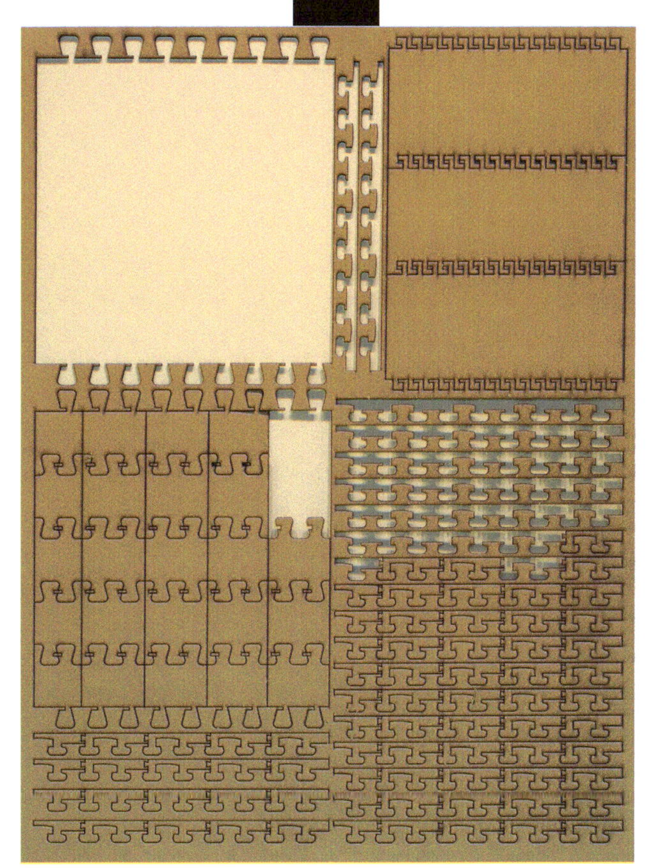

图5.22b

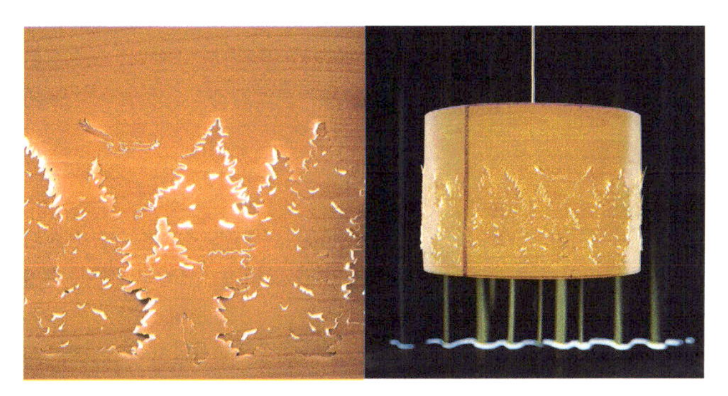

图5.23a 图5.23b

图5.21a 数控激光切割机的切割、手工装配的构件，连接处通过另一独立构件进行锁扣。
图5.21b 数控激光切割机的切割过程。材料为3mm厚中密度板。
图5.22a 另一组相互锁扣的构件组合。
图5.22b 排列在整张中密度板上进行切割的重复构件，部分已去除。
图5.23a 挪威森林吊灯灯罩局部。树木、苍鹰和狼的剪影历历在目，富有情趣。
图5.23b 挪威森林吊灯灯罩。温暖的木色、悦目的木材纹理加上镂空的虚实变化，造就了一款自然、精致的产品。图片引自http://cathrinekullberg.com

图5.24 研究外挂玻璃幕墙的构造模型，通过钢结构框架和挂件，把夹胶玻璃如鱼鳞般悬挂起来，形成半透明的表皮。设计者为瑞士建筑师祖母托（Peter Zumthor）。

图5.25 外墙构造模型细部

图5.26a 建筑实景照片，玻璃幕墙挂件与玻璃的连接。

图5.26b 建筑实景照片，玻璃幕墙落地与转角细部处理。

图5.27 研究木质百叶外墙构造的模型，独立的木质框架支撑着外侧的木百叶板，形成遮阳表皮。

图5.28 木百叶外墙构造模型细部。这层表皮与内侧结构墙体脱离开来，留出通风的空间，细密的光影偶尔也会渗入这个建筑外衣与建筑肌体之间的空隙。

5.3 结构与构造模型

简单谈谈结构和构造的概念。

结构是建筑物的基本部分，结构体系开辟出人类活动的空间和通道、抵御自然界作用在建筑物上的各种作用力。结构构件设计和结构体系的选择应该有助于表达材料特点和结构形式美感，同时，也应该与空间和使用功能相结合。

结构的设计通常涉及如下几个层面：1）结构力学；2）材料力学；3）结构体系选型。如果以举重运动为例子，可以理解为，结构力学研究胳膊、躯干、大腿、小腿各自使了多少劲，即内力的大小和分布状况；材料力学针对胳膊、大腿这些单独构件进行研究，研究胳膊上的某块肌肉使了多少劲，负担如何，研究哪些肌肉纤维拉伸、哪些肌肉纤维收紧之类的；而结构体系选型则是较宏观的考虑，这个运动员四肢和躯干的搭配、肌肉群的分布是否适合进行举重运动，如同建筑的高矮胖瘦需要配以不同的结构。材料

图5.29 木结构小教堂结构模型。设计者为瑞士建筑师祖母托（Peter Zumthor）。

图5.30 俯瞰屋顶木结构。如同脊椎和肋骨的组织方式，又如同树叶的筋脉，结构与空间很好的结合，并创造出自然的美感。注意外墙维护部分与主体结构稍微脱离。

图5.31a 外墙与部分屋面构造模型

图5.31b 外墙与部分屋面构造模型细部。可见外墙围护与主体结构柱通过一系列的钢杆件相连接，而外围护自身也有其次一级的结构。

图5.31c 建筑内部实景照片

图5.32

图5.33

图5.34

图5.32 木结构售楼处结构模型，比例1:100。

图5.33 木结构售楼处剖面构造模型，比例1:30。在上述结构模型的基础上，取一段剖面放大制作成剖面构造模型，将主体结构剖面、屋面构造、楼地面构造等进行了表现。

图5.34 木结构售楼处结构模型，比例1:100。此模型只反映了主要的木结构构件，忽略了屋面、外墙部分。

图5.35a 木结构售楼处剖面构造模型，比例1:30。在上述结构模型的基础上，取一段剖面放大制作成剖面构造模型，将玻璃幕墙的结构和屋面构造进行了表现。

图5.35b 某木结构建筑实景照片。可以看到上下端收分的支柱、主要桁架结构和外侧玻璃幕墙的木结构。这些主次结构构成明晰的关系和从大到小的尺度递减逻辑。

力学是微观层面，结构力学是中观层面，结构体系选型是宏观层面。

一般说来，构造是比结构相对微观一些的概念。设计建筑结构构件的任务归为结构设计专业，而诸如屋面、内外墙面、门窗、栏杆、细部装修等附着在结构体上的建筑部件、配件问题，或是相对细小的结构部件问题属于构造设计范畴。

构造的问题与材料、结构、空间等问题其实密不可分，在构造设计中需要解读、需要表现的东西可以简要归纳为下面几点：

1）解读结构构件之间的组合与连接——表现骨骼系统的形成；

2）解读围护部分（屋面、内外墙面等）与结构部分的连接——表现皮与骨的关系；

3）解读围护部分不同材料之间的连接与密封——表现皮的完整性；

4）解读建筑不同部位的构造层与保温隔热、遮阳防水、隔气、避雷等要求之间的对应关系——表现皮的机能和表面肌理。

在这里，皮指的是建筑的围护部分，即把室内/室外空间分开的那部分；骨指的是主要的承重结构系统，如框架结构中的梁板柱。承重墙如果作为外墙，便是皮与骨合一的情形，当然，此时仍然可以在承重墙内侧或外侧附加有保温、防潮、装饰等作用的构造层，这些也是皮的一种。

初学者需要理解建筑在不同部位有不同的构造要求，比如屋面要求防雨水、排除雨水、保温、隔热、隔室内湿气；墙面需要能够隔开室内外，也有保温、防潮要求；窗户要密闭、开启方便、保温、防蚊蝇，天窗还要防水、防结露；不同房间的地面、门和隔墙，直至埋在地下的建筑基础都有各自的构造要求，以确保房屋的正常使用。本书限于篇幅，不再详述这方面的内容，请学生读者参阅相关书籍。

制作结构和构造模型是深入研究建筑设计的方法之一，或是在设计进入深化阶段的推敲手段。模型制作之前通常已经有较为深入的结构和构造设计，使用模型进行进一步推敲和验证。这类模型一般比例较大，在1:30～1:5左右。

图5.35a

图5.35b

图5.36 曲面墙体构造模型，比例1:30。内侧可见较粗的主要结构构件和交叉成网状的斜撑，外侧屋面板为相互扣压的折线形。

图5.37 曲面墙体构造模型局部，比例1:30。

图5.38 位于北京奥林匹克公园内的大众汽车展厅玻璃外墙，同样采用了平板玻璃如瓦片一样相互扣压的方式完成曲面转折，这样的做法使得外立面防水变得简单可靠。图中的玻璃外墙上流淌着循环水幕，在夜晚灯光映照下产生朦胧变幻效果。外墙与地面交界处设有水槽，内置白色鹅卵石。

5.4 足尺小型构筑物

本小节的实例较为特殊，制作足尺小型构筑物，或者说足尺模型，是通过亲自体验结构和构造施工过程，从而验证并改进设计的方法。这也是非常有效而直观的设计教学方法，学生通过亲自动手，将书本上抽象难懂的理性知识，转变为切身感受和手眼脑的直接认知。这种体验建造过程的学习方式在国内外建筑教学中已经占有比较重要的地位。如何把这种教学方式进行得更为深入、把更多结构和构造的知识点融入到教学过程和动手建造过程中去，是值得思考的问题。

本小节第一个实例来自笔者的教学案例。

在第一阶段中，学生在开始阶段并没有被交代做一个足尺小亭子的设计，27名学生第一次上课时每人拿到的是一张各种木梁的制作图，20余种木梁的截面形式，构造方法各不相同，所有木梁被笔者设计成0.8～1m的长度，涵盖了矩形截面梁、工字形梁、T字形梁、空腹梁、变截面梁、箱形梁、轻型桁架、悬挑梁等。选择木材，是因为其较容易获得也较容易加工，木材本身也较容易与人有亲和性。每个学生需亲手制作3个不同类型的木梁，经过笔者培训，所有学生都能掌握常用电动木工工具，制作出外形尺寸、粘接装配精度达到要求的木梁。

使用电动工具做木工活对于绝大多数学生来说是第一次，木梁的尺度已经大到与模型有足够的区别，但学生仍然能够很容易的操作。两天后，27名学生完成81根梁的制作，同期的讲课中，笔者讲授了梁在建筑结构中的受力特点以及各种梁的形式演变。在拍照过程中，学生已经开始用自己的方式“体验”起每种梁的力学、视觉特点——将结构构件拿在手中观摩、把玩，用身体去比拟、发现构件的形态特点，乃至直接用体重去测试构件的承载力，这些都是“体验”的开始，这时的结构对于他们已不再是印在课本里、画在图纸上、留在公式中的枯燥知识，而是活生生的拿

图5.39 27名学生制作的81根小型木梁。
图5.40 笔者与学生一起探讨结构搭建方式，讲解结构设计基本原理。
图5.41 学生小组尝试用不同的构件搭建结构。

图5.42
图5.43
图5.44

在手里的“玩具”（图5.40）。

面对这81根木梁（图5.39），笔者向学生宣布下一阶段的工作是，分3小组分别用27根梁搭建一个小型结构（一个小小的木亭子结构）。为了不增加太多难度，让学生将精力集中于基本结构体系和基本空间，笔者对功能未作具体要求，只要求一个成年人能够进入即可（图5.41）。

这时，学生需要完成一个转变——直接利用现成构件在现实三维空间中尝试研究和搭建，而非事前用图纸、模型、电脑等间接研究手段。这很不同于一般情况下，先有整体结构设计图纸，再制作单独构件进行搭建的情况。学生直接面对现成的构件，不得不深入思考、比较每种构件在形态、承载力和连接方式等方面的不同，他们首先需要放下“梁”的概念，将手中的构件尝试性的区分为适合水平和垂直布置的两大类，整个过程他们需要时时问自己：构件暗示着怎样的结构形态可能性——悬挑？简支？刚接？正交或是斜向交叉？结构平面如何布置？垂直支撑与屋面结构如何连接？连接方式的不同又将如何反过来影响支撑方式和屋面结构形态？一群学生用自己的手和身体从各个方向扶持着不同的构件进行搭建尝试，真实的结构将他们时刻包围在空间中，他们身体的移动、轮换也不断改变着结构与空间，尽管这是一个很小的结构，却直接可与人体尺度比较、可直接体验（图5.42）。在这个尺度上，学生如果能够将大小与形态都适合的构件安置在适合的空间位置上，将为他们设计更大尺度的结构和空间打下良好基础，他们在更大尺度的设计时应学会时刻将自己设计的结构构件、空间跨度与自己的身体进行参照比较，体会哪些结构形式和跨度是细致亲切的，哪些是庄严神圣的，哪些是粗旷震撼的。由于每一组的构件实际上是从20余种构件中随机抽签组合的，每小组面对的情况很不相同，他们需要从一堆看似散乱无序的构件梳理出头绪，找出一定的秩序和逻辑组织好所有的构件——这将促使学生深入体会每个构件所包含的不同的形式语义，尝试发现合适的语法（节点连接方式），建造出完整有序的一个建筑语句。的确，这只是一个用构件词汇做的建筑造句练习，离一个优美段落、一篇完整有力的

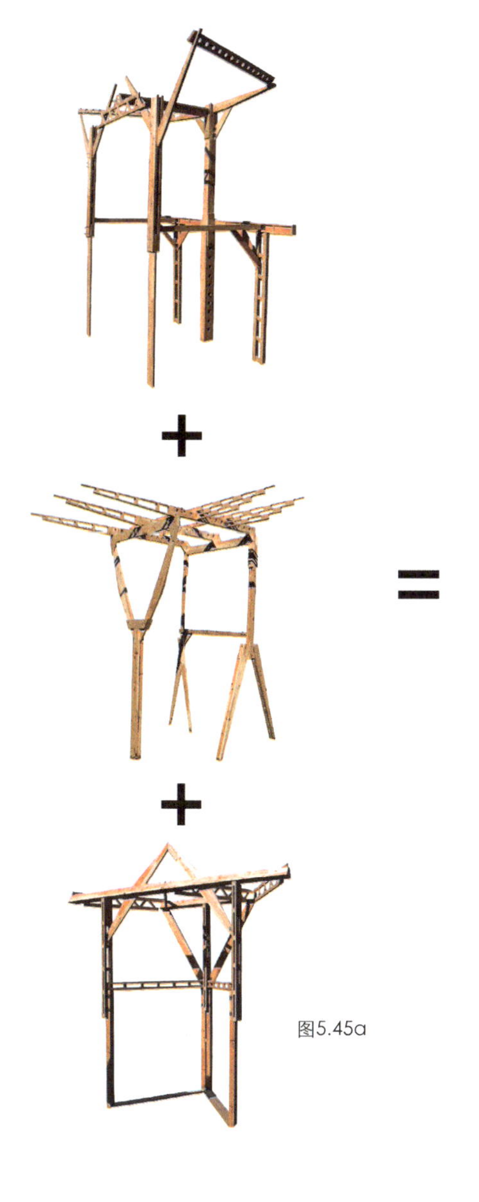

图5.45a

图5.45b

图5.46

图5.47

图5.42 搭建过程
图5.43 连接不同构件的节点
图5.44 构件组合方式尽量协调随机性与视觉逻辑。
图5.45a 较早的3个结构
图5.45b 将3个不完整的结构重新组合成新的木结构。
图5.46 完成作品正立面
图5.47 搬运足尺小型木结构

图5.48 用PVC圆管作为主要结构材料双层拱形网架结构，钢制紧固件连接，内侧使用聚碳酸酯板（阳光板）作为围护部分。

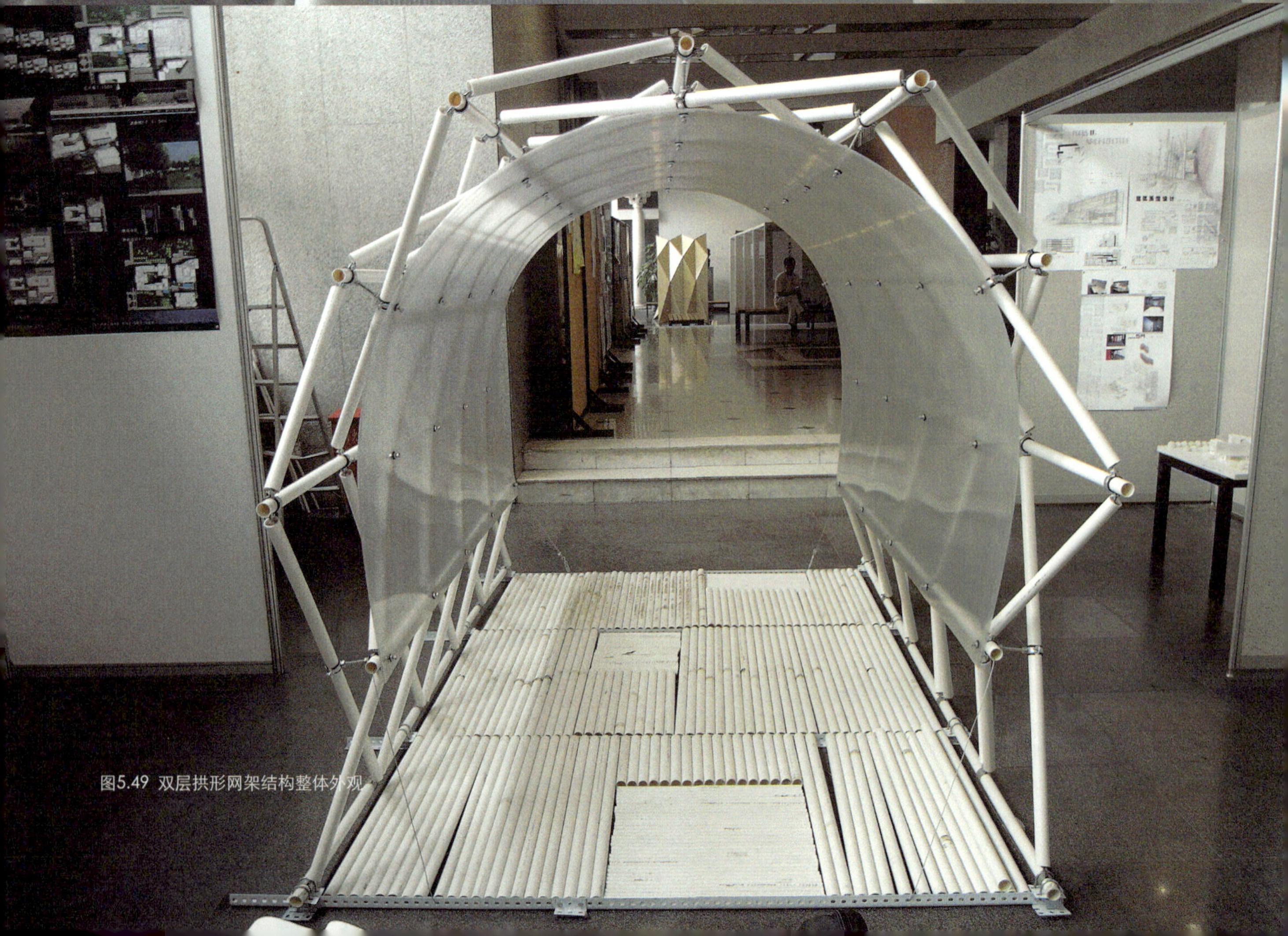

图5.49 双层拱形网架结构整体外观

文章距离还很远(图5.43、图5.44)。

三个小组在搭建过程中，不同程度地体验了上述转变（图5.45a），笔者讲评过程指出了他们在下面几方面的得失：

1）结构的整体性——水平、垂直体系布置的合理性和连接刚度；

2）连接节点的坚固性和合理性；

3）结构形态与空间的关系。

由于每组的结构构件数量并不充足，总体上说，三个小结构形态上不够完整，尚不能明确覆盖或限定出一定的空间，结构强度和整体刚度也不足。接下去，笔者又指导学生保留下合理而且强度、刚度足够的部分，拆除三个小结构中不合理的部分，再次重组成一个面积较大、形态完整、强度刚度更好的木亭子（图5.45b、图5.46）。

学生重新将零散构件和已组合好的部分构件变成基础底板、竖向支撑和屋面结构，停留休息的功能也被加入进去（部分构件制作成长凳，同时也加强几个竖向支撑之间的联系）。他们推敲更合理的连接、从不同方向加强较弱的构件、关照结构形态与空间的动静、开阖的关系，整个过程使得最终这个小亭子的结构形式看起来似乎变化太多。但须知，这个结果的前提是81根（20余种）彼此并没有特定关系的构件，这个小亭子并不受某种特定风格的限制——它不是所谓极少主义的，也不是传统的。各种水平、垂直、斜向构件和变截面的处理具有一定的表现力，并不是事前在图纸或是计算机中设计的结果，只是因为从各个方向以不同形态的构件搭建整个结构。它的设计、修改、施工过程合在一起，彼此难以分离，是彻底的三边工程（边设计边修改边施工）。虽然这种方式只可能在一个很小尺度和规模的实验结构上实现，但笔者仍然希望，学生有了这样的经历，在今后大尺度大规模的设计中，能够借助已有的切身体验尝试驾驭图纸上、模型中的结构/空间，能够学习协调从设计到施工的各种因素。

接下来的3个实例来自清华大学建筑学院的建造实验课程（图5.48～图5.55）。

这3个实例显示出动手建造之前，已有较为完整

图5.50 空间折板结构小型构筑物

图5.51 折板结构内侧。主要材料为胶合板和薄钢板连接件

图5.52

的设计方案，因此结构整体显示出的完整性、对称性也是可以预见的。各种材料的结构和构造设计中的分工较为清晰可读，节点的连接方式虽然看得出受限制于制作加工能力，但作为学习过程是可以接受的。3个作品都能够较好的理解结构与构造设计的层次，使用有限的设计和加工手段达到了较好的整体效果。

图5.52 空间折板构筑物局部
图5.53 单层网架壳体构筑物
图5.54 单层网架壳体构筑物内部吊顶
图5.55 用胶合板制作的网壳。由于木材在十字交叉处不容易做成刚性连接节点，加上条件限制无法制作曲线胶合木，所以导致结构整体强度和刚度较差。

图6.1
图6.2
图6.3
图6.4

6. 复杂形式与特殊模型制作

本章模型实例的形态较为复杂，制作过程也较为繁琐，对于建筑设计学生而言，并不是总需要追求复杂多变的形态，探讨设计的内涵和适合于设计条件的建筑语言应该是学习的重点。毕竟，建筑设计的学习者不需要如同商业模型公司那样去制作商业模型。

本章只针对设计中较为常用的一些案例做出简介。

6.1 空间折板

图6.1～图6.10中的空间折板结构模型一方面保持了平面板的简洁，另一方面带来了多个视角的丰富变化，给人以新奇的形体和空间感受。

图6.1使用细木条制作折线桁架，通过支柱高度的变化产生起伏波动的空间效果，屋面板使用半透明的涤纶片制作，虽然实际建筑材料不一定是半透明的，但在此较好的表现了内部桁架结构。

图6.2是一个别墅设计草模，图6.3～图6.6是其正式模型的制作过程，模型比例从1:100变为1:50。正式模型制作中由于考虑到墙体厚度，制作者采用5mm见方的细木条制作出框架，再用1mm厚度的白色卡纸板粘附在框架两侧形成墙体。制作的难度在于倾斜空间中各个建筑构件特殊形状和定位。所有房间中除了地面为水平面以外，其余墙面和顶棚均为非垂直非正交的面。楼梯则在这些特殊的空间中穿行蜿蜒，设置起来颇费周折。许多判断直接来自模型本身，模型完成之后再对图纸进行最后的调整。事实上，这样一个非常态的空间关系很难从二维图纸上进行确定，设计复杂形态的空间时，三维模型是更为高效率的设计工具，虽然在测量和切割模型构件的过程中你需要花费一些看起来比在图纸上画线条多一些的时间，但这肯定是物有所值的，你将从实体模型中获得比二维图纸多得多的视觉信息，指出问题和获得灵感的可能性也大为增加。

图6.5中可见，制作者对于地形底座的处理也不同于通常水平叠加的方式，而改为竖直剖切地形，留出

一定的空隙一方面减少了材料使用和切割工作量，另一方面也提供了有规律的视觉节奏。

图6.6是通往最高层主卧室的楼梯间。

图6.7、图6.8也是前面章节介绍过的别墅设计实例。折板体系形成如同宝石切割效果的工作室，以及有岩洞效果的建筑内部展廊。

图6.9、图6.10所示的别墅设计展现了复杂的形态、复杂的空间转换和复杂而曲折的路径。作品利用三维实体模型对于空间的进入和体验方式进行了多向度的探讨，这种复杂性对于一个面积不很大的住宅来说显得负担较重，也带来了各使用房间面积接近均等，使用上显得局促的缺点，但不可否认学生很强的空间认知和图纸表达能力。图6.11是该生手绘的建筑平面图、立面图和剖面图。这个实例中，实体模型对于设计推进同样起到了至关重要的作用，二维图纸的表现同样需要依赖模型。

图6.1 结构造型课题模型，比例1:100
图6.2 别墅设计工作模型，比例1:100
图6.3 别墅设计成果模型制作中，比例1:50
图6.4 别墅设计成果模型制作中，比例1:50。可见主卧室、餐厅等空间
图6.5 别墅设计成果模型，比例1:50
图6.6 别墅设计成果模型局部
图6.7 别墅设计正式模型局部，比例1:50
图6.8 别墅设计成果模型内部
图6.9 别墅设计模型（分体状态），比例1:50
图6.10 别墅设计模型（合并后状态），比例1:50
图6.11 别墅设计图纸综合表现

图6.7

图6.8

图6.5
图6.6
图6.9
图6.10

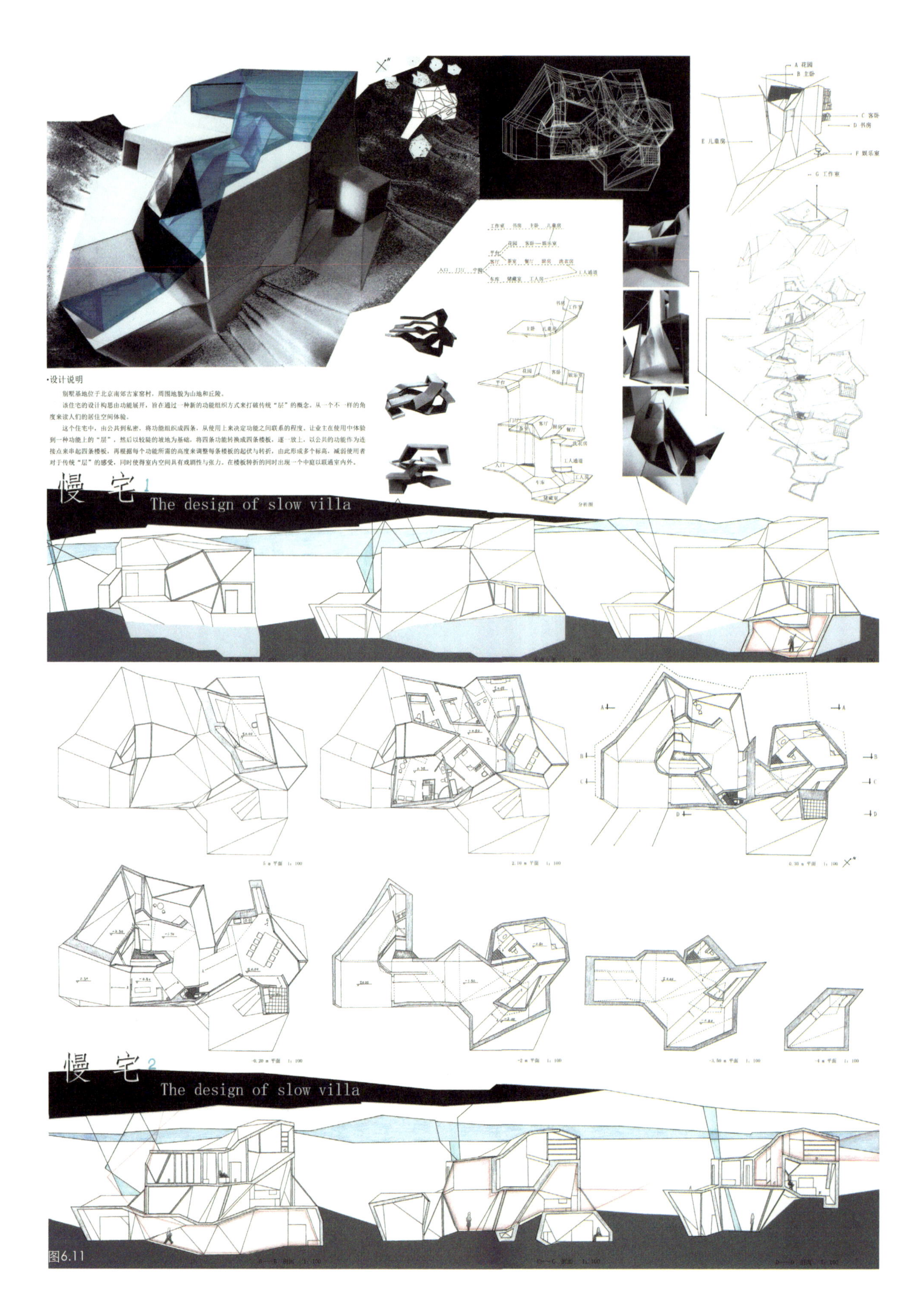

A 花园
B 主卧
C 客卧
D 书房
E 儿童房
F 娱乐室
G 工作室
工作室 书房 主卧 儿童房
花园 客卧—娱乐室
平台
入口 门厅 中庭
客厅 茶室 餐厅 厨房 洗衣房
车库 储藏室 工人房 工人通道
分析图
·设计说明
别墅基地位于北京南郊古家窑村，周围地貌为山地和丘陵。
该住宅的设计构思由功能展开，旨在通过一种新的功能组织方式来打破传统“层”的概念。从一个不一样的角度来读人们的居住空间体验。
这个住宅中，由公共到私密，将功能组织成四条，从使用上来决定功能之间联系的程度。让业主在使用中体验到一种功能上的“层”，然后以较陡的坡地为基础，将四条功能转换成四条楼板，逐一放上，以公共的功能作为连接点来串起四条楼板，再根据每个功能所需的高度来调整每条楼板的起伏与转折，由此形成多个标高，减弱使用者对于传统“层”的感受，同时使得室内空间具有戏剧性与张力。在楼板转折的同时出现一个中庭以联通室内外。
慢 宅 1
The design of slow villa
慢 宅 2
The design of slow villa

图6.11

6.2 各种曲面形态

曲面能够产生丰富的造型变化和微妙的视觉感受，但在设计和建筑施工中却是难点，同时曲面与曲面、曲面与平面的空间关系也是处理的难点。曲面模型的制作一般来说也较为困难。

利用最新的三维快速成型技术（参阅第7章），我们固然可以得到几乎非常复杂的三维曲面实体模型，但其昂贵的价格和三维打印之前所耗费的大量精确设计和建模（数字模型）时间也使其在一般建筑设计过程中的应用受到限制。而且，设计过程中需要多个易于修改的工作模型和研究模型，因此手工制作模型仍然是常用的手段。

图6.12是规则的圆柱面，制作上较为简单，选择有一定弯曲性能的模型材料，如卡纸、PVC板等均可。曲率太大的部分材料可能因为弯曲过度而被折断，需要小心操作以避免。第7章中还介绍了使用薄木片和亚克力板通过浸水、加热的办法进行弯曲定形，请读者参阅。

图6.13～图6.15是变截面拱形屋面的制作实例。这里采用了分段制作的方式，先使用ABS细条（有各种规格可购买）制作出拱肋（如图6.13），再在拱肋之间粘接小片的ABS材料，覆盖曲面屋顶，留出空的部分为不规则形状的外窗(如图6.14、图6.15)。

在实际工程项目中，类似的施工方式也被用于曲面建筑体量的建造。图6.16～图6.23是中央美术学院

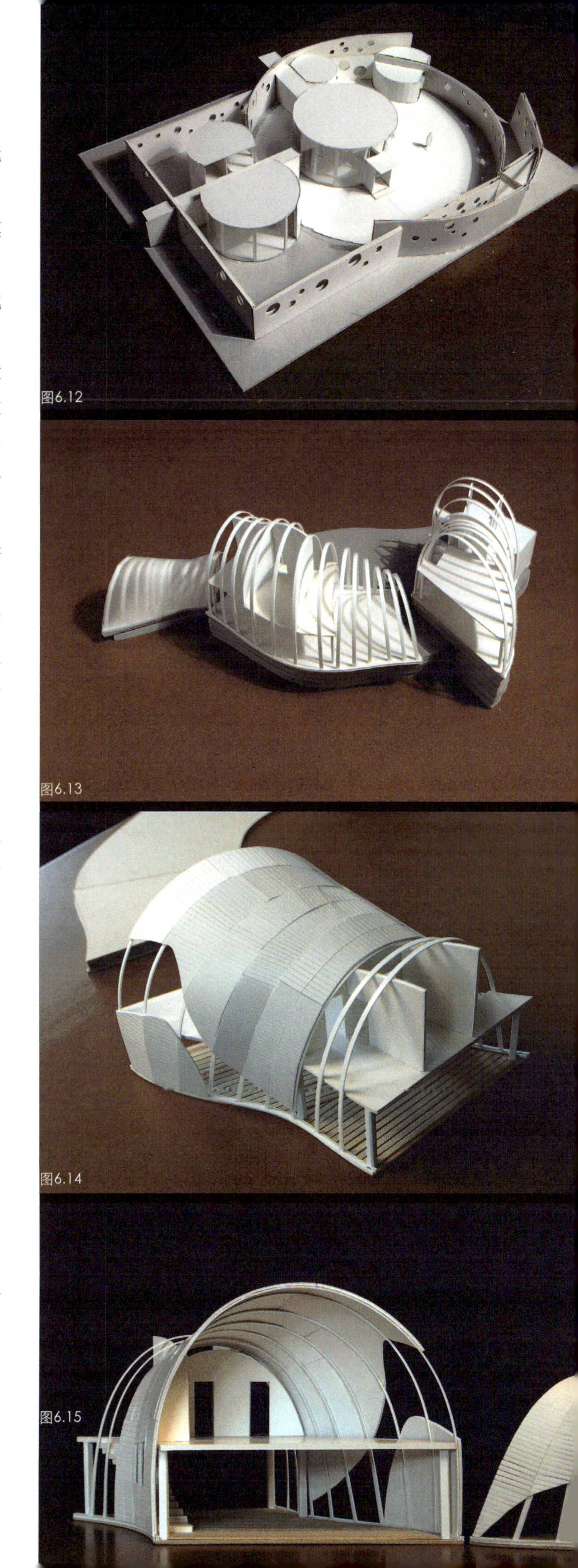

图6.12 别墅设计工作模型，1:100。以白卡纸和透明亚克力板为主要材料制作，柱面围墙上开了一系列圆窗。

图6.13 别墅设计研究模型，1:100。以曲线拱肋覆盖室内空间。

图6.14 别墅设计成果模型局部，1:50。以ABS细条制作拱肋和屋面，内部楼板墙体等使用PVC板材和细木条制作。

图6.15 别墅设计成果模型局部，1:50。图为内部空间效果。

图6.16 在钢筋混凝土结构基座上搭建钢结构拱肋。拱肋断面为工字形，在需要焊接横向连接杆件的部位预先制作了柱面的节点板。

图6.17 横向连接杆件为不同直径的圆形钢管，焊口使用数控相贯线切割机进行切割，由于部位不同，这些接口形态各异，需要单独编号，精确就位。

图6.18 由脚手架进行临时支撑的钢拱肋，每一榀形状均不相同，就位后需要在现场精确测量，与设计参数比对，以尽量减少施工误差。

图6.19 钢结构主体完工。可见工字形断面拱肋、圆形钢管横向连接杆件和斜撑。

图6.20 在主体结构外首先包覆一层金属底板（图中右上部深灰色部分），然后覆盖一层黄色矿棉保温层，保温层之外是一层铝制防水层，每片防水层搭接部分经过特殊构造设计，可以相互扣合。

图6.21a 曲面体曲率最大的部分，防水铝板变窄以适应急剧的曲率变化。这些防水板的安装如同传统屋面苫瓦那样从底部向上施工，上部的防水板压住下部防水板的上沿，将雨水顺下屋面。上下防水板的搭接处可见另一块搭接板。

美术馆施工过程的系列照片，方案设计者为日本矶崎新事务所。

建筑主体下半部分为钢筋混凝土结构，在上部为钢结构的三维曲面壳体。如图6.16，首先施工的部分是拱形钢肋，由于曲面体并非规则，每一榀拱肋的轮廓均不相同，需要事前在计算机软件中精确建立数字模型，提供所有构件的外形参数和所有焊接部位的焊口形态，相当多的钢构件在这些参数的控制下用数控加工设备进行弯曲和切割。

拱肋之间的横向联系和斜撑多以圆形钢管制作，焊口部位的形态是复杂的三维曲线（如图6.17），这些钢管的切割采用了数控相贯线切割机在数字模型提供的参数控制下切割而成，每个连接杆件单独编号，在施工现场精确定位后，由工人在高空手工焊接。

图6.19是钢结构主体完工时的照片，在钢结构外侧又焊接了一系列水平走向的方形钢管作为固定外墙构造的构件。

在主体钢结构外侧覆盖金属底板、保温层、铝材防水层、干挂石材面层，最终才将整个不规则曲面体包覆起来（图6.20～图6.23）。

建筑模型的制作相比之下当然简单便宜许多，但通过制作实体模型，初学者对于实际的建造方式也应该有所理解。

图6.22

图6.21b

图6.23

图6.21b 上下两层防水板搭接处增加的连接板，保证雨水不会从搭接处逆流进入防水层内侧。

图6.22 防水层的搭扣也是用来固定干挂石板的横向檩条，最外层青石板如鱼鳞状错缝搭接，上层覆盖下层。

图6.23 外墙伸出主体之外，在钢结构内侧也安装了细小的钢龙骨，以固定内侧饰面板。

图6.24a

图6.24b

图6.24a是国家体育场（鸟巢）在施工过程中的照片，图6.24b是鸟巢建成后的照片。鸟巢体育场整体外观为规则的双曲马鞍面，而构成这个三维曲面的则是以不规则方式交错支撑的众多方形钢梁。

图6.24a中可以清楚看到一组下小上大的类似三角桁架的竖向结构体首先被树立起来，在这之间再进一步焊接其余的杆件，连接成整体以后，在建成照片中就看不出构件搭建的顺序了。把复杂曲面形态分解为有规律的部分，再加以组合，这是常用的技术策略。也就是说，把复杂曲面分解降级为曲线或是直线，建造的可实施性就提高了。

图6.25a～图6.27所示的3个模型均采用了这种分解方法，将曲面转化为一组曲线和直线组成的网面。

图6.25先制作了曲面内部的龙骨，在龙骨表面覆盖白色卡纸形成连续的曲面。

图6.26是一个结构造型研究，采用曲线形的拱肋辐射状排列，以一组水平连杆进行横向联系，再粘覆薄木片形成外围护。

图6.27同样是以一组大小不一的拱肋形成主要承重结构，再以直线形次梁沿拱肋均布排列形成曲面屋顶。

加工纸质材料使用裁纸刀即可，而加工图6.26和图6.27中的中密度板拱肋需要使用图6.28a和图6.28b中的小型电动工具。

图6.24a 国家体育场施工中，东侧
图6.24b 国家体育场完工后照片，西侧
图6.25a 别墅设计成果模型，1:50
图6.25b 模型制作过程，曲面体内部龙骨体系
图6.26 结构造型研究模型
图6.27 结构造型研究模型
图6.28a 微型圆锯机
图6.28b 微型线锯机

图6.28a

图6.28b

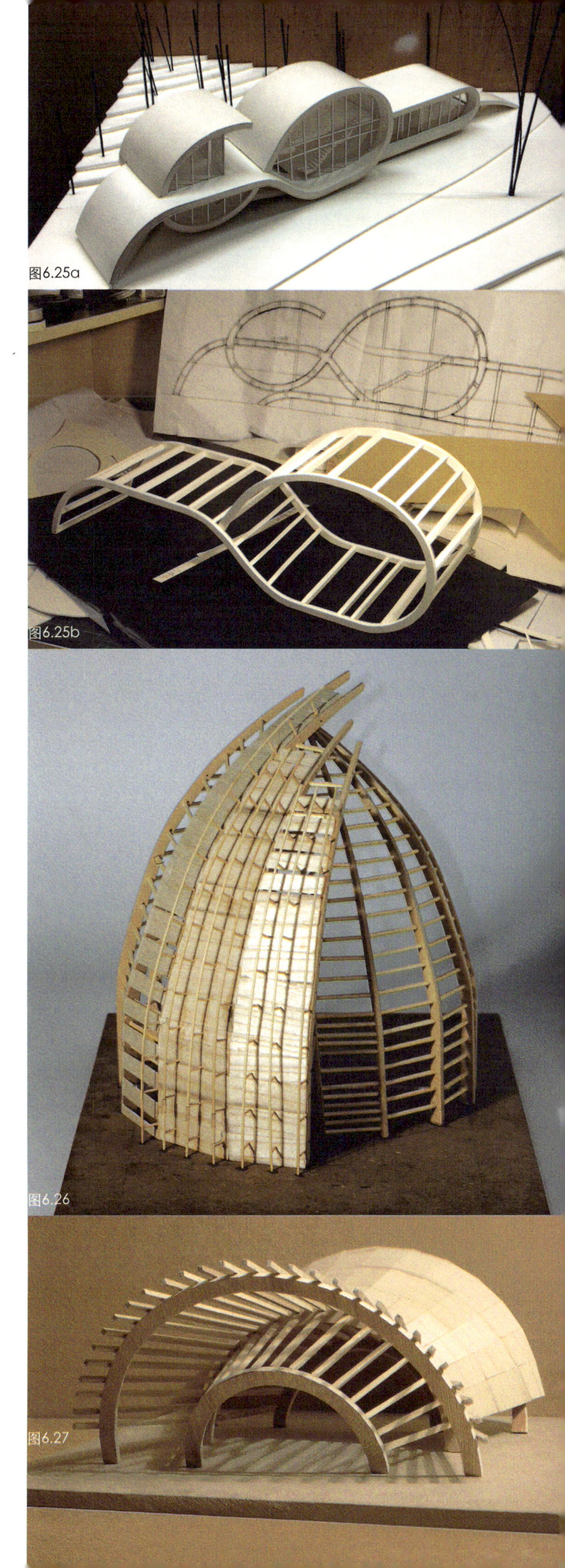

图6.25a

图6.25b

图6.26

图6.27

图6.29
图6.30
图6.31
图6.32
图6.33

图6.29是完全用直线生成曲面的方式，即用一组短直线联系两条不共面的直线，形成直纹曲面，在此，短直线被称为直母线，不共面的两条直线称为直导线。

图6.30是该模型低视角的效果，可以看到直纹曲面的倾斜渐变，这样的直纹曲面在模型制作和实际施工中均较为方便，但也会遇到杆件以不同角度连接的问题。

图6.31和图6.32是在一组高低不同的门式刚架之间用直线梁进行联系所形成的结构体系。门式刚架作为主要结构形成排架，在排架之间的一些部位还增加了斜撑以控制结构变形、抵抗地震时的水平侧向力。

图6.33是在两条错开波峰波谷的正弦曲线之间以直线梁（直母线）排列形成的三维曲面，这时的导线变为两条曲线，而直母线在移动过程中始终平行于一个导平面。出于对结构强度的考虑，图6.33中的两条曲导线实际上是曲线形桁架，整个屋面结构由4个组合支柱支撑。

图6.34～图6.40是悬索与张拉膜结构的模型和建筑实例。

图6.34是一个悬索屋面的模型研究，主要的悬索锚固在模型底板上，在图6.39的张拉膜结构中，同样可以看到位于前景地面的锚固点。在悬索和膜结构中，受到张拉的通常是多股钢绞线，而钢制或混凝土制作的支柱（桅杆）则受到轴向压力。模型制作中同样需要把不同受力状态的构件形态表现出来，例如用短粗的木质或塑料组合柱制作受压构件，而用尼龙线或细金属丝模拟受拉的钢绞线，膜材料则可以使用富有弹性的织物进行模拟。

实际悬索和膜结构建筑的节点设计非常复杂（如图6.38），制作小比例模型时只是进行简化表现。

图6.29 木结构建筑设计模型，1:100。两条异面直线之间的直纹曲面。
图6.30 木结构建筑设计模型模拟人视点透视。
图6.31 木结构建筑设计模型，1:100。高低交错的门式刚架形成结构主体。
图6.32 结构造型研究模型。两条曲导线之间用直母线排列形成曲面。

图6.34 悬索屋面结构模型，1:100
图6.35 膜结构模型
图6.36 膜结构模型人视点透视
图6.37 斜拉桥式的公路收费站屋面
图6.38 德国慕尼黑1972年奥运会体育场膜结构节点
图6.39 德国慕尼黑1972年奥运会体育场外膜结构造型
图6.40 德国慕尼黑1972年奥运会主体育场，由于当时膜结构材料尚不完善，设计师采用了硬度较大、厚度也较大的透明亚克力板。

图6.34

图6.38

图6.39

图6.40

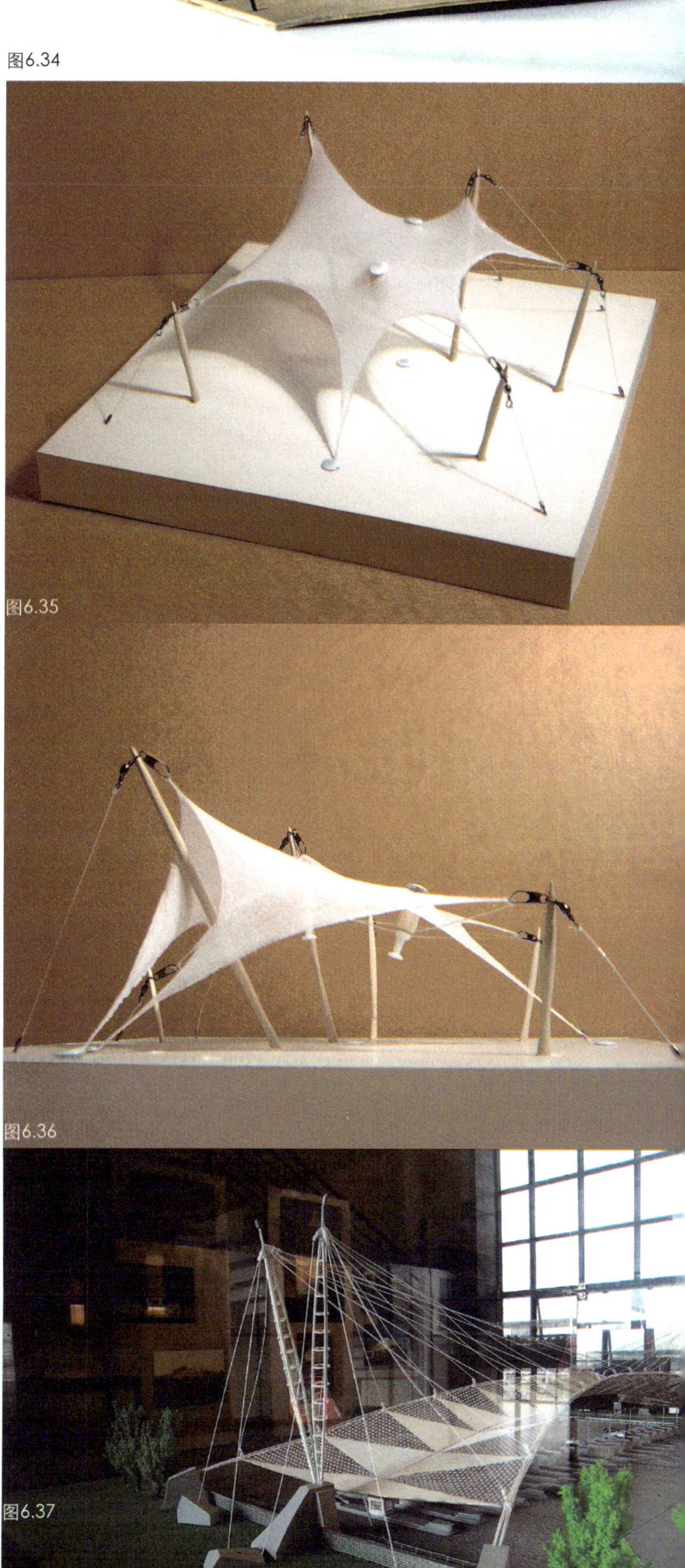

图6.35

图6.36

图6.37

图6.41

图6.42

图6.43

图6.44

6.3 透明模型

透明或半透明模型结合模型内部灯光照明，是表现建筑通透感的常用手段，这使得建筑体量和视觉重量被减轻，模型整体效果得到加强。使用这种方式之前应该想清楚要表现的设计内容和意图，片面追求轻盈炫目的视觉效果有时会削弱建筑设计表达的力量。

图6.41 半透明片层如云状升腾而起，这样的模型突出设计意境和气氛，并非现实和具体的表现建筑的实际效果，省略了大量设计细节，强化设计概念，本质上是一个精致的概念模型。

图6.42 金属质感的模型外壳加上透出迷梦般光线的外墙立面，塑造了一个精细的工业化产物。

图6.43 建筑构件和室内家具的剪影被印制在多层半透明立面上。

图6.44 美术馆设计模型，将图案和影像打印在涤纶片上，粘覆在半透明建筑体量表面，内部设置冷光源。

图6.45 以厚亚克力经过激光切割直接制成建筑内部功能模块，外部原有建筑部分采用木质材料制作。此项目为国家博物馆改建，OMA事务所设计。

图6.46 半透明材料制作的国家博物馆加建模型。内部灯光和鲜艳的内部体块使得模型在规则的网格中显出活跃的因素。

图6.45

图6.46

6.4 强调实体效果的模型

有时透明、半透明或不透明的模型重点表现建筑的体量感、实体感，这在城市设计模型或者强调建筑布局的模型中较常见。

图6.47 城市设计体量模型，以半透明亚克力体块代表新设计的建筑体量，深灰色体量为现存建筑。

图6.48 通过模型底板挖洞、设置灯光的方式强化展览效果。

图6.49 国家博物馆加建体量模型

图6.50 德国某火葬场建筑模型，使用石膏浇注制作，白色材质和厚实的体块凸显建筑的纪念性和凝重感。

图6.51 使用生锈薄钢板焊接制作的建筑模型，目的是使折线形的建筑显得更酷，这在展览中显得标新立异，如果是制作设计工作中的模型，则没有必要。

图6.52 别墅设计，学生作品，如生物肌体一般圆滑回转的体量。

图6.51

图6.52

图6.47

图6.48

图6.49

图6.50

7. 数字化建筑设计与数控加工技术

7.1 概述

建筑设计的发展与下面的因素密切相关：1.政治、经济、社会的发展；2.建造技术/建造材料的革新；3.大众审美取向与舆论；4.全球与地方的设计史；5.设计师自身。

政治、经济、社会的发展使建筑史的视野从帝王贵族宫殿、法老僧侣的神庙扩展到现代功能的城市公共建筑乃至私人别墅；建造技术/建造材料的革新使建筑逐渐告别原始石材、木材和手工劳作，大机器生产和社会分工加上新型复合材料、计算机技术成为建筑业生产力的标志；而媒体的传播与介入，使得建筑与建筑设计成为广泛的话题，成为各种意识形态的符号；设计师个人的努力与探索既源于对设计史的继承，却也经常使之断裂，产生英雄主义式的变革。

图7.1至图7.5分别是巴黎卢浮宫东立面局部、巴黎圣母院东端、2005年左右落成的北京某现代风格私人别墅（方体空间工作室设计）、2007年落成的慕尼黑宝马公司新博物馆（蓝天组设计），以及日本建筑师伊东丰雄设计的台中大都会剧院概念模型。这组图片中，建筑的时代特征明确：

图7.1，卢浮宫的纪念性与权利统治感：厚重、对称、固定的构图（底座-中段-屋檐山花），以及繁复装饰与雕刻。所用材料自然是石材加上无数的人工雕琢。

图7.2，巴黎圣母院对于高耸空间宗教感的无尽追求，以石材和尖券技术向上帝传达敬仰。上百年的建设周期也在所不惜。

图7.3，现代建筑思潮与空间审美观下的简洁与含蓄，对应新兴高收入阶层的生活方式。钢筋混凝土建造技术与此类空间相适应。

图7.4，形态的夸张与时髦体现国际大企业的价值观，彰显活力动感，注重媒体效应。大跨度钢结构与特殊几何形态的设计加工技术有效的支持其表现主义倾向。

图7.5，数字化设计媒介和数字化加工技术使得高度复杂的三维空间与结构可以被推敲、认知和实现，奇特的空间体验和视觉奇观满足都市欲望。钢材和多种复合材料、特殊环境控制技术是必需的。

建筑设计是一项复杂而综合性强的工作，设计师面对着上述5方面的因素。

另外，建筑设计区别于绘画、雕塑等艺术类型的重要一点就是，建筑设计是通过一系列“表现（representation）”来传达的，图纸、实体模型、计算机模型、表现图、动画直至虚拟现实技术都是一种“表现”，因为进行设计时，建筑还没有被建造起来，上述表现手段都只是真实建筑的一些替代物，用来代表将要被建造的建筑本身。建筑设计师在设计建筑时，体验不到建筑最终的效果，只能靠经验、直觉和上述表现手段间接的进行推敲和研究。传统的历史建筑，其设计师与工匠存在密切联系，甚至工匠本身承担着

图7.1 巴黎卢浮宫东立面局部

图7.2 巴黎圣母院东端

图7.3 私宅

部分设计职责，而现当代建筑的大规模、复杂性与社会分工决定了设计活动与建造活动的分离，建筑设计工作本身甚至也分为多个专业方向，建筑设计活动因此与最终建造过程和实际建成状态有着相当大的距离，这也是建筑设计的难点之一。

如何使建筑师对最终建造过程和实际建成状态进行更有效的控制？如何使设计信息更高效的被记录和传达？当代“数字化设计媒体与数控加工设备”的结合激发了建筑师对于材料形态和空间结构的想像力，“数字化建造”意味着将“抽象化的设计与对建筑实体材料的操作”对接起来，设计师的思想可以通过信息技术直接控制数字化的工厂车间。他们的脑力劳动（想）与体力劳动（做）在数字化浪潮中有机会再次并肩发展。常见的几个探索方向是：

1. 数字化与数控加工技术在复杂制造、装配方面带来的高效率和高精度，以及个性化定制（非批量生产）的可能性。其不足也许在于将过浓的机器味带入生活，精致但乏味。

2. 计算机图形学与程序控制下的复杂几何形态生成，将参数化建模方式用于产生“意料之外”的“不可思议”的形式，以此“自动主义”方式“涌现”视觉惊诧。（图7.6、图7.7）对视觉感受的迷恋使得建筑的价值观和社会功能变得单薄。

3. 用数字技术实现人工产生的复杂建筑形态或借鉴自然物而产生的建筑形态。建筑设计变得雕塑化。

设计工作在数字化工具的辅助下，如何保持与自然、社会及人性的密切联系仍然是值得关注的问题。希望读者思考工具背后的价值取向，毕竟任何工具都

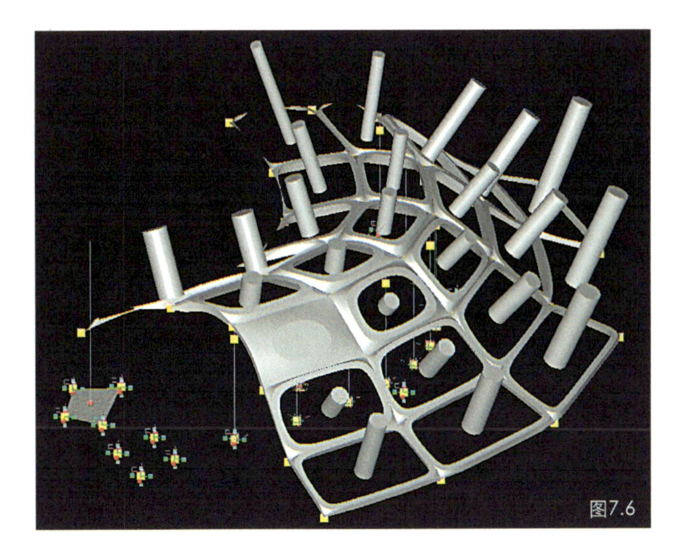
图7.6

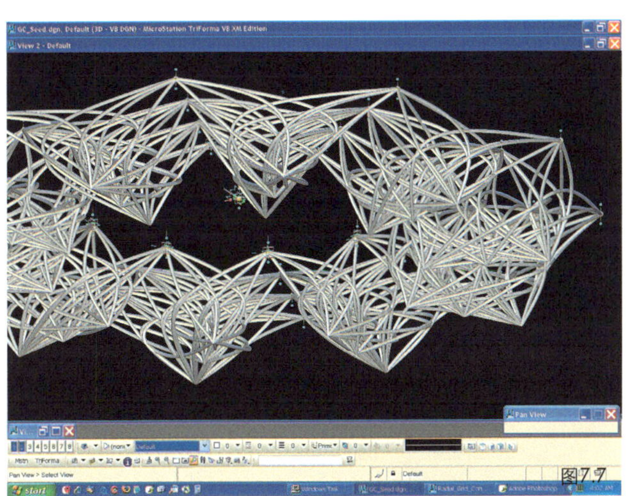
图7.7

图7.6、图7.7 由于多种参数化建模软件的强大建模功能，使得设计师不满足于既有建筑形式，把创新的重点放在生成复杂形态方面。受到程序、脚本和数学公式的制约，其形式特征常常是单元形状的重复、渐变、循环、缠绕。其本质是以计算理性代替人的心智，对繁复图像的偏好对应着技术理性的偏执。

不满足于此的一些设计师尝试把设计项目的自然条件、功能因素、使用者活动模式，乃至材料特征放入数字、函数与程序中，使形式本身承载更多的意义。

图7.4 慕尼黑宝马公司新博物馆

图7.5 台中大都会剧院概念模型（三维打印机成型）

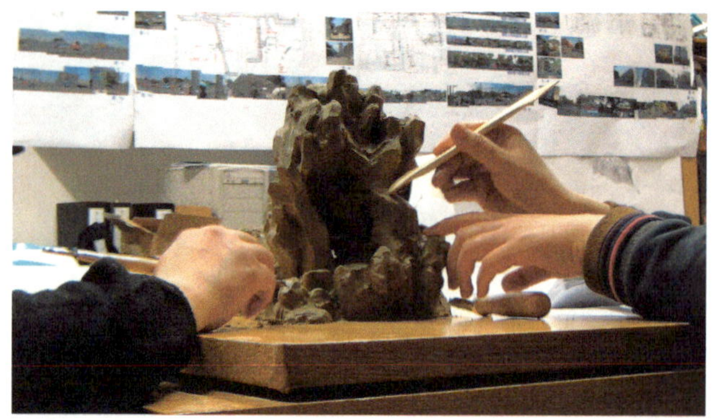
图7.8 雕塑泥稿

图7.9 泥稿完成

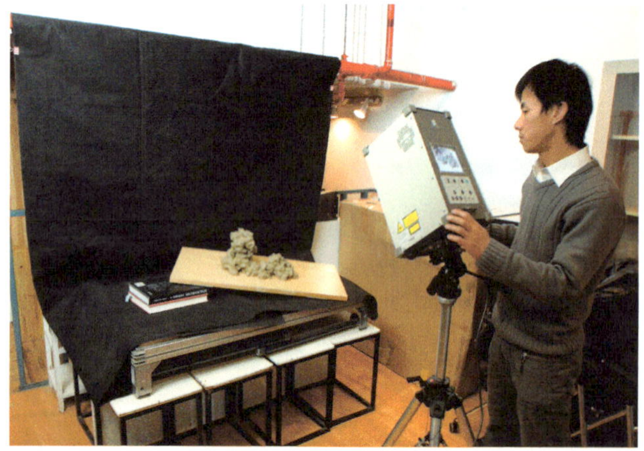
图7.10 使用非接触式三维扫描仪对泥稿进行多角度扫描

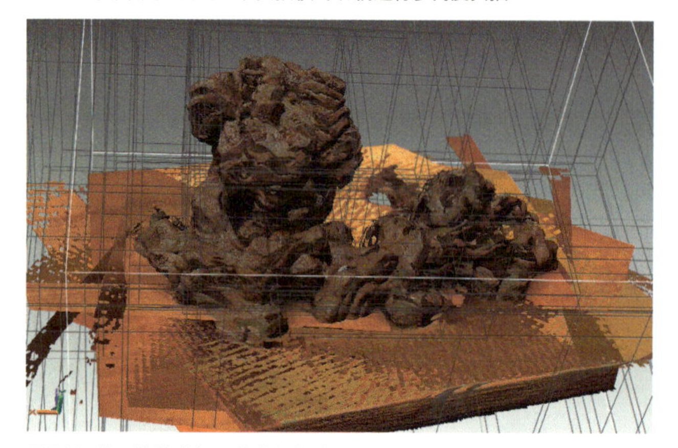
图7.11 使用软件进行三维数据拼合

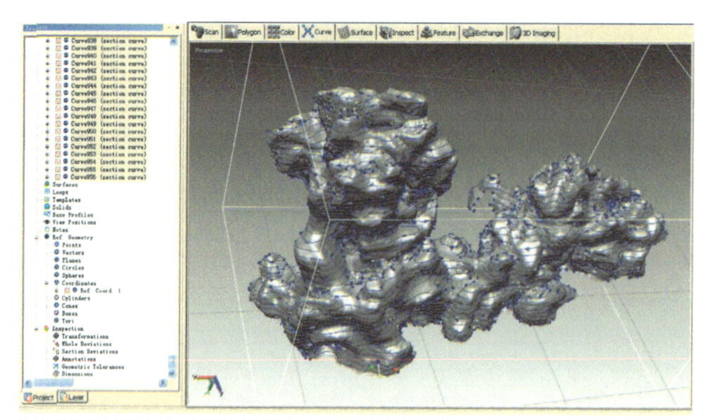
图7.12 使用软件对形体进行剖切，获得等高线

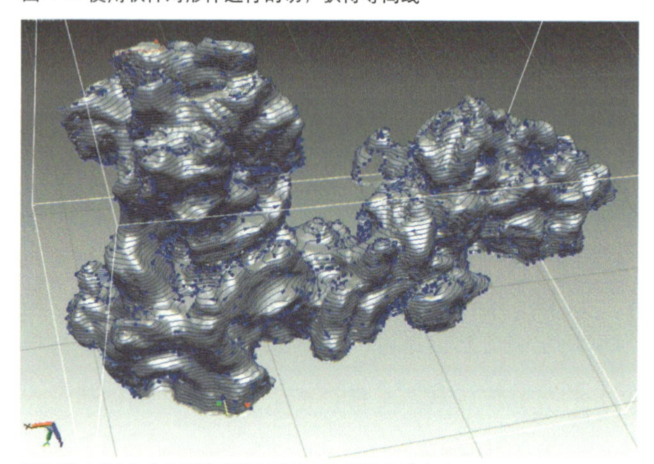
图7.13 不同的水平剖切间距获得不同的等高线密度

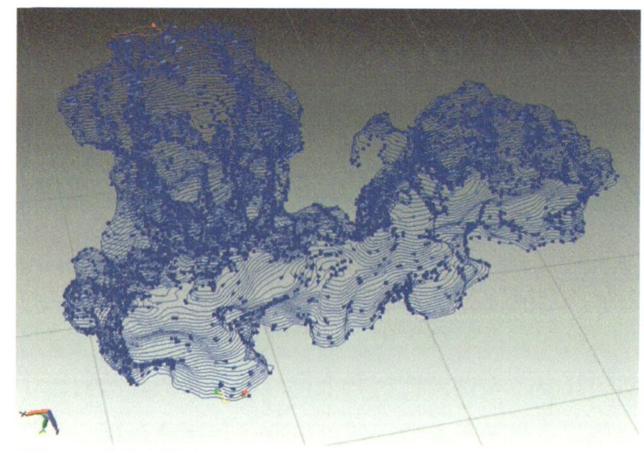
图7.14 三维等高线图

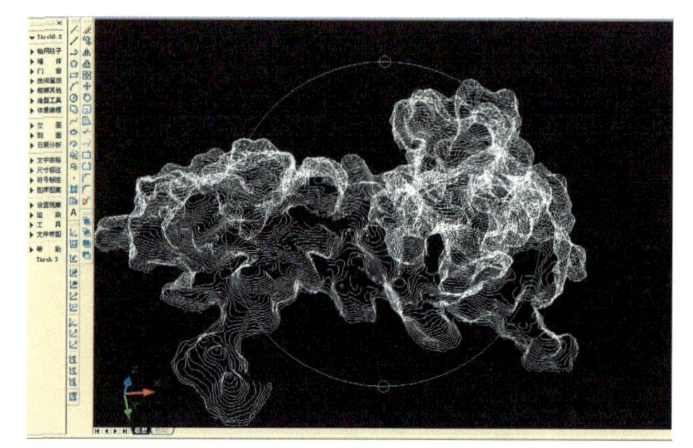
图7.15 使用常用的AutoCAD软件进一步处理等高线数据

是人类智慧的产物。

图7.8至图7.19是一个装置作品的构思与实现过程。最终成果是用最小为1cm³的乐高玩具块搭建出形似中国传统假山石的装置作品，名曰“瘦漏皱透”（中国建筑设计研究院李兴钢工作室作品，中央美术学院建筑学院数字化建造实验室完成三维扫描拼接处理工作）。

通过查阅石谱，揣摩中国假山石的审美意趣，使用雕塑泥手工制作了长约35cm，高约18cm的小稿，用来进行推敲和评判（图7.8、图7.9）。这一阶段的手头感觉、多视角观察评判能力应发挥重要作用，需要所谓艺术修养，将“心象”转化为“形象”。

小稿确定后，面临的难题是如何将其放大？因为最终作品尺寸长约1.8m，高约1m。获得描述假山石三维形态的等高线图成为关键。如果得到1cm间隔的等高线图，就可以使用乐高玩具块搭建最终作品了。如果目测或使用直尺等简单工具测量泥塑小稿，进而利用软件重新在计算机中建模，其误差将不可控制，也必将耗费大量建模时间。

此时引入了逆向设计和三维扫描技术，如图7.10所示，使用柯尼卡美能达vivid 910三维扫描仪对泥塑小稿进行了全方位的扫描，该扫描仪通过激光测距原理获得泥塑表面的三维坐标信息，再利用三维数据拼接处理软件（如RAPIDFORM、POLYWORKS等）将数次扫描数据拼接成完整的形体表面（图7.11）。其表面尺寸误差可以控制在0.1～0.5mm以内。

已经被“数字化”的三维泥塑可以通过软件任意放大至所需尺寸，并以1cm间隔进行水平剖切，得到相应的等高线，保存为DXF数据格式，则可以用建筑师常用软件AutoCAD进一步编辑，勾画出1cm步长的锯齿状的等高线图（图7.12～图7.15）。

基于该锯齿状等高线图再使用正向建模软件，如Sketchup，建立最终作品的三维数字模型，最终的制作步骤仍然需要用手工完成——根据三位数字模型搭接乐高玩具块（图7.16～图7.19）。

这个作品的构思和实现过程体现了手工感觉与计算理性的结合，原本用于科研与工业的三维扫描和逆向工程技术被用于艺术创作。

图7.16 根据再次建模数据制作乐高块形体

图7.17 乐高块假山石

图7.18 乐高块假山石

图7.19 完成后的乐高块假山石

7.2 常用数控加工设备

数控技术是指用数字、文字和符号组成的数字指令来实现一台或多台机械设备动作控制的技术。它所控制的通常是位置、角度、速度等机械量和与机械能量流向有关的开关量。数控的产生依赖于数据载体和二进制形式数据运算的出现。计算机技术迅速发展起来以后，数控技术采用计算机实现数字程序对机械设备的控制。这种技术用计算机按事先存贮的控制程序来执行对设备的控制功能。由于采用计算机替代原先用硬件逻辑电路组成的数控装置，使输入数据的存贮、处理、运算、逻辑判断等各种控制机能的实现，均可通过计算机软件来完成。“计算机数字控制”的英文缩写为“CNC”（Computer Numerical Control）。

数控加工设备在制造业领域有着广泛应用，种类繁多。图7.20和图7.21是国外大型5轴联动加工中心正在加工三维曲面构件。在国内外建筑院校使用较多的数控加工设备多为小型设备，目前的主要类型为：

1. 中小型数控铣床，控制高速旋转的铣削刀具切削材料，到达成形目的。可加工木制材料、密度板、亚克力、PVC、ABS，乃至金属材料等(例如：图7.22和图7.23)。

2. 数控激光切割机，通过控制高能激光光路，利用高温切割和雕刻纸张、薄木片、薄密度板、亚克力、布、皮革等材料，为非接触式加工(例如：图7.24和图7.25)。

3. 三维打印机，使用不同的三维成形材料和原理，直接将三维数字模型成形为实体模型(例如：图7.26和图7.27)。

对于模型制作而言，数控铣床可以加工厚度较大的木质板材、中密度板等，用于模型底盘。还可以加工ABS、PVC等材料用于模型主体，此类材料因为高温时释放大量烟尘和有害气体，不适合用激光加工。数控铣床需要专门的计算机软件把需要制作的矢量图形文件转换生成加工路径以控制刀具运动。

数控激光切割机由于是非接触式加工，且切割后材料损失少、路径缝隙小，因此使用较为便利。软件根据矢量图形文件控制激光光路，并可以控制激光能量和加工速度，以切割不同类型和厚度的材料。

三维打印机是快速成形设备的通称（ＲＰ：rapid prototyping），可以根据三维数字模型逐层完成实体原型的制造技术。它发展自20世纪80年代后期，是机械工程、ＣＡＤ、数控技术、光固化技术及材料科学的技术集成，它可以自动而迅速地直接由数字模型制作三维实体，而不需要机械加工和任何模具。快速原型技术将三维实体模型在高度方向上按几何形状变化分成不同厚度的薄层，用这些不同高度的层面信息来控制成形设备进行加工，将这些薄层堆积起来，便得到所需的三维造型。具体的三维成形工艺有多种，常见而较为成熟的有：熔融沉积造型（ＦＤＭ）、立体印刷成形（ＳＬＡ）、层合实体制造（ＬＯＭ）、选择性激光烧结（ＳＬＳ）、紫外光固化等。

建筑院校中常用的中小型数控铣床和数控激光切割机主要加工各种二维形状和浅浮雕类型的简单三维形态，而三维打印机则可以直接成形几乎是任意的三维形态（可包含内部空腔），加工三维曲面造型是其强项，当然设备价格较之上述两者昂贵得多。三维打印技术与三维建模、逆向工程技术密切相关，内容庞杂，限于篇幅，本书暂不涉及三维打印技术。

图7.28 模型片段：参数化软件建模，再经过三维打印机成形

图7.20 5轴联动加工中心

图7.22 3轴数控铣床

图7.24 数控激光切割机

图7.21 5轴加工中心在加工复杂曲面木构件

图7.23 3轴数控雕刻机

图7.25 数控激光切割机

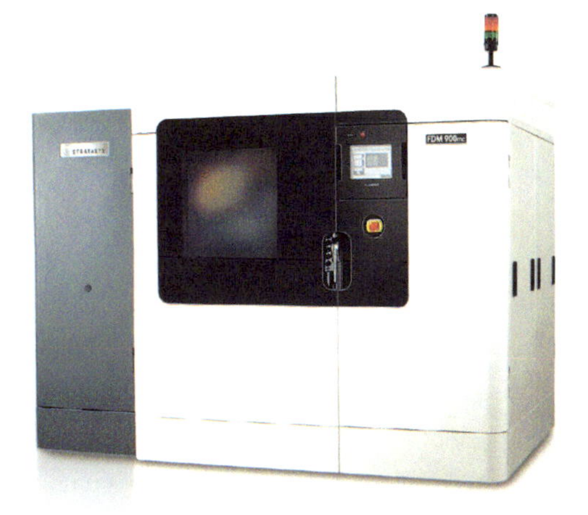

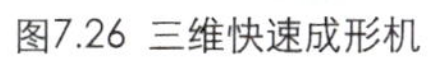
图7.26 三维快速成形机

图7.27 三维打印机

图7.29a 深入设计和制作最终成果模型前，仍然需要制作草模和研究模型。这里是用卡纸手工制作的研究模型，比例为1:500，展现了原有的厂房桁架结构与新增的流线型连接体的形态关系。

7.3 数控雕刻机制作模型实例1

本节设计实例为大型旧厂房群体改造为工业博物馆群。

通过草图、功能体量模型、研究模型、计算机制图阶段后，需要制作比例为1:500的建筑群体模型。模型底盘尺寸约为1.2m×1.4m。

制作底盘上的道路网、确定模型主体的位置成为第一步。图7.30是数控铣床正在根据输入的1:500路网数据文件加工中密度板，机动车道路的部分被铣刀铣去约1mm的深度。所用数控铣床台面较大，可以加工从建材市场购置的整块板材（尺寸为1220mm×2440mm）。板材的厚度应该根据底板大小来确定，建议不小于10mm，如底板面积较大，应考虑增加厚度或层数，或增加板底支撑。需要注意的是，在使用如AutoCAD软件绘制路网图时，道路边界应该为连续闭合线，便于数控软件生成刀具路径。刀具可选择直径为3.175mm的圆柱铣刀，如道路面积较大或路径宽度大，可选用直径6mm的柱刀提高加工速度。

图7.31，道路网加工完成后，为了进一步准确的定位厂房的排架结构，更换尖刀在所有排架柱子的位置铣削出深度为1mm的浅坑。

图7.29b 用硬质聚苯板制作的功能体量模型，比例为1:1000，涂以不同颜色后展现了多种混合的空间和功能植入了原有厂房。

图7.30 数控铣床加工模型底盘道路

图7.31 数控铣床为建筑柱子定位

图7.32 数控铣床切割板材

图7.33 加工完成后的建筑底板

图7.32，为了方便模型运输，再次使用柱刀将模型底板在适当位置一分为二，如果运送上对模型尺寸没有限制，则可以不进行此加工。需要注意的是，切割操作将损失宽度为刀具直径的一条底板，如需要保证拼合后的准确尺寸，模型底板的数字矢量文件应在切割部位沿切割中线向两侧各扩展出刀具半径尺寸。

图7.33所示，模型底板右部有一块不规则形状的镂空，这是沿江堤岸下切的部分，图7.34中将这块被切除的部分垫在底板主体的下面，自然形成堤岸的边界。至此，所有底板上的道路、停车场和水岸边界都已加工完毕，最后可以设定数控铣床沿着底板最外轮廓将底板从原板材切割下来。

上述铣削、雕刻、切割工序均由AutoCAD矢量图输入专用软件后生成的不同刀具路径加以控制。加工时，设备应可靠接地，排除加工过程产生的大量静电荷，同时应接驳吸尘器，及时清除粉尘，加工人员应全过程值守，佩戴防尘口罩、防护眼镜。

图7.30

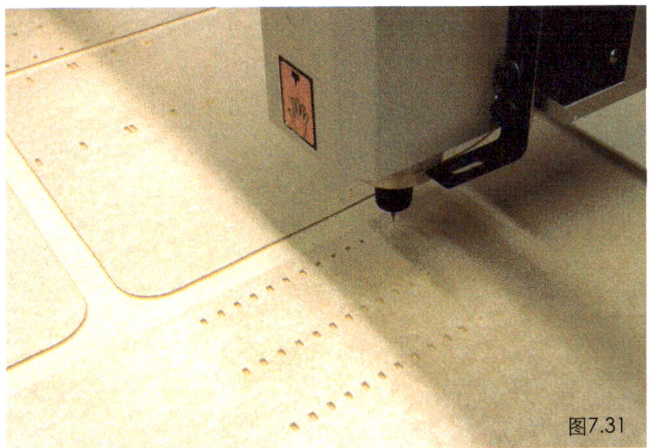
图7.31

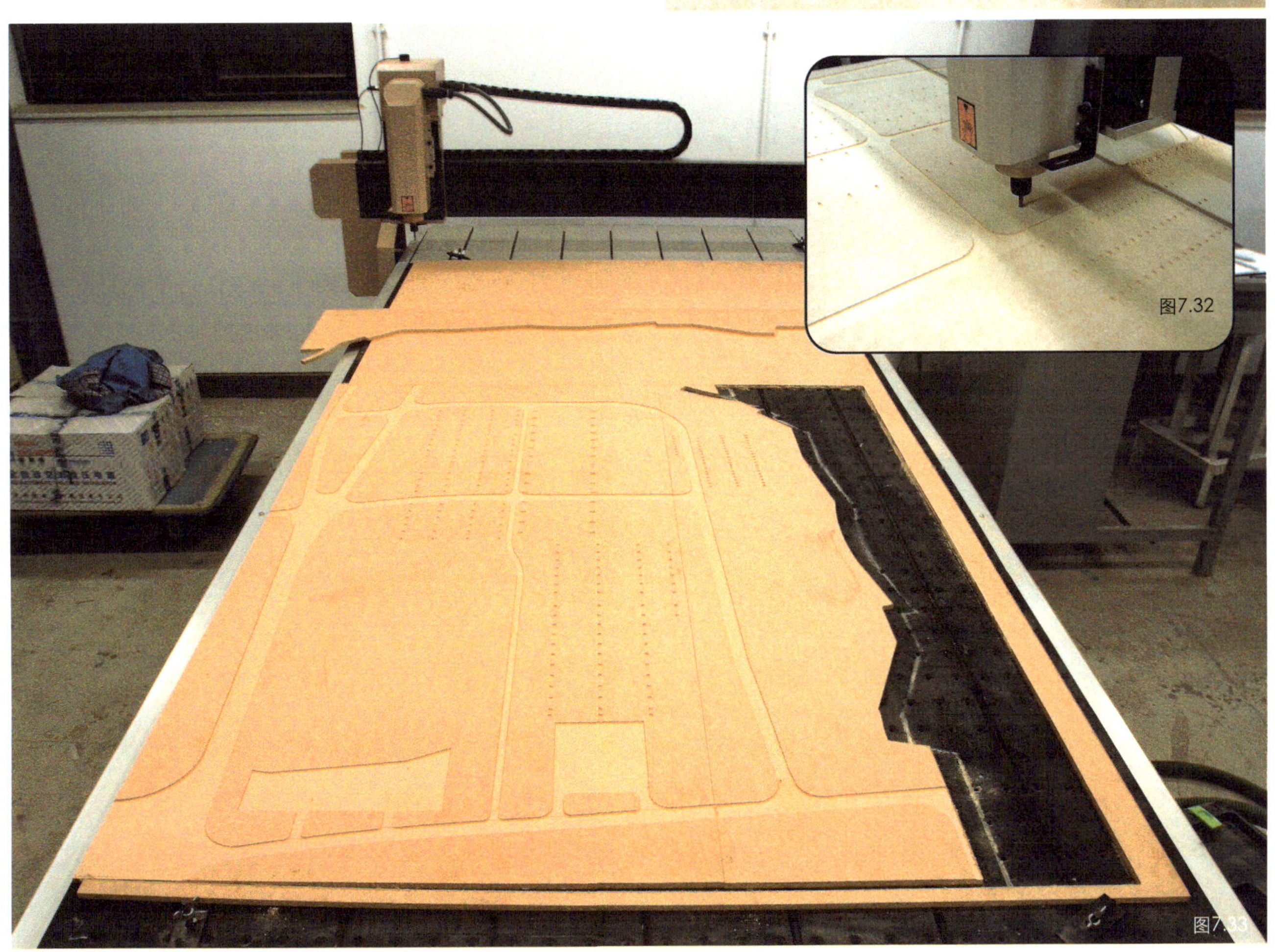
图7.32

图7.33

图7.34

图7.35

图7.36

图7.37

图7.38

图7.34和图7.35，将数控加工后的模型底板进行叠合、加固、封边处理，这里所用的封边方式较为简单：将多余的密度板用电锯裁成宽度合适的板条，用白乳胶和长度略短于总厚度的射钉从板底固定，底板正面不留射钉痕迹。

图7.36，使用打磨机对加固后的底板边缘进行磨光处理。

模型底板的堤岸部分还设计有高差以及泊船平台，图7.37、图7.38中，2mm厚椴木片经过数控激光切割后用UHU胶粘接在中密度板上。图7.39显示了激光切割这部分形状的过程。由于市场上椴木片尺寸规格较小（约19cm×95cm），有时需要把较大的构件在绘图时切分为较小的几部分，再进行拼接。这样的拼接可能造成木材纹理方向不一致的问题，但通常仍是可以接受的。如果确实需要完整的大型构件，可以购买大幅面的木质胶合板或厚度为3mm左右的木质饰面板进行激光切割，但构件尺寸最终仍会受到数控激光切割机台面尺寸的限制。经过激光切割的木质品和纸质品边缘会有灼黑炭化的痕迹，可以适当擦除或用细砂纸打磨。

图7.38中已经将部分厂房排架粘接在底板上，这些排架也是用激光切割2mm厚椴木片制成。

图7.40是为了最大限度利用模型材料而将这些排

图7.34 底板封边
图7.35 底板加固
图7.36 打磨底板边缘
图7.37 经过激光切割后制作的河岸
图7.38 河岸与建筑排架
图7.39 数控激光切割过程

图7.39

架密集排列后的矢量文件，单个排架本身经过简化，省略了过于细节的腹杆，并且将排架模型构件中小于3mm的部分适当加粗了一些，避免切割后的构件过于脆弱，不便后期组装粘接。这些考虑是与计算机数字建模不同的，在数字模型中，构件可以被设计得非常精细，且比例可以为1:1。

用于实体模型制作的矢量图形文件通常都需要在准确的设计图基础上进行简化和修改，经过整理的图形文件输入到数控程序中，设定相应的激光功率和加工速度，就可以开始加工过程了（图7.41、图7.44）。

图7.42上半部分是切割后剩余的板材，而下半部分没有将板材切透，仅仅使用低功率激光在椴木片表面刻下黑色的轮廓线。这种刻线模式也是经常会用到的模型制作技巧，后面还会介绍。

图7.43是激光切割后，留在蜂窝平台上的排架构件。由于是1:500的比例，省略了桁架中所有的杆件细节，只保留了外轮廓。

这里需要提醒的是，需要加工的板材，在存放过程中应该平放在台面上，避免板材弯曲变形，避免潮湿环境和阳光直射，必要时可以用平坦的重物压在板材上部，保持板材平整。起翘弯曲的板材将极大的影响加工效果和精度，甚至不能用于数控加工。

数控加工设备虽然是先进技术的产物，但在加工过程中，仍然可能出现意外的误操作，而且由于高速摩擦以及激光高温，存在较大的火灾风险，因此必须有专人值守现场，并配备相应的灭火设备。数控设备在运行一段时间后，应进行清洁、润滑等保养。

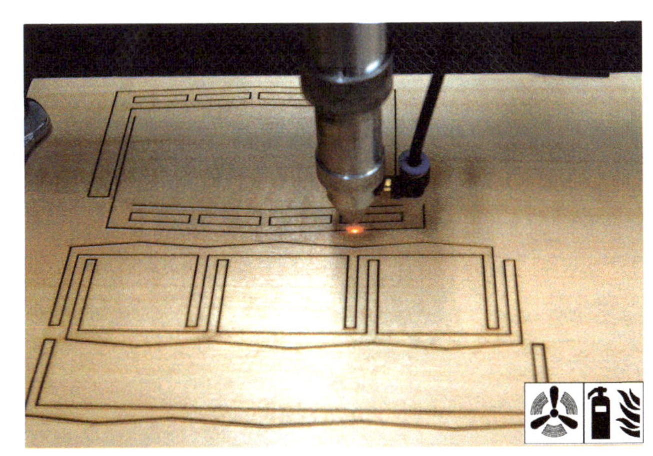

图7.44 数控激光切割机运行过程

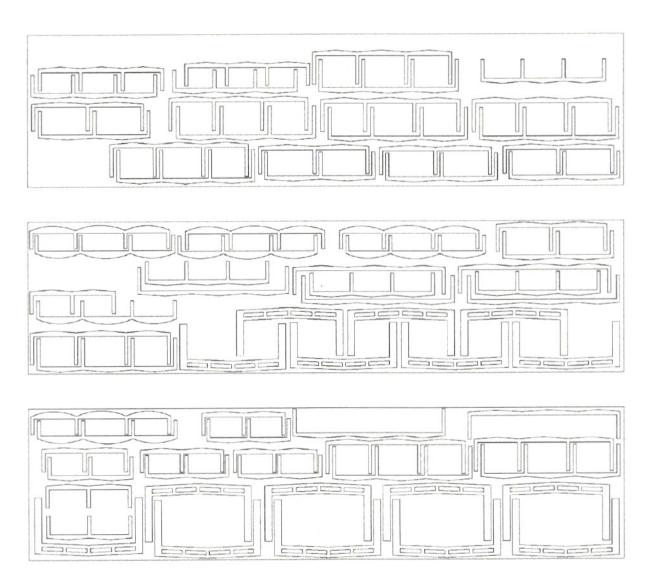

图7.40 数控切割前准备排版文件

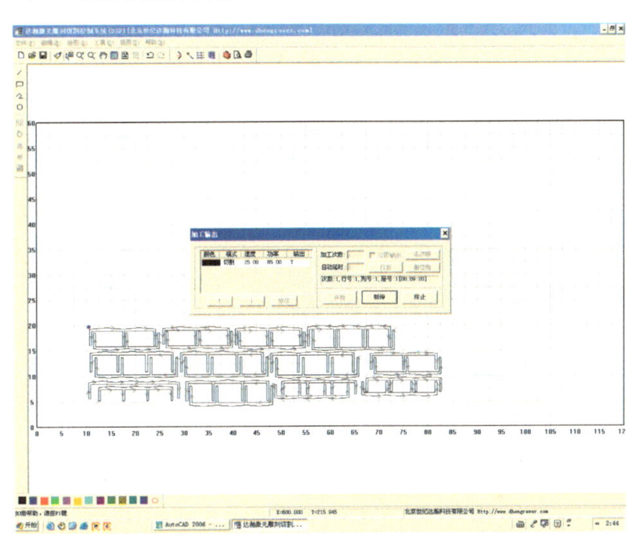

图7.41 数控切割控制软件

图7.42 不同深度的激光切割

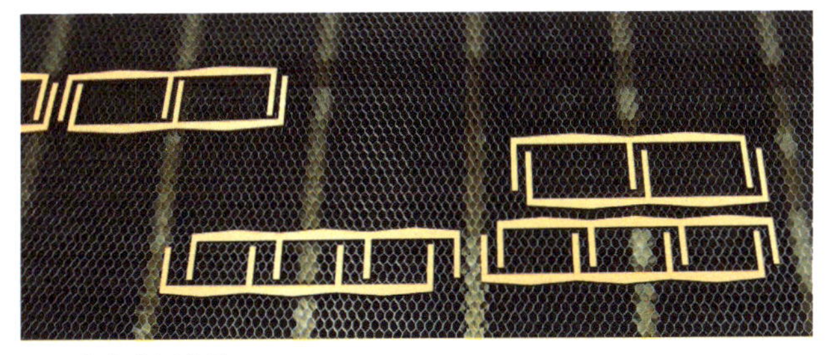

图7.43 切割后构件

图7.45 激光切割亚克力板

图7.46 表面处理用具和粘接剂

图7.47 在沸水中加热亚克力板，进行弯曲定形

图7.48 使用针管吸取瞬干胶粘接亚克力板

图7.49 流线型廊道，亚克力板喷黑漆

图7.50 用电吹风加热弯曲亚克力板

图7.51 使用240-400目细砂纸打磨亚克力板，形成磨砂半透明效果

图7.52 沿江架空廊道

图7.53 木质排架定位

图7.54 数控激光切割亚克力屋面板，有密集刻线

将椴木片排架粘接在底板上以后，接下来较为复杂的部分是制作流线型的连接体。如图7.45所示，曲线连接体和架空连廊在绘制出AutoCAD矢量图后，用数控激光切割1.5mm厚的透明亚克力板，为了增加视觉效果，可以在亚克力板表面喷漆，或用400目以上的细砂纸打磨亚克力板表面（根据需要选择内侧或外侧面），产生磨砂半透明效果。打磨时动作要轻柔、多方向打磨，使磨砂效果均匀。粘接亚克力板常用502瞬干胶或亚克力板粘接剂，有时不希望固化速度太快时也可使用UHU胶，只是施胶量要控制得少些。另外，氯仿（三氯甲烷）也可以粘接亚克力板，几乎不留下痕迹，因其有一定毒性，使用时必须注意通风，避免皮肤接触（图7.46、图7.51）。

连接体侧墙部分使用高度约1cm的亚克力板喷黑漆进行制作，采用电吹风加热或浸入沸水的办法弯曲定形，与连接体廊道地面粘接（图7.47～图7.50）。

为了控制粘胶的量和部位，可以用注射用针管吸取少量502瞬干胶，用针尖进行涂胶操作（图7.48）。

图7.53是将连接体与木质排架穿插固定的步骤，有了之前数控铣床留下的浅坑，柱子的定位变得较为容易，只需涂抹少量UHU胶在木柱底端进行粘接即可。

图7.54是采用1mm厚的透明亚克力板加工厂房的屋面板，目的是让内部空间和排架隐约可见，避免不透明屋面带来的沉闷感。需要指出，建筑模型制作有时出于表达设计概念需要，可以不去模拟真实材料属性和质感，模型材料的选择应注意相互搭配的效果，应考量材料搭配是否有助于表达方案本身。

为了呼应室内排架并表现屋面天窗，亚克力板表面结合了刻线与刻透两种方式，低功率激光可以在亚克力板表面刻出白色的细线，用于划分屋面表现尺度感。屋面板的内表面也进行了磨砂处理，减弱屋面板的透明性，适当增加体量感，增加朦胧含蓄效果。

图7.55，使用数控激光切割机切割出与屋面分格大小一致的亚克力小片，这些小片在从蜂窝平台取下来时可以用粘度较小的纸胶带（美纹纸）成排的粘取出，同时便于喷漆操作（图7.56）。这些小片将用于进一步丰富屋面板的肌理效果（图7.59、图7.68）。

将屋面板用少量UHU胶粘接在排架上，粘接时注意

图7.55 用半粘性纸胶带从蜂窝板上粘取切割好的亚克力小块

图7.56 喷漆处理亚克力小块，胶带使得小块不易被吹散

图7.57 将切割和背面磨砂过的屋面板粘于排架上

图7.58 排架与流线型廊道

调整排架的垂直度。白色半透明屋面与黑色曲线形连接体连廊形成较强烈的对比（图7.57、图7.58）。

图7.59～图7.62是厂房改造模型的立面处理，经过激光切割、喷漆、热弯曲处理的亚克力条构成模型立面。喷漆时有意喷得不太均匀，留下颗粒状痕迹。

至此，模型的主体部分已经完成。

图7.63～图7.66，制作入口广场的地形建筑，功能为检票、等候、商业等。在此1:500模型中只作概念性示意。采用椴木片经激光切割出所需屋面形状，在底板上固定一些支撑体后，地形建筑屋面一部分粘在支撑体上，一部分粘在底板上，利用木板弹性自然弯曲。UHU胶固化前，需要重物施压定形（图7.65）。

图7.67，使用丙烯颜料将水面部分涂成蓝灰色，可保留笔触形成适当质感，丙稀颜料在干燥后颜色可能会变得比湿润时较深些。

至此，该模型基本制作完成，如需要进一步表现环境，还需要增加造型合适的树木。剩下的工作将是模型摄影、图版制作以及模型布展。

图7.59 经过喷漆的亚克力小片丰富模型立面
图7.60 经过喷漆的亚克力条板丰富模型立面
图7.61 模型里面局部
图7.62 喷漆不均匀效果
图7.63 用502瞬干胶粘接椴木片
图7.64 制作入口广场上的服务功能建筑
图7.65 重物施压，保证粘接质量
图7.66 入口部分完成
图7.67 用丙烯颜料涂绘河流部分

图7.68 模型俯拍照片。使用了两盏影室闪光灯同时照明。左侧布置主光源，通过反射面对模型整体进行照明，右侧布置较弱的辅助光源对暗部进行照明。
Canon EOS-1Ds Mark II相机,50mm微距镜头，ISO200，1/125s，F10

图7.69 模型俯拍照片。光源布置同上。以前景建筑为构图主体。由于镜头距离模型较近，景深较小，远景虚化效果明显。
Canon EOS-1Ds Mark II相机,50mm微距镜头，ISO200，1/125s，F13

图7.59 图7.60 图7.61 图7.62 图7.63 图7.64 图7.65 图7.66 图7.67

图7.68

图7.69

7.4 数控雕刻机制作模型实例2

本节实例是上一实例的深化设计，对单一旧厂房进行改造，使之功能转变为现代工业设计展览馆。图7.70将方案生成过程进行了图解。而方案构思初期，实体草模（图7.71）和工作模型（图7.72）仍然起到了至关重要的作用。

概念草模和研究空间关系的工作模型采用KT板作为模型底板，以PVC板和灰色卡纸板作为模型主体材料。这些材料廉价而易于切割修改，可以看到研究模型中多次修补的痕迹。通过实体模型，设计者可以从多角度综合评判空间和体量关系，习惯了这种直接在模型上推敲的方式后，设计速度和效率实际上比只利用二维图纸要高，而且将发现更多处理空间关系的有趣方式。计算机软件建模目前仍受到二维屏幕的局限，对于考量建筑全局关系仍然不利，其长处在于设计深入以后的细节把握。如果涉及复杂的三维曲面空间，不便于在设计初期使用实体模型，则利用三维打印机将数字概念模型成形为实体模型进行评判也仍然是必需的。

图7.73a～图7.78是综合使用研究模型、计算机建模和成果模型的手段对建筑角部造型和空间关系进行推敲的过程（虚线椭圆所示部分）。其推敲过程需要照顾到室外多个角度的视觉效果，也要考虑到对室内照明效果的塑造。

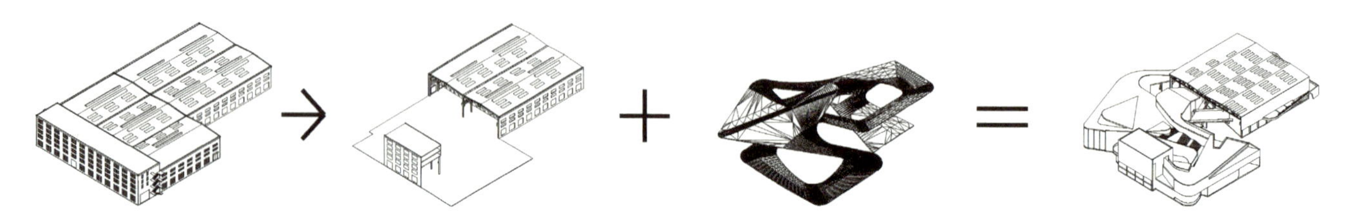

图7.70 方案生成过程图解。拆除部分厂房结构，植入新的参观流线和展览空间。

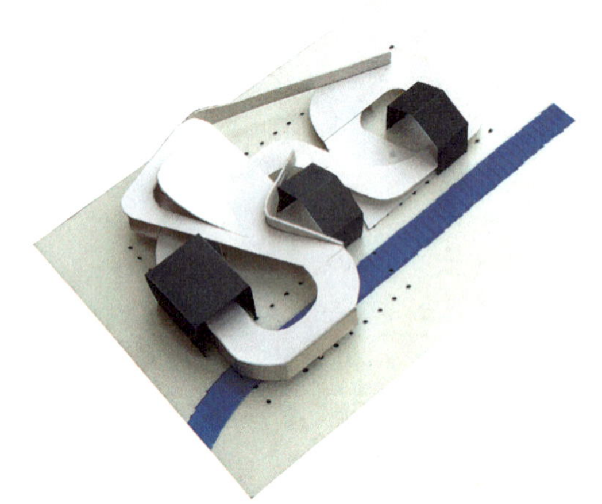

图7.71 空间关系草模，1:500

图7.72 进一步的研究模型，1:300

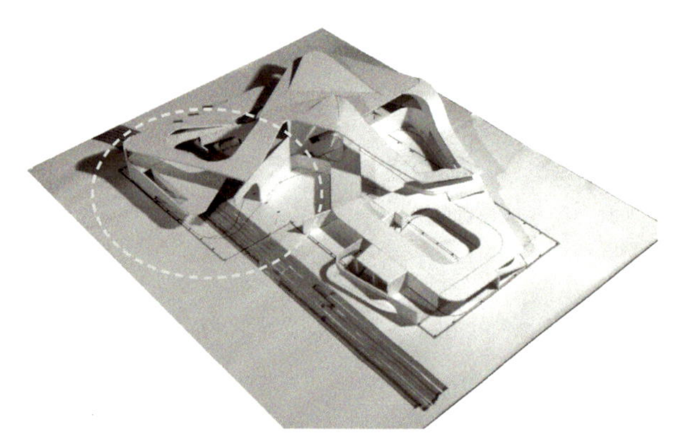

图7.73a 研究模型中针对建筑角部的方案1

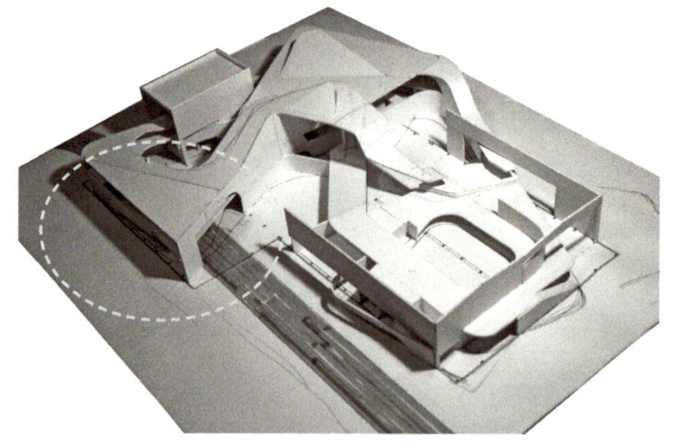

图7.73b 研究模型中针对建筑角部的方案2

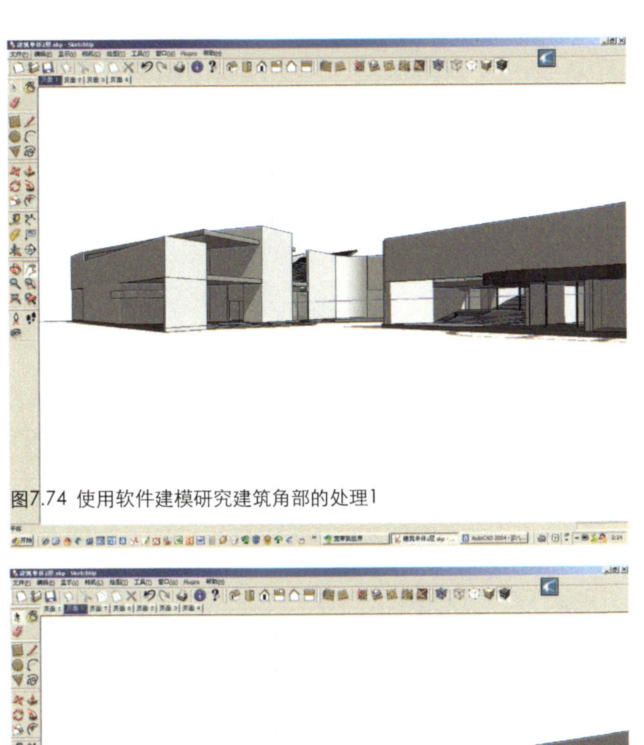

图7.74 使用软件建模研究建筑角部的处理1

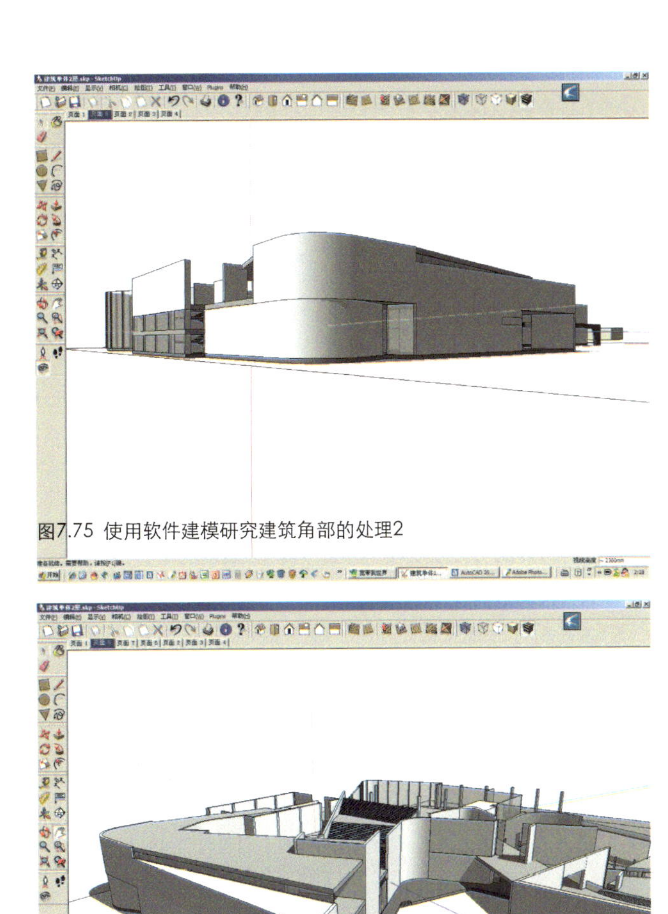

图7.75 使用软件建模研究建筑角部的处理2

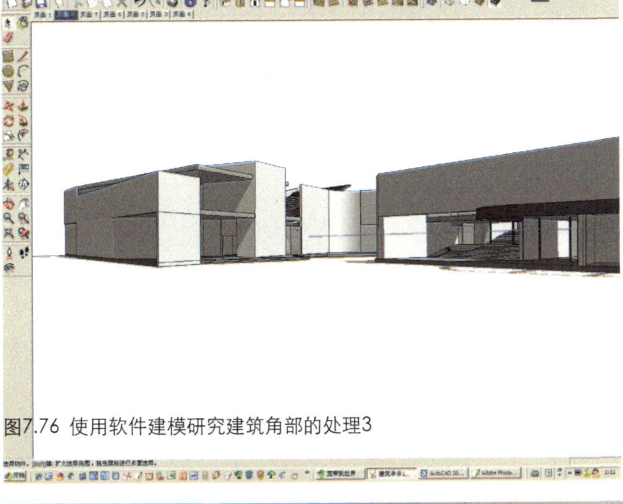

图7.76 使用软件建模研究建筑角部的处理3

图7.77 使用软件建模研究建筑角部的处理4

图7.78 成果模型，1:300。最终角部处理方式。

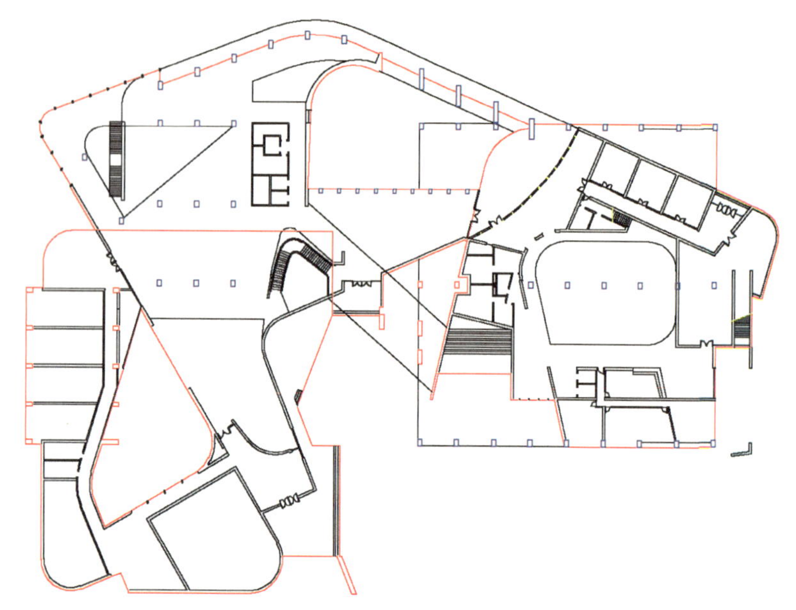

图7.79 首层平面数控加工图样

该模型比例为1:300，由于其底板制作工艺与上一实例基本相同，这里略去，直接介绍其后的步骤。

图7.79是建筑首层平面的切割准备图，数控切割机可以根据不同的线条颜色设定激光功率、加工速度和顺序。图中红色线条为切透的外轮廓部分，是最后加工的部分；而蓝色线条是建筑内部柱子的位置，也需要切透，但加工顺序在切割外轮廓之前；黑色线条是刻线而不切透的部分，为下一步墙体定位做准备，以低功率激光、较快速度最先加工。故数控激光加工的一

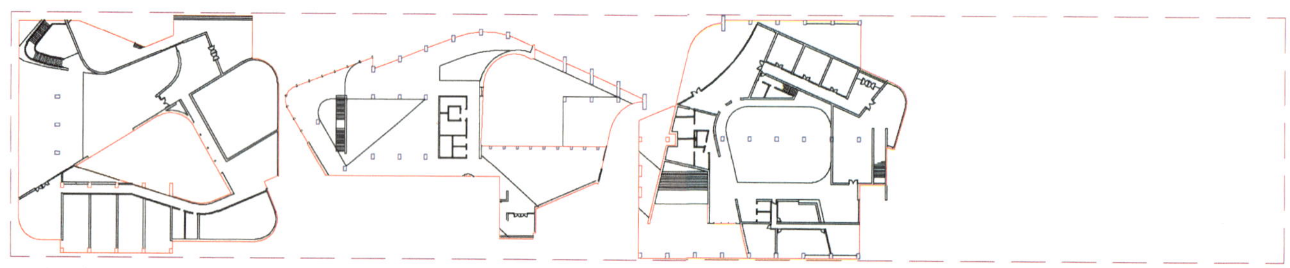

图7.80 由于板材大小限制，将平面分割为3部分进行加工

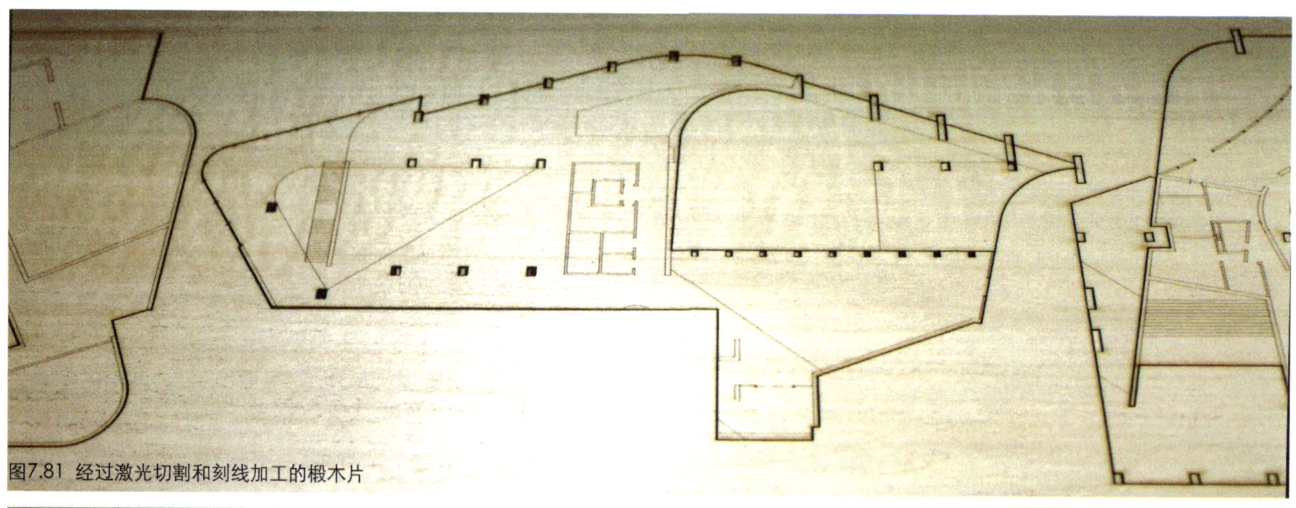

图7.81 经过激光切割和刻线加工的椴木片

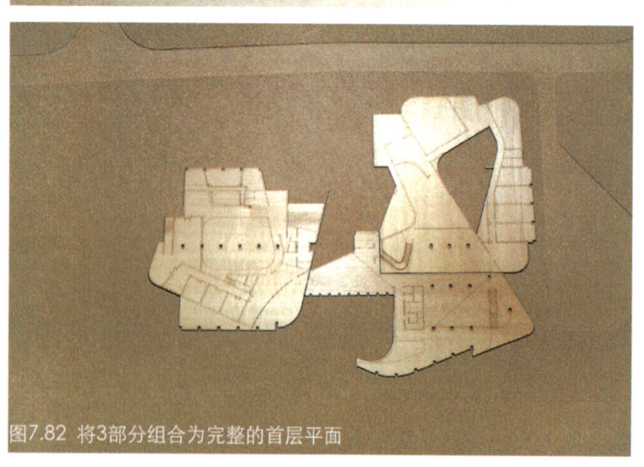

图7.82 将3部分组合为完整的首层平面

图7.83 用瞬干胶固定经过浸水弯曲处理的墙体

般顺序可总结为：内部刻线—内部小范围切挖—外轮廓切割。这样的加工顺序可以较好的保证加工精度，减少由于材料遇高温变形以及切割缝隙带来的误差。图7.80是实际用于激光加工的图样，外侧虚线长方形为所加工的板材范围，由于板材在宽度上不够，所以一层平面在适当位置进行了切分，加工完的三部分再拼合为一个整体（图7.81、图7.82）。

图7.83～图7.85是逐步将1、2层平面的墙体粘接在楼板上的过程，一些曲线墙体是将椴木片浸在水中湿润后，在横纹方向弯曲定形后用瞬干胶粘接（图7.83）。二层楼板同样采用激光切割制作，用贯穿一、二层的柱子将两层楼板定位（图7.84）。图7.86是模型制作完成之后的照片，用多股细钢丝和多孔棉制作的树木用微型电钻打孔后定位，用UHU胶粘接。

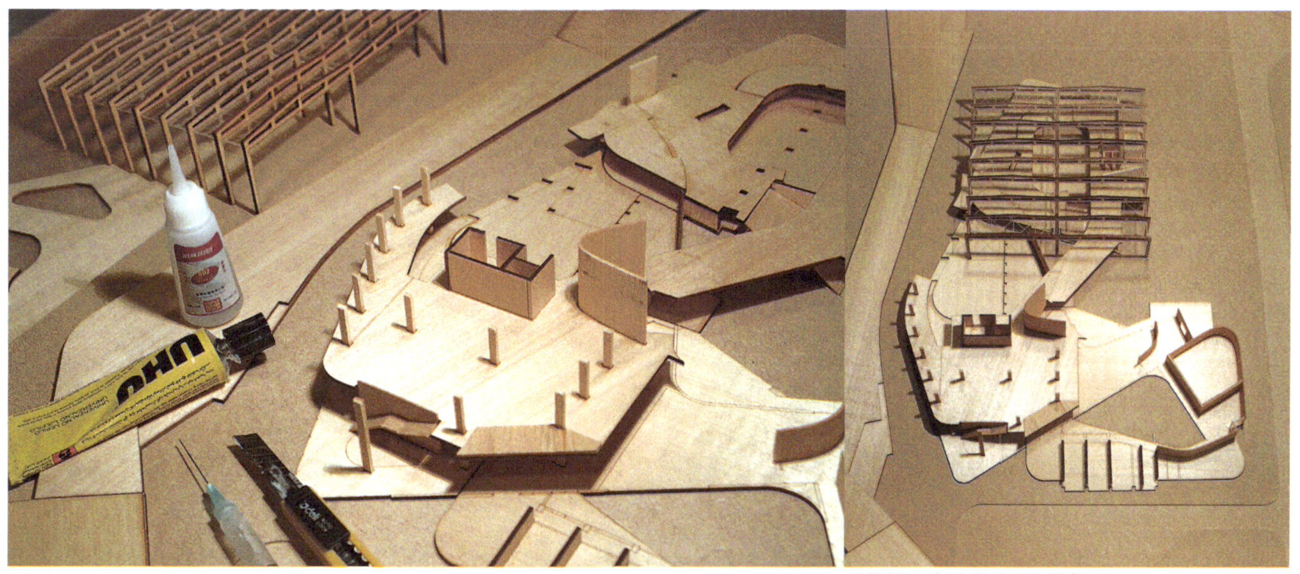

图7.84 二层平面以及贯穿两层的柱子

图7.85 再加上部分屋面排架

图7.86 屋面排架和起伏的屋面板

图7.88

图7.87

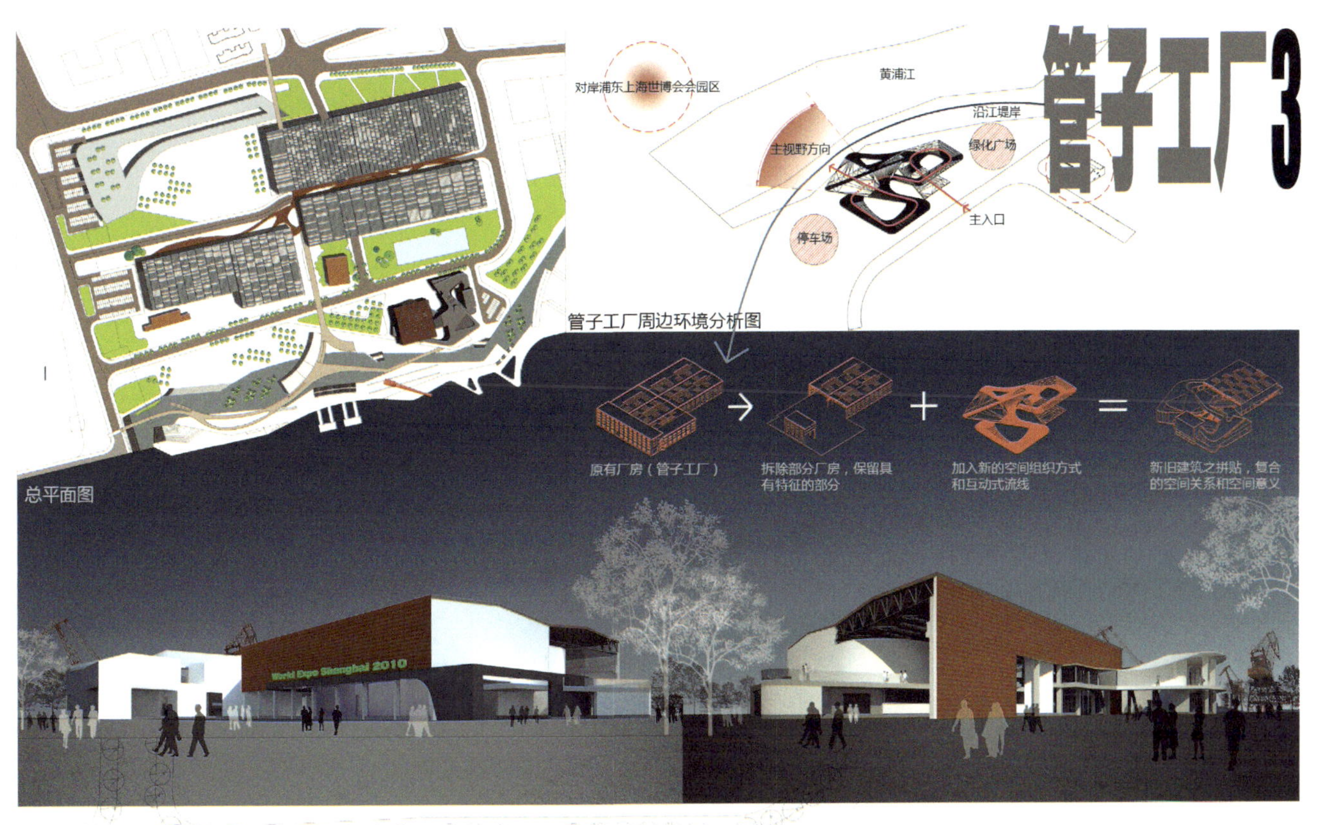

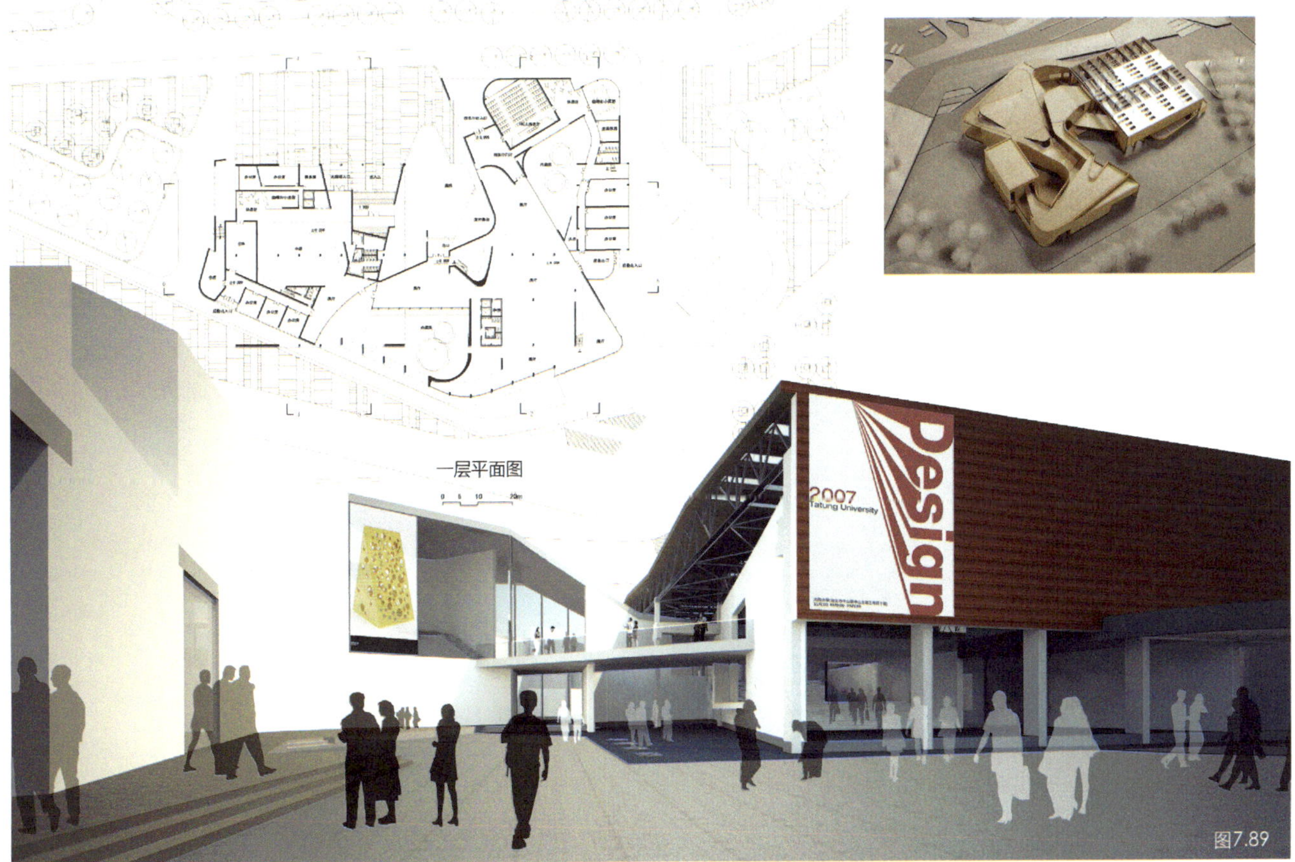

图7.87 成果模型局部

图7.88 计算机建模渲染图，与模型观看时整体的视角不同，渲染表现图可以产生接近人视觉的体验，有较好的身临其境的感觉。

图7.89 最终图版是多种素材的综合表现。

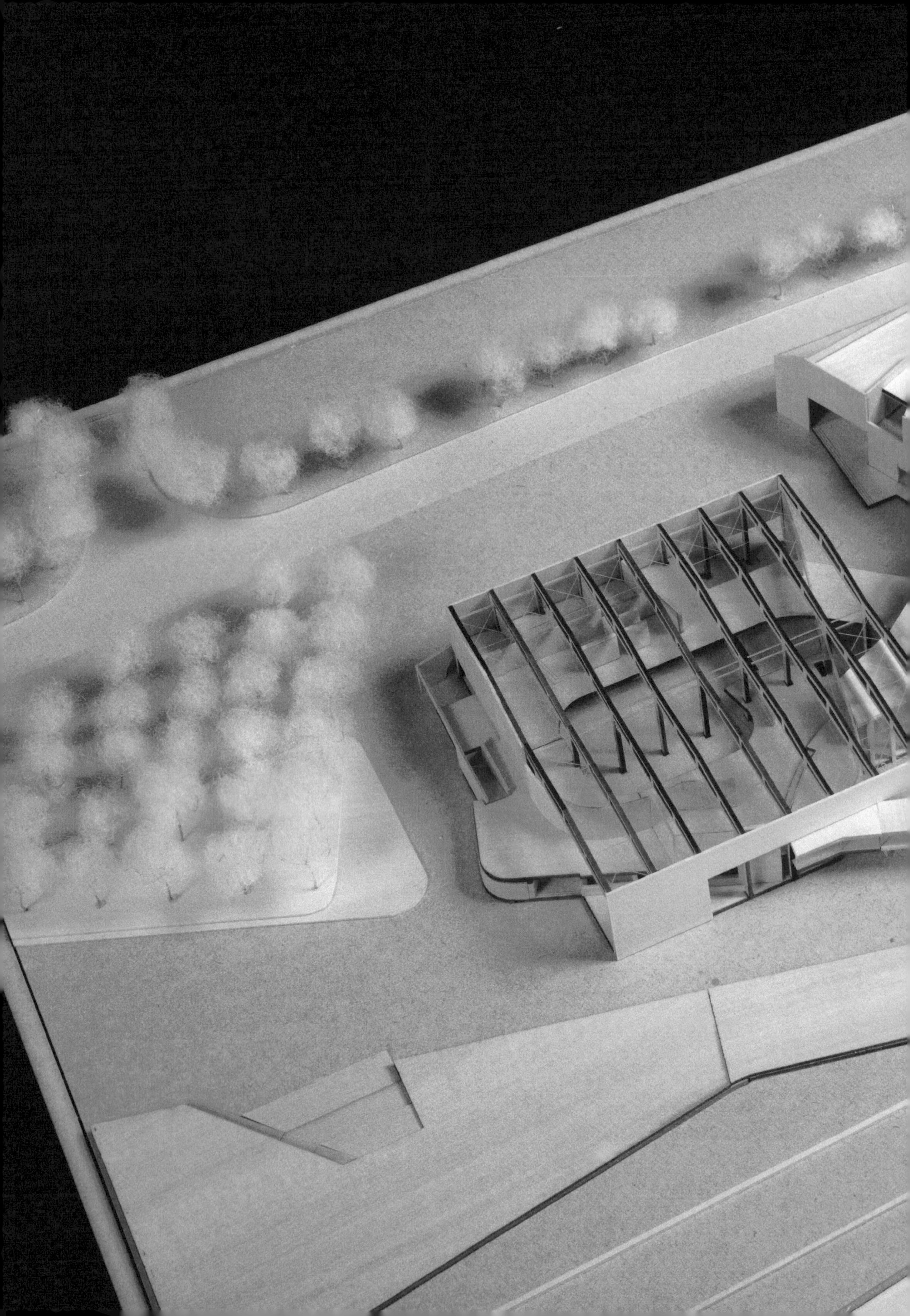

图7.90 成果模型，1:300。木质模型的温暖质感和色调是此类模型的特色。白色树木和半透明亚克力水面在提供颜色和质感对比的同时，也保持了适度的抽象性。一个精致而全面的模型有力地传达着设计信息。

7.5 其他加工制作实例

图7. 91是另一个模型底板的制作，使用数控铣床对道路、水面进行了铣削加工。之后，可根据需要制作加高的底座（图7. 92）。

图7. 93是较为复杂的加工工艺，除了铣削道路和建筑所在的范围（镂空部分），在场地上还以刻线的方式表达设计概念，这些有规律重复的曲线也形成一定的装饰效果。图7. 94中刻线加工在两个不同标高上进行。绘图时，需要把机动车道下陷部分的那些线条与场地上的线条断开绘制。数控铣床加工时，使用尖头铣刀依靠两个不同的路径文件在不同标高上进行加工。图7. 95是这些重复曲线的加工过程。加工完成以后，用吸尘器将线条细槽中的粉末清除即可。

图7.91

图7.92

图7.91 数控铣床加工的模型底板，包括道路、水面。
图7.92 加高的底座
图7.93 数控铣床加工模型底板
图7.94 底板上的刻线加工

图7.94

图7.95 在不同标高上的刻线工序

图7.96 体育馆设计最终模型。建筑主体屋面采用亚克力板在预先做好的模具上热弯曲而成。同比例的树木和汽车从模型材料商店购买。

图7.93

图7.95

图7.96

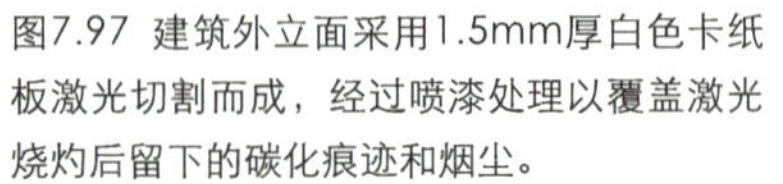

图7.97 建筑外立面采用1.5mm厚白色卡纸板激光切割而成，经过喷漆处理以覆盖激光烧灼后留下的碳化痕迹和烟尘。

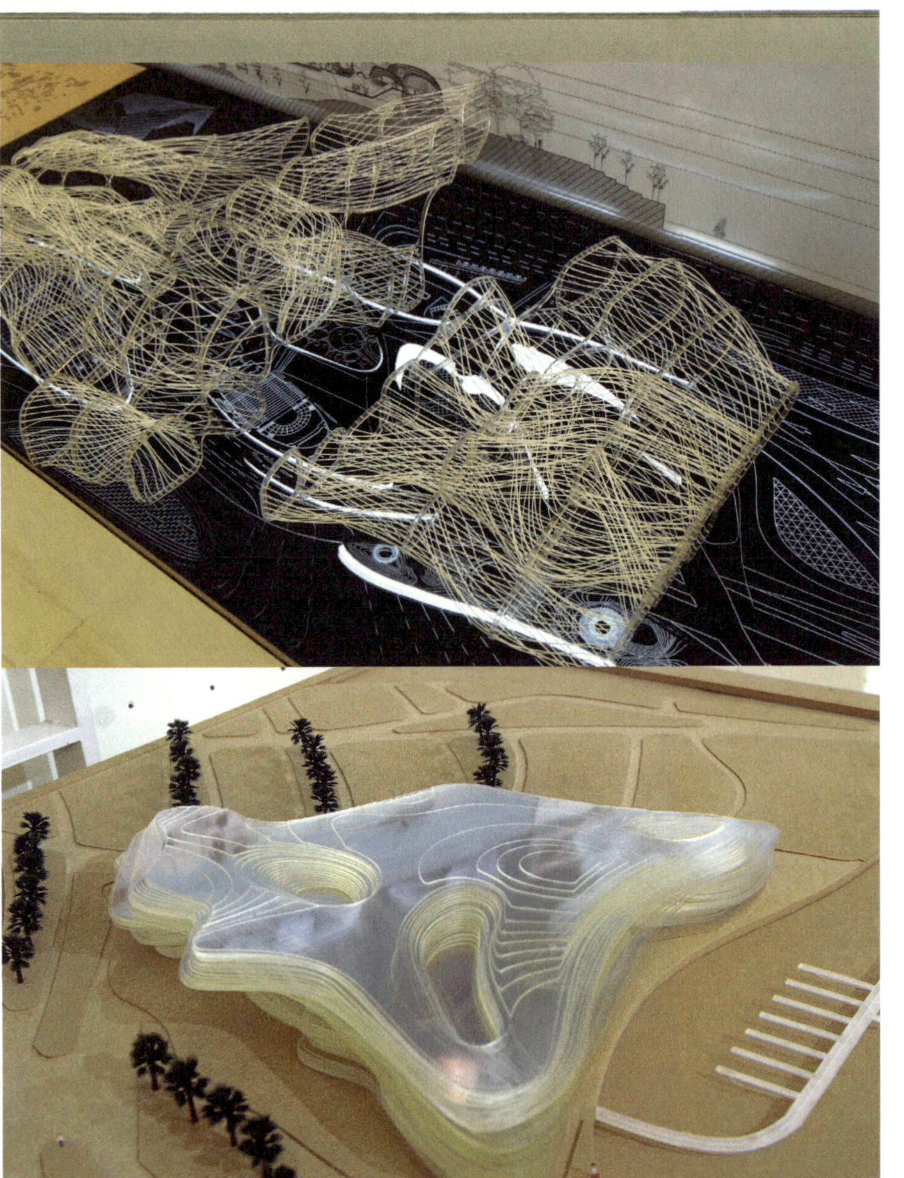

图7.98 模型主体为数控激光切割3mm厚透明亚克力板，形成一系列复杂形体的断面。断面上经过打孔，穿入白色尼龙丝，加胶粘接。模型底板制作工艺较为特殊。先将5mm厚透明亚克力板一面喷黑漆，干燥后，再用数控铣床以尖刀在同一面刻出线条，雕刻的部分，黑漆被除去，可以透出底座内部的灯光，形成黑底亮线的效果。

图7.99 模型底板制作工艺为前面介绍过的数控铣削。建筑主体是透明亚克力片层叠合而成，需要将每一片层的图样绘制出来，排列后以激光切割。

图7.100、图7.101 该设计为螺旋上升的复杂曲面形态，且形体边缘有众多刺状突起。设计过程采用了犀牛软件脚本。生成三维形态后，通过软件进行剖切操作，得到上千片楼层的平面图，使用数控铣床切割ABS材料，获得所有轮廓形状和定位孔后，手工串联粘接而成。三个螺旋柱体中间的连接体采用透明亚克力板激光切割制作。

图7.100

图7.101

8. 建筑模型摄影

8.1数码相机与镜头

8.1.1关于照相机的基本知识

按下照相机快门，让相机外部景物的光线通过镜头，在光圈（类似人类眼睛中的瞳孔，可缩放控制入光量）的控制下，照射到感光胶片上或数码影像感应器上，通过冲洗工艺变成肉眼可见的照片，或通过处理器芯片转化为数字信号后记录在存储卡（器）上。这个过程中包含了摄影中的曝光、成像、记录环节，而照相机是19世纪发明摄影术以来人类在物理、化学、材料科学、加工工艺学、电子学、计算机科学等方面成就的结晶。

图8.1 两款小型数码相机

进入21世纪后，随着家用数码相机的迅速普及，摄影的技术壁垒和专业属性日益下降，虽然专业摄影领域仍然不为大多数人涉及，但记录一般生活照、风景照却成为老百姓日常生活中普通平常的事情。数码相机拍摄和记录的照片便于存储、复制、传播和交流，可以选择冲印成照片或在电脑上观看，这省去了购买胶卷和冲印照片的大量费用和时间，摄影因此也变得环保起来。本书绝大多数照片由数码相机拍摄，考虑到数码相机的便捷，以及建筑学学生都应具备使用电脑存储、处理图象的能力，本章主要介绍基于数码相机条件下的模型摄影。

图8.2 多种拍摄模式可供选择

使用感光胶片的传统相机由装感光胶片的暗箱和光学成像镜头两个最基本的结构组成。而数码相机则使用固定的影像感应器代替了感光胶片的感光功能，结合处理器和色彩管理系统将镜头摄入的光信号转化为电信号，记录在各种存储卡（器）上。家用（消费级）数码相机的镜头为了适应各种规格和性能的影像感应器，在镜头设计上作了调整，而高档的数码单镜头反光式照相机则仍然可以使用传统的可更换镜头。对于非专业的摄影者和建筑系学生而言，通常接触的数码相机主要是家用（消费级、袖珍）数码相机、准专业型数码相机和基于传统135相机架构研制的数码单镜头反光式照相机，家用（消费级）数码相机在成像质量、暗部噪点控制、快门延迟、记录速度和拍摄功

图8.3 2007～2008年前后面世的几款小型数码相机，较适合建筑学学生使用。它们分别是 松下 DMC-FX100，佳能G9，理光 GX100和 GR DIGITAL II。

图8.4 尼康公司出品的Coolpix P80小型数码相机，1010 万有效像素，18 倍变焦尼克尔镜头的焦距范围可由 27mm 覆盖至 486mm（相当于35mm 格式），使用微距拍摄模式时对焦距离为约 1cm 至无限远。

能方面较后两者有差距，但专业数码相机价格是家用（消费级）数码相机的2～5倍，而顶级专业数码单镜头反光式照相机机身价格甚至超过6万元人民币。

几个术语

为了方便对摄影比较陌生的读者，在进一步介绍之前，先简单说明几个术语：

摄影镜头——照相机的摄影镜头是使光线改变方向，在另一个平面形成影像的光学部件。一般是由若干片用光学玻璃或合成树脂透明材料的镜片组成的凸透镜性质的光学系统。可以在镜头的1倍焦距之外或2倍焦距以内形成被摄体清晰的倒置影像。镜头装在照相机前端，内部有控制通光量的“光圈”，单镜头反光式相机的变焦镜头还有能控制镜头变焦的变焦环装置。家用（消费级）数码相机镜头固定于机身前部不可拆卸更换，而数码单镜头反光式照相机的镜头和机身可以拆分。

机身——照相机的暗箱，主要用于安装胶卷或影响感应器、测光元件、处理器芯片、电路板和存储卡等部件，同时也是连接镜头、安置快门和取景器的母体。

光圈——一组装在镜头中间的金属薄片，可以开大或缩小，用以控制通光孔径大小的机械装置。自动镜头的光圈可以由相机按预设控制或按自动测光结果控制。光圈的主要作用：一是控制单位时间内通过镜头的光量；二是控制照片中的景深（清晰范围）。由于镜头结构和质量不同，光圈大小对于成像质量（清晰度和影像层次等）有一定影响。

快门——照相机控制曝光时间的机械装置或电子-机械混合装置。快门开启时，镜头外的光线照射在胶卷或影像感应器上。快门闭合时，光线不能再照射在胶卷或影像感应器上，曝光过程停止。快门有的安装在不可拆卸的镜头中间，称为镜间快门；而对于数码单反相机来说则安装在机身内的影像感应器之前，称为焦平面快门，通常是由一组很薄的金属片组成，像帘幕一样安装在感光器前。快门与光圈配合，将控制在不同光照条件下感光器接受到的曝光量。

取景器——供拍摄者观察被摄景物，进行取舍和构图的窗口。现在的自动对焦和测光相机的取景器大多与测距（对焦）和测光元件合在一起，具备取景、调焦、显示曝光参数等多项功能。

调焦（对焦）——摄影时，被摄体与照相机的距离时变化不定的，根据凸透镜成像原理，需要使镜头中的透镜组前后移动，使被摄体清晰的聚焦在感光器平面上。要得到清晰的照片，调焦（对焦）是必不可少的环节，现在较为高级的自动相机全都具有自动测距、对焦的功能，大大方便了使用，在少数特殊情况下，可根据需要将镜头对焦方式改为手动对焦。

数码相机的选择

对于经济条件不宽裕的青年学生来说，使用家用（消费级）数码相机中较高档次的产品，基本可以满足模型拍摄的需要，这只数码相机最好具备一些较专业的曝光模式，如Av——光圈优先模式，Tv——快门优先模式，M——手动模式，P——程序曝光模式，AUTO（或A）——全自动曝光模式，如图8.2所示。一般情况下，Av（光圈优先）模式是模型摄影的常用模式，即使用该模式时能够方便的控制景深效果（景深的问题在8.3节中将进一步讲述），而P和AUTO模式是相机设定的自动曝光模式，接近所谓“傻瓜”拍照模式。在不了解其他曝光模式的情况下，可以选用。Tv（快门优先）模式在拍摄运动物体时能方便地控制照片动感效果，因模型摄影基本上是静态摄影，故该模式在模型摄影时不常用。M（手动曝光模式）多用于较专业的影室摄影灯光条件，配合影室灯、影室闪光灯、测光表等器材使用，以达到预想的曝光、成像效果或前后一致的曝光量。如果有条件购买较专业的数码单反相机，则均具备上述曝光模式。

影像感应器及像素总量

影像感应器的尺寸以及所记录的像素量大小是选购相机时需要考虑的另一个重要指标。影像感应器是数码相机的核心部件之一，正是它代替了传统胶卷。数码相机是采用影像感应器形成光学影像的模拟电流信号，再经过模拟/数字转换处理后记录在存储卡上。主流的影像感应器是CCD（Charge Coupled Device，意为“光电耦合元件”）和CMOS（Complemnet Metal Oxide Semiconductor,意为“互补型金属氧化物半导体”）。在一块面积很小的影像感应器上集合了上百万甚至上千万只光电二极管，每只光电二极管即为一个像素（构成点阵图像的最小单位）。像素越多，记录影像的信息越多，清晰度自然也越高，可以用于更大尺寸的打印或印刷。

像素的多少常用两种表示法：一是横纵像素数目的乘积，例如：像素1024×768；另一种是总量表示法：如500万像素。两种表示法基本相同，总量表示法更通俗常见一些，例如，尼康公司2008年推出的COOLPI×P80数码相机有效像素为1010万，记录的最大影像尺寸为3648×2736，其影像感应器为1/2.33英寸的CCD（约11mm，对角线尺寸）。我们可以计算3648×2736=9980928，即约为1000万像素。应付一般要求，像素总量应该在500万以上，在本书写作的这个年代，各厂商推出的消费级数码相机已经达到800～1000万像素。

随着科技进步，数码相机能够记录的像素量将越来越大，佳能公司推出的顶级专业数码单反相机EOS 1Ds Mark Ⅲ，拥有与传统135相机胶卷尺寸一致（36mm×24mm，常称为全画幅，对角线尺寸约43mm）的影像感应器，其有效记录的像素达到2110万，即5616×3744。其拍摄的单张照片在300dip的分辨率下用于印刷或激光彩色打印，可印制成47.55cm×31.7cm的作品（大于A3规格），如在100dpi分辨率下用于大幅面喷墨打印，可以打印出142.65cm×95.1cm的作品（大于A0规格）。而专用于拍摄全景照片的大幅面数码相机能够记录的总像素可超过1亿。科技显然还将进一步提高数码相机的性能和指标，对于消费者和使用者，能够满足使用要求即可，大可不必片面追求感应器像素的最大化。而目前全画幅影像感应器的数码单反相机价格昂贵，一般使用者无需考虑购买，准专业型的小型数码相机或是非全画幅的数码单反相机即可满足模型拍摄需要，只不过非全画幅的数码单反相机使用传统设计的镜头时，存在焦距转换系数1.5或1.6，也就是说会损失视场角，对于广角效果的爱好者，需要选购更短焦距更大视场角的广角镜头。关于镜头焦距的问题下面的章节还会有介绍。

存储媒体与存储格式

数码相机将影像的数字信号记录在存储媒体中，便于保存、复制、传播。市场上的数码相机采用了多种存储媒体（又称存储卡或存储器），比如CF卡、SD卡、记忆棒（MS）、SM卡、微硬盘（MD）、MMC卡、XD卡等，少量则具备一定容量的内置存储卡，多数数码相机采用外置可装卸存储卡，有的高档专业数码相机则可同时使用两种外置存储卡，以备份重要照片数据。

存储卡的容量与相机记录像素一样在快速增加着，从早年的8M～32M，发展到今天的4G（约4000M）甚至更大。数字化时代造就了海量的数字化信息。存储卡的影像数据可以通过随机的数据线或是读卡器输入电脑硬盘进行更长时间的保存或进一步处理使用。

需要注意的是，插拔存储卡时需要小心，辨清插拔正反面和角度。对于CF卡，特别要注意不要伤及存储卡接触端口或是相机、读卡器的接触针。存储卡不应承受很大的振动、碰撞，不应放置在潮湿、高温、多尘土的环境中。

而重要的影像数据既使已经输入电脑硬盘，也并非高枕无忧，据笔者经验，电脑硬盘的平均使用寿命为3~5年，质量优异或使用较少的硬盘，寿命也在10年以内。因为突发事件而损坏硬盘的事情也常常发生，所以，在多种媒介上（如移动硬盘、DVD光盘等）备份重要数据是必要的措施。

数码相机记录在存储卡上的数据格式目前多为JPEG格式，这是一种有损失的图像压缩格式，压缩比例有1:5、1:10等，数据压缩比越大，对图像质量的影响也越大。JPEG格式支持RGB、CMYK和灰度色彩模式，压缩后颜色深度仍然是24位，但不支持Alpha通道。准专业相机和专业相机还支持TIFF和RAW存储格式。TIFF格式支持24位颜色深度，有压缩和非压缩两种存储方式。压缩存储采用LZW无损压缩方式。一般来说，TIFF格式存储的影像所占磁盘空间较JPEG大，但存储影像质量较高，层次丰富，细节再现较好，对输出要求较高时可采用TIFF格式。而RAW格式是36位无损压缩格式，所占磁盘空间约为TIFF格式非压缩时的1/3，RAW是直接记录传感器（CCD或者CMOS）上的原始数据，这些数据尚未经过相机自身处理器的曝光补偿、色彩平衡、GAMMA调校等处理。RAW格式需要专门的格式转换软件在后期进行处理，转化为其他常用格式，在转换时，可以对图像的白平衡、曝光量、对比度、饱和度、去杂点杂色紫边暗角、插值放大等处理，结果一般比相机直接记录的JPEG格式图像质量高一些。

通过ACDSEE等图像浏览软件，可以查看数码照片的属性，那里记录了拍摄参数和文件信息。

8.1.2数码单反相机和镜头

数码单镜头反光式（Digital Single Lens Reflex）照相机，简称数码单反相机（DSLR），是在传统单反相机的基础上，将胶卷成像部分换成了影像感应器、复杂的处理器芯片和电路。而所谓单镜头反光式是指用于取景和拍摄的是同一只镜头，而取景系统是由一块位于快门和感应器前面的反光镜，以及一个五棱镜组成，把来自镜头的聚焦影像直接引导取景器窗口。快门按下曝光的瞬间，反光镜上翻，影像成像在感光器上，完成曝光过程后，快门关闭，反光镜再放下，回到取景时的位置。如图8.5，图8.6。

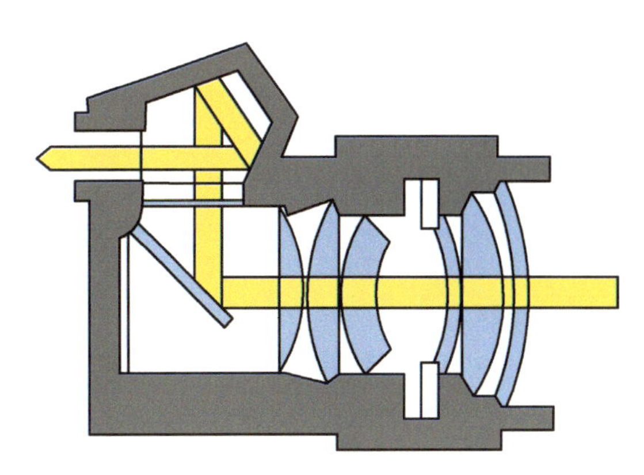

图8.5 单镜头反光式照相机取景时的光路图。穿过镜头的光线通过反光镜和五棱镜进入人眼。

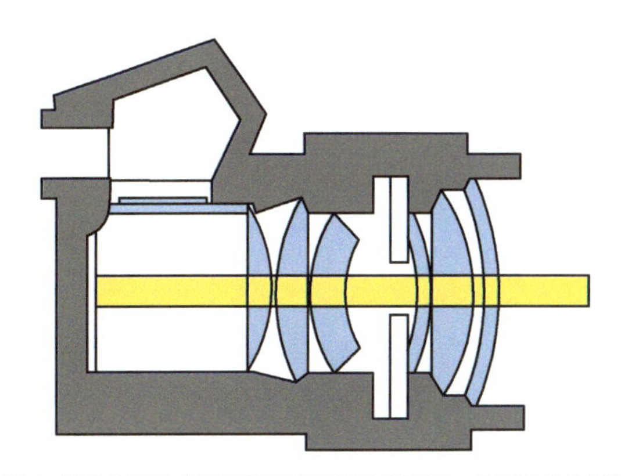

图8.6 单镜头反光式照相机曝光瞬间的光路图。快门释放的瞬间，反光镜向上翻起，穿过镜头的光线直射到胶片或影像感应器上，完成曝光，这一瞬间取景器中无法看见影像，出现瞬间的黑暗。

图8.7 数码单反相机机身透明示意图和影像感应器元件。

图8.8 佳能EOS 400D准专业数码单反相机

图8.9 佳能EOS 5D专业数码单反相机

图8.10 佳能EOS 1Ds Mark Ⅲ顶级专业数码单反相机

由于取景和曝光是同一光路，使得摄影者能够准确的看到感应器上将要记录下的影像，进而避免了其他非反光式相机（主要是旁轴相机）取景所见和拍摄记录的影像不完全一致的问题，而且从单反机的取景窗中还可以看出聚焦清晰程度和景深效果（配合景深预测按钮），但有优点就会有劣势，比如：单反相机取景系统和机械活动结构复杂也占据空间；反光镜动作时有较大振动和声响，在慢速摄影时，需要借助反光镜预升功能，避免这种振动对成像清晰度造成影像；通过反光镜观察和取景，视野明亮程度会有所下降。而旁轴相机体积小巧、比较轻盈；由于没有反光镜的动作，而且旁轴相机的镜间快门也比焦平面帘幕式快门噪声小，故使用时宁静平顺；取景时比单反机更为清晰明亮，并延续至整个曝光过程（单反机在曝光过程中取景器中无法看到影像，在长时间曝光时，这是一个不便之处）。

世界上一些著名的摄影器材公司生产多种品牌的数码单反相机，如日本的佳能、尼康、索尼、宾得、奥林巴斯，美国的柯达。摄影者可根据自身需要和经济条件选择不同性能和档次的机型。以佳能和尼康公司产品为例，入门级数码单反可以选择佳能EOS400D或450D，尼康的D40或D60；专业机型可选择佳能的EOS5D（全画幅），或尼康D300；35mm顶级专业机型方面，佳能在2007年推出了EOS 1Ds Mark Ⅲ（全画幅），尼康公司也几乎同时推出了该公司首款全画幅顶级数码单反相机D3。

图8.11 尼康D40准专业数码单反相机

图8.12 尼康D300专业数码单反相机

图8.13 尼康D3顶级专业数码单反相机

图8.14 索尼和柯达公司出品的专业数码单反相机

照相机的握持方法

把手中的数码单反相机稳定的把握住，平顺的按下快门，避免相机抖动，这是拍摄一张清晰照片的基本要求，除非影像中的模糊是特意安排的，或是表现摄影作品主题需要特定的模糊。

图8.16是相机的水平握法，首先将相机背带套至颈后确保相机安全，或是在手腕上套好专用的腕带。用右手拇指按在机身背面，食指轻放在快门按钮上，其余三指握住机身前部。左手弯成弓状托住机身，腾出拇指和食指在需要时转动对焦环（非自动对焦时）。眼眶眉骨顶在取景窗上边缘，而鼻子似乎也能起到一定的支持作用。此时，左手肘部与身体夹紧，取得更稳定的支撑。

图8.17是垂直构图时的握法，这时如果需要用左手手动对焦，可以用右手握住相机，弯曲手腕从下部支撑相机；如果是自动对焦模式，可以改为用左手作为主要支撑手，右手从下方或从上方握住相机，按动快门。左手或右手作为主要支撑时，肘部都应紧靠身体保持稳定，而眼部眉骨、鼻尖和额部都应紧靠相机机身背面，使相机稳定。

图8.18是站立时的姿势，双腿略为分开，其中一只脚稍靠前，身体中心位于两腿中间，双臂（尤其是主要支撑臂）紧贴身体。

图8.19是半跪式拍摄姿势，右膝跪地，左手肘部支撑在左膝上，将左腿作为主要支撑体。右手握相

图8.16 相机的水平握法

图8.17 垂直构图时的握法

图8.18 站立时的姿势

图8.19 半跪式拍摄姿势

机。站立或半跪式握持相机时，脸部对相机背面的支持作用也是重要的。

按动快门的动作也是需要注意并多加练习的。切忌猛力按下快门，现在的自动相机一般均设定为轻按快门进行自动对焦和测光，正式按下快门拍摄前，需先调整好呼吸，按下快门时需要闭气数秒钟，将身体和头部的晃动控制到最小程度，此时同步以平稳力度持续向下按快门按钮，即使是快门即将打开的瞬间也不要加速下按，最好是在持续稳定下按过程中“无意”的那个刹那让快门开启，完成曝光。

摄影初学者需要反复联系上述动作，才能稳定舒适的握持相机，并且在各种情况下有效的运用，才能更为出色。

需要指出的是，在光线过暗、快门速度不高、使用长焦距镜头拍摄远处场景、或是使用微距镜头拍摄微小物体时，一只合适的三脚架以及固定相机的云台

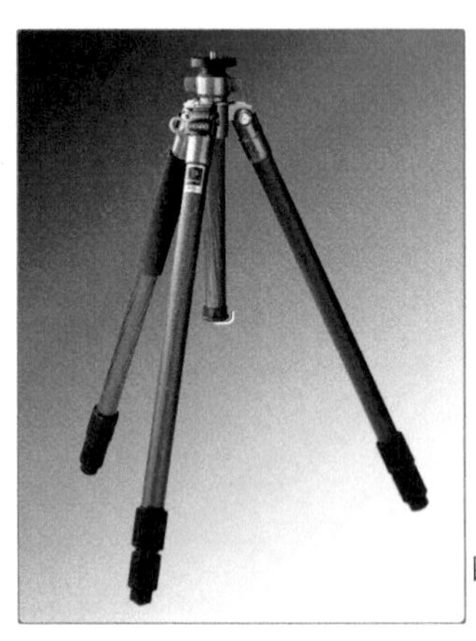
图8.15 三脚架有时是必需的

是必需的。人能够稳定握持相机是在一定的快门速度条件下，一般的经验认为，所用镜头的焦距之倒数，近似等于能够手持该镜头进行拍摄所需要的最慢快门速度。例如使用105mm焦距镜头拍摄时，采用1/100秒乃至更快的快门速度是较为保险的，能够减小手持相机抖动的影响，保证图像的清晰程度。上面的经验公式并非可以刻板地应用，比如，使用16mm焦距镜头时不能认为1/15秒的快门速度仍能够拿稳相机，一般情况下长于1/60秒的快门速度，靠手持相机拍摄清晰照片就有困难了。当然，训练有素的摄影者，可以在1/30秒甚至1/15秒的快门速度时，仍能够稳定地把握相机。有条件使用三脚架并配合使用快门线，甚至在慢速（长于1/30秒）摄影时启用数码单反相机的反光镜预升功能，这将有力的保证在较弱光照条件下仍然能够拍出清晰的模型照片。

摄影镜头

由于数码单反相机的一大优势就是可以更换镜头，本节将介绍关于镜头的基本知识以及如何选择适合模型拍摄的镜头。

每一个著名镜头生产厂商都有各自的系列镜头推出。如果按照传统胶片面积分类，一般民用照相机的摄影镜头可以划分为小型照相机镜头、中画幅照相机镜头和大画幅照相机镜头。小型照相机镜头中又包括众多袖珍型数码相机镜头。需要指出，由于所拍摄的胶片或数码相机影像感应器尺寸不同，同一视场角的镜头会有长短不一的焦距长度，换句话说，同一只镜头装在影响感应器尺寸不同的数码单反相机上，其视场角也是不同的。比如将按传统35mm相机（又称135相机，底片尺寸36mm×24mm） 设计的佳能镜头EF50（焦距为50mm）装在佳能EOS400D数码单反相机上（其感应器规格为APS-C，尺寸为22.2mm×14.8mm），由于其感应器尺寸小于35mm胶片，故存在焦距转换系数1.6，50mm×1.6＝80mm，这只镜头在400D相机上成像时，相当于35mm相机上使用80mm焦距镜头的效果。其视场角减小了。当然，昂贵的全画幅数码单反相机不存在这个视场角减小的问题，可以使各种匹配镜头充分发挥作用，本节只介绍常用在底片宽度为35mm的相机上的小型相机镜头，这是目前最常用的镜头类型，这类镜头大多可以安装在新型数码单反机上使用，只不过不同厂商生产的镜头和机身卡口不一样，选购时需要注意与机身卡口的配合。

镜头焦距

如果按镜头焦距是否可变，镜头又可以分为固定焦距镜头和可变焦距镜头两大类，分别简称为定焦镜头和变焦镜头。使用变焦镜头时，旋转或推拉变焦环，就能改变视场角，可以推至长焦距端，将远处的景物拉近放大，或是改为短焦距端，摄入更大范围的景物，而其中景物单体则缩小。

按镜头焦距长度和视场角大小划分，可以将镜头划分为广角镜头、标准镜头和长焦镜头。上述的单只变焦镜头有的可以涵盖从广角到长焦的广阔区间。比如佳能EF24－105 1:4L IS USM这只镜头(图8.22)就能够满足从24mm广角大场景拍摄（视场角约为84°）到105mm中焦段特写拍摄（视场角约23°）。一般而言把50mm焦距的镜头称为标准镜头，标准镜头拍摄的影像与人眼的视觉效果接近。而短于35mm焦距以下的镜头称为广角镜头。50mm焦距以上的镜头称为中焦或长焦镜头。

还有一些镜头为了专门的摄影领域设计制造，比如微距镜头可以在拍摄微小物体和事物局部时使用，还可以用于图片和文本的翻拍，微距镜头可以是不同的焦距，比如有50mm焦距的微距镜头，也有180mm焦距的微距镜头；微距镜头设计时更多侧重优化近距离和小光圈时成像质量，对镜头的变形控制更严格。广角的移轴镜头（如佳能TS-E24mm 1:3.5L）常用于建筑摄影，以改善构图，消除透视倾斜问题。柔焦镜头则可以拍摄出朦胧、柔和的影像效果。

镜头的光圈

镜头中有若干个金属薄叶片或复合材料组成的可以变换孔径大小的机械装置就是镜头的光圈。光圈首先通过控制通光孔径大小，配合快门机构的曝光时间控制，使胶片或感应器获得适当的曝光量，这好比单位时间内，把水龙头开的越大，接的水越多；而将水龙头的阀门关小些，则获得水量也减小。其次，光圈还对景深效果产生重要影响。景深是照片上纵深方向景物的清晰范围。后面的章节对此问题还将进一步阐述。第三点，光圈大小对影像质量也会产生影响。一般说来，把一只镜头的光圈从最大孔径缩小3级，可以获得这只镜头的最佳成像效果，一些设计和制造水平不佳的镜头则需要进一步缩小光圈孔径，只利用镜头中央部分来成像才能获得质量有保证的照片。需要注意的是，光圈设为最小，并不见得最好，因为小光圈时，光圈叶片边缘使光线的衍射（类似一种扩散效应）问题加剧，反而会影响成像的锐度，而且由于光圈很小，导致画面景深范围很大，处处都清晰分明，

图8.20 著名的镜头生产厂商都有丰富的产品系列

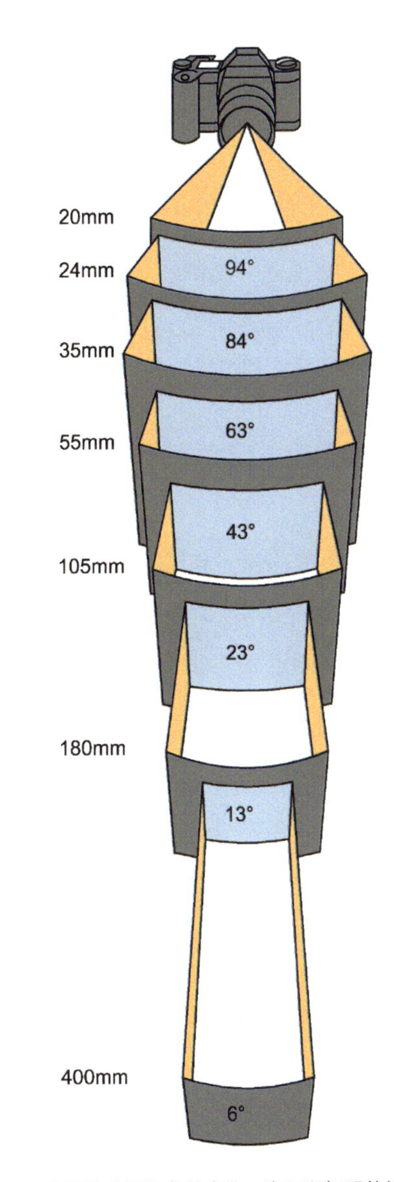

图8.21 不同焦距镜头视场角的变化，这里所标明的视场角度数一般是指参照所拍摄画面对角线两端点相对于镜头中心点的角度。一般来说，镜头的焦距越短，通过镜头所看到的范围也越大，视场角越大，而焦距越长，看到的范围就小了，视场角也减小，相当于把远处景物拉近放大局部，因此，长焦镜头有时也称为远摄镜头。在超广角甚至鱼眼镜头里，存在特殊情况，比如14mm的广角镜头视场角可达104°，而某些15mm焦距的鱼眼镜头视场角可达180°。

图8.22a 一只50mm的定焦微距镜头和一只24～105mm的变焦镜头。50mm的定焦微距镜头基本上可以适应模型拍摄、翻拍图纸的需要，本书推荐使用该镜头进行模型拍摄，对于不大于A0尺寸的一般建筑模型，这只镜头都是适用的，可以方便的拍摄模型的整体和细部。如果不是全画幅的数码相机，随机身一起出售的套装镜头也可以在日常拍摄时使用。如嫌套装镜头不够好，则可以另选一只广角端约16mm的变焦镜头，以满足拍摄建筑时对广角效果的需要。（16mm焦距镜头乘以1.5或1.6转换系数后，有效视场角相当于35mm胶片相机24～25mm焦距的广角镜头）

图8.22b 尼康公司出品的微距镜头AF-S Micro NIKKOR 60mm f/2.8G ED和卡尔蔡司公司出品的微距镜头 Micro-Planar T*50/2 ZF

有时反而重点不突出，使人兴趣索然。

为了以标准化的方法衡量不同镜头的光圈，使摄影者更为方便有效的控制通光孔径和景深效果，采用了F值来描述镜头的光圈。F值是用镜头的焦距数去除以通光孔径所得出的。比如，一只50mm焦距的镜头，将通光孔径设为直径20mm时，50/20＝2.5，也就是说此时的光圈F值为2.5。如图8.22中，50mm镜头标志中有1:2.5的字样，这指的是这只镜头的“最大相对孔径”即为1:2.5，20/50＝1/2.5，也就是说，这只定焦镜头最大通光孔径即为20mm，而光圈开到最大时F值即为2.5。光圈的F值是一系列数值：F1、F1.4、F2、F2.8、F4、F5.6、F8、F11、F16、F22、F32、F45、F64等。同一只镜头的F值越大，实际的通光孔径反而越小。不同镜头在同样的F值光圈下，让同量的光线通过镜头，当然，由于焦距不同，相同光圈F值下，实际的通光孔径是不一样的。比如，100mm镜头设定在F4时，实际的通光孔径是25mm，而对于28mm镜头在F4光圈时，实际通光孔径为7mm。这也使得同样的F值光圈下，广角镜头的景深比长焦镜头大。在焦距和光圈保持不变时，景深会随着相机与拍摄主体之间的距离改变而改变，向较远的主体对焦将取得较大景深，而向距离近的主体对焦，则景深较小。

镜头失真

通过镜头的光线在镜片边缘部分可能受到弯曲，使得形成的影像失真，如图8.23，如图像被压缩成啤酒桶状，称为桶形失真；而图像被拉伸则称为枕形失真。对称式透镜组设计能够较好的控制这类失真，但一般说来，在大范围变焦镜头的广角端桶形失真较明

图8.24 桶形失真的典型实例

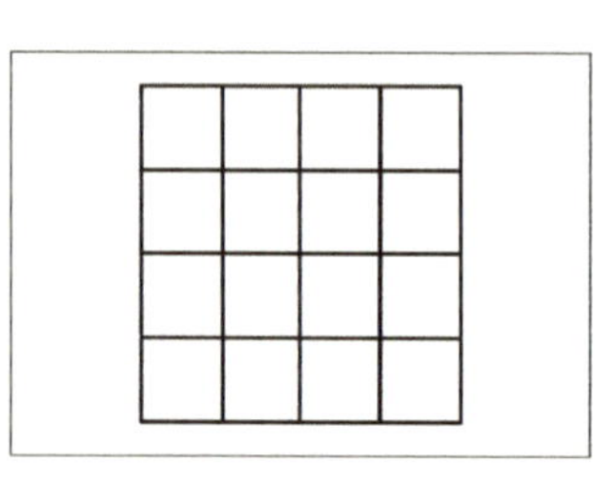

8.23a

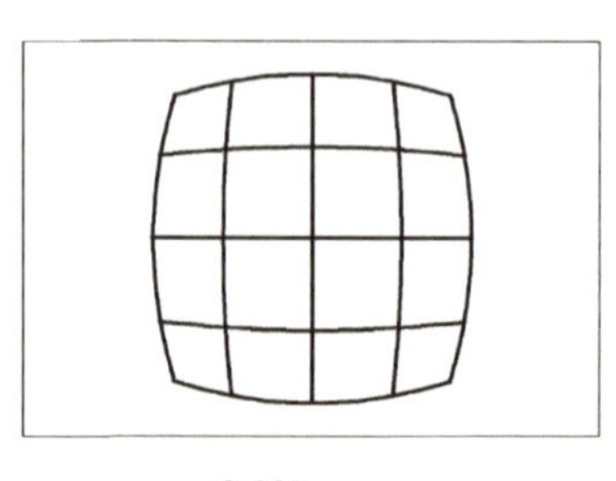

8.23b

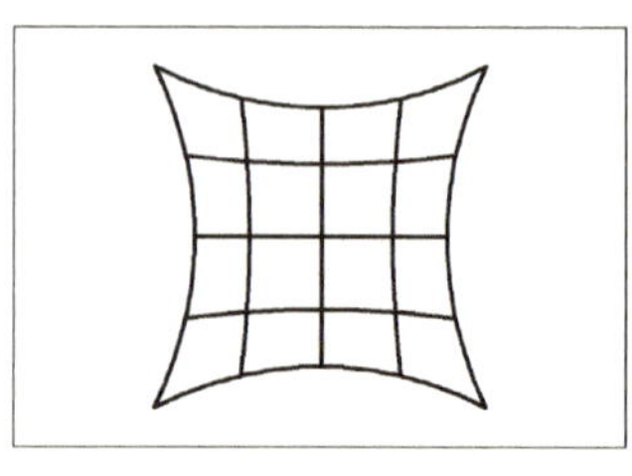

8.23c

图8.23 从左至右分别为：a.真实影像的水平和垂直线条情况； b.桶形失真后成像情况； c.枕形失真后成像情况。

图8.25 用适马8mm1:3.5鱼眼镜头，佳能EOS 5D机身拍摄的城市景象，在中心部分的景物变形失真较小，而在边缘部分，景象被极大的扭曲。

显，而在长焦端，则表现出枕形失真。图8.24是桶形失真的典型例子，原本横平竖直的建筑入口大门变得如同啤酒桶的外形。如果用广角镜头拍摄模型照片，桶形失真将是经常遇到的一个问题，原本是挺直的模型边缘会因此变得弯曲。视场角近180°的鱼眼镜头能够把镜头前几乎全部景象摄入一张照片中，但由于采用的是极端不对称光学设计，其影像是桶形失真的极端例子，鱼眼镜头中的世界仿佛被极度弯曲扭转了，180°视场角的鱼眼镜头将拍摄出一个圆形的图像，世界仿佛被吸入一个水晶球，是十分奇特的视觉感。如图8.25。

影像弯曲

一般透镜组的聚焦面严格来讲不是一个平面，而是略有弯曲，因此，在纯平的感应器上，影像的每一部分并不是全都清晰明锐的，一般是中心部分好于边缘。广角镜头的影像弯曲问题尤其突出，以至于靠近图像边缘部分的景物被显著拉长且锐度下降。而特殊设计的微距镜头本来是为了翻拍平面物体，如文件、照片、绘画等，微距镜头的成像面是平整的，照片边缘与中心部分的影像品质很接近，具有精确的影像再现能力。图8.22b是两款较适合拍摄模型的微距镜头。

上述两个问题不同于拍摄模型和真实建筑物时的

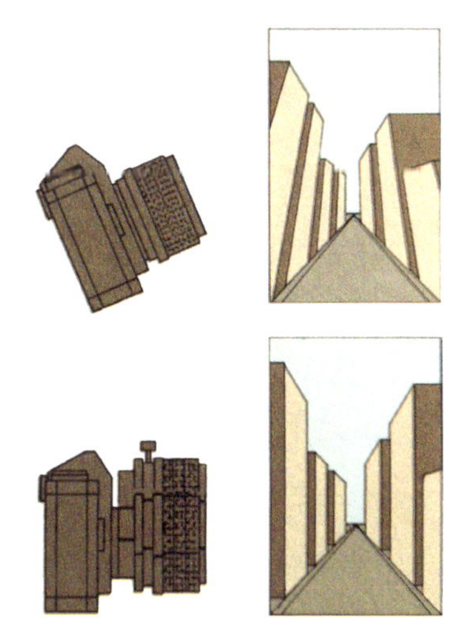

图8.26 相机倾斜拍摄建筑物时的透视变形现象（上），以及用移轴镜头重新构图，水平拍摄时的取景效果（下）。

图8.27

图8.28

透视变形失真，由于建筑模型和真实建筑物常常存在大量规范的直线条，而相机镜头一旦不是水平放置，出现向上或是向下倾斜，就会出现线条透视汇聚问题。如图8.26所示，为了将建筑物顶部一起拍摄下来，相机镜头向上倾斜，建筑物原本垂直于地平面的线条变得倾斜向上汇聚，人眼所见影像其实也有类似的透视变形问题，只不过我们的视觉感受系统已经习惯而适应了，不太察觉，而此类问题反应在照片上（尤其是广角镜头拍摄的照片）却常常让人诧异一房子怎么斜了？图8.27就是用16mm广角镜头向上拍摄建筑物室内顶棚的效果，可以明显看到两侧的立柱线条倾斜向上汇聚。黑框内部分则是约35mm焦距下同样位置和角度能拍摄到景象范围。图8.28是镜头水平拍摄时的效果，此时，竖直线条依然是垂直于照片底边的，而这只镜头控制桶形失真的能力也较好。

拍摄横平竖直线条较多的建筑模型时，在取景构图时要注意透视变形问题，模拟人视点平视效果时，可以注意使模型的竖直线条平行于取景器竖边，以取得端正、大方、稳定的视觉效果。

8.2 拍摄台与灯光布置

8.2.1 室外拍摄

手中的相机固然是摄影的基础，而光线照明也显然是摄影的必需条件。没有光线，再好的相机和镜头也无用武之地，而在明锐充分的光照条件下，质量一般的镜头使用较小的光圈，加上较高的快门速度，依然能够拍出质量满足需要的照片。

所有光照条件中，笔者认为依然是室外自然光照明最为便捷也最有魅力，只不过为了适应长时间稳定光源照明需要、场地和天气限制因素，或是追求特殊照明效果时才使用人工光源照明。建筑学学生在没有专用灯具和摄影室的情况下，完全可以在合适的天气和时段里在户外进行建筑模型拍摄。由于后期影像处理软件（比如PHOTOSHOP）的使用，使得去除模型背后杂乱背景的工作也变得可以实现，以至于在室外进行模型摄影可以不需要摄影台和背景幕。

拍摄的天气条件和时间选择

在室外拍摄建筑模型应该选择风力不大、温度适宜的晴朗或多云天气拍摄，如果模型材料质感、颜色丰富，追求反差大，阴影效果强烈的照片风格，可以将模型置于阳光之下拍摄，一般可以选择早9:00－10:30或下午3:00－4:30进行拍摄，此时的阳光有合适的倾斜角度和有特点的色温，而中午的阳光一般过于燥热而强烈，过于强烈的明暗对比有时会淹没模型本身的质感和颜色，反而缺少建筑意境。在阳光下拍摄模型要注意避免逆光拍摄时进入镜头的眩光，也要避免将自己的影子拍入照片之中。

浅色为主的模型，为了拍出柔和的色调，丰富细腻的层次，可以选择在多云天气拍摄，或者不放在阳光直射的区域，而选择放在建筑物的阴影之中，附近有一堵白墙把阳光柔和地反射到该阴影区域中是更为理想的情况。这样的照明效果宁静、细腻，明暗反差适中。尽管可以通过软件在后期处理照片，然而在拍摄时就讲究明暗、光影和色调控制依然是值得推荐的。

色温是描述光源色彩的一个指标，单位主要是开尔文（大写英文字母K表示）。晴朗的一天内，室外光线的色温随着时间而变化，而白色物体所谓的“白色”在室外光线照射下，其时也有不同的变化。5400K是中纬度地区正午阳光（白光）的色温，而日出和日落的时候，色温较低，光会偏橙色甚至红色。而来自晴朗蓝天的光色温可能很高，所以晴朗天气时的阴影区域中，色温可能很高，白色物体可能带上淡蓝色，因为大部分光来自蓝天。

颜色深度与白平衡

数码相机对色彩再现能力与相机所记录的颜色深度和白平衡性能直接相关。

颜色深度又称为“色彩深度”、“色彩位数”等，用来表示数码相机对色彩的分辨力，对色彩、色调再现的能力。目前大部分数码相机记录的颜色深度是24位（24b），分解到红绿蓝三色，每一原色的位数是8位（8b），24位颜色深度可以记录的色彩种类高达1600多万种，可以满足绝大部分摄影者的要求。

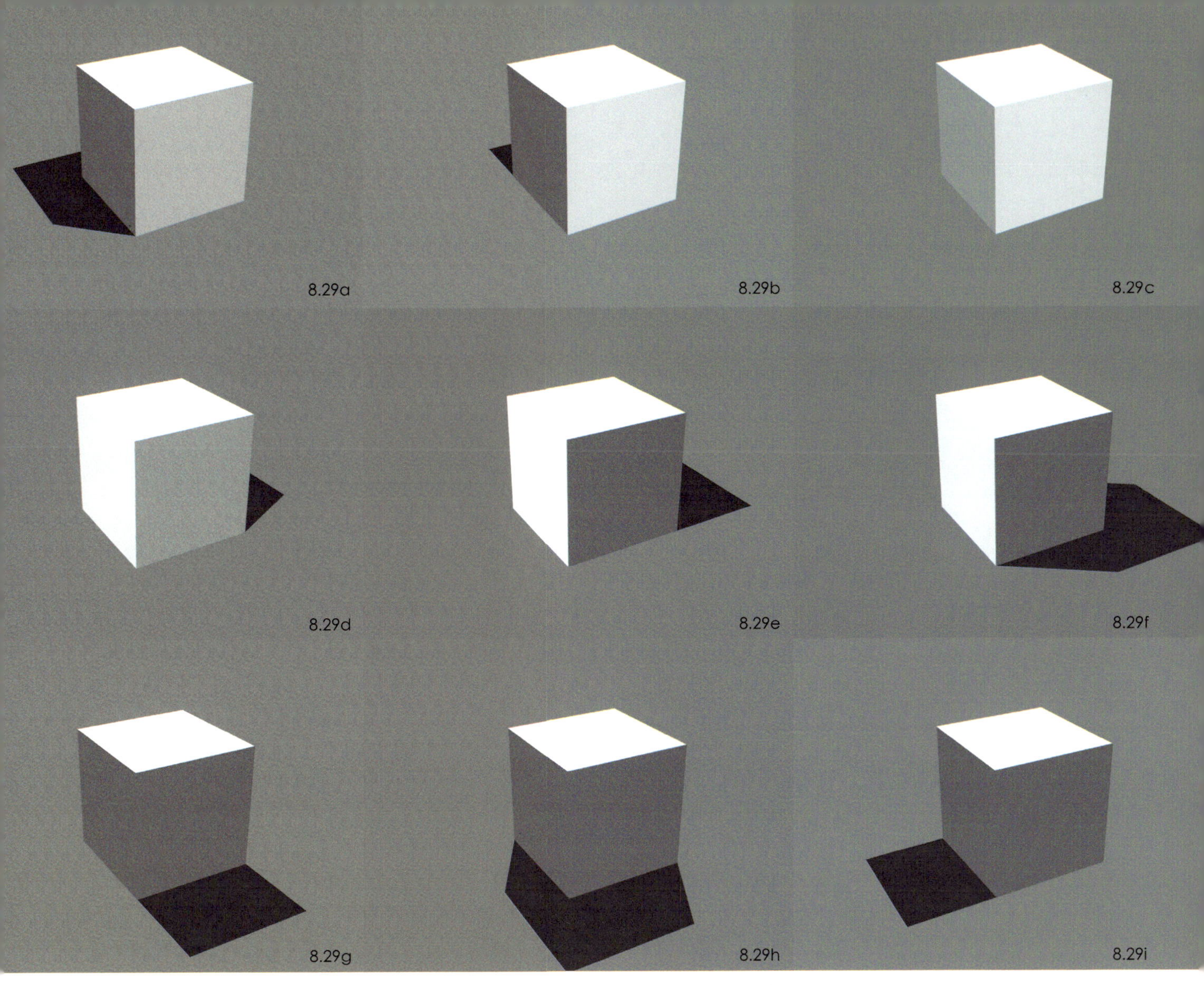

图8.29a～图8.29i 不同角度的主光源方向所形成的照明效果与阴影方向

白平衡是针对上述不同色温光照条件下的颜色纠正功能，是让白色物体在不同光照条件下依然呈现为白色的功能。

一般情况下，数码相机拥有自动白平衡功能，可以适应大多数拍摄需要，而且偏色问题也可以在后期通过软件调整，因此对模型拍摄影响不大。需要注意的是在光线过暗的环境中拍摄，由于进入镜头的色彩信息很少，可能导致自动白平衡功能失效，导致偏色；另外，自动白平衡色温自动调节范围约在2500～6500K之间，现场色温超出这个范围，也可能导致偏色。如果使用固定色温值的专业影室灯具拍摄，可以在数码相机的白平衡设置里直接设定光源的色温值。使得所拍摄照片的色彩平衡一致。

需要说明的是，质量不同的感光器和处理器对白平衡的调节能力也不同，不少数码照片都需要在后期使用PS（PHOTOSHOP）软件进行调整。

光源的照射方向与画面明暗关系

在室外拍摄或是在室内利用人工光源拍摄时，光源的照射方向以及取景构图时对于被摄物体明暗关系的选择都是非常重要的因素。

图8.29罗列出了各种光线方向的照明效果。其中a和f是常用明暗布局，兼顾了亮部、次亮部、暗部和阴影区域，并且应该注意这几个层次的从亮到暗的梯度变化要适中。g、h、i三种明暗关系中，暗部面积太大且层次不清，阴影面积也过大且投向画面之外的观众，常常令人不悦，一般只是在特殊情况下才采用这样的逆光拍摄。b和d两种明暗关系也可以应用，适合

反差较小的模型照片，但可能应为缺少足够的阴影对比而缺乏力量。e的明暗关系中顶面的亮度和侧面几乎相同，缺少明暗层次，但却是常见的问题，因为光源投射方向与地面夹角为45° 时常会造成这种光效，这时需要改变光源投射角度，或者稍加偏移或旋转模型本身。c的明暗关系差不多是最糟糕的一种，完全顺光拍摄时就会出现这种低反差、缺少明暗对比和层次的照片，失去吸引力和打动力。

图8.30是在北京冬季早晨10点左右的阳光下拍摄的模型照片，可以看到较强烈的明暗对比，亮部较温暖的色调与阴影中的冷色调对比也较强烈。阴影边缘清晰锐利，具有明快干脆的视觉风格。图8.31是在室内使用白光光源照明条件下拍摄的同一个模型的照片，由于光源前加上了柔光箱，使得光线较为发散而

图8.30 直射阳光下拍摄的模型照片明暗反差效果强烈，右下角是所采取的明暗布局。这张照片由传统相机装载柯达反转片拍摄，经过底片扫描仪扫描后转变为数字文件，以TIFF格式保存。反转片冲洗过程、保存过程中可能在底片上留下各种杂点、划痕，扫描后常常需要使用PS软件进行修整。

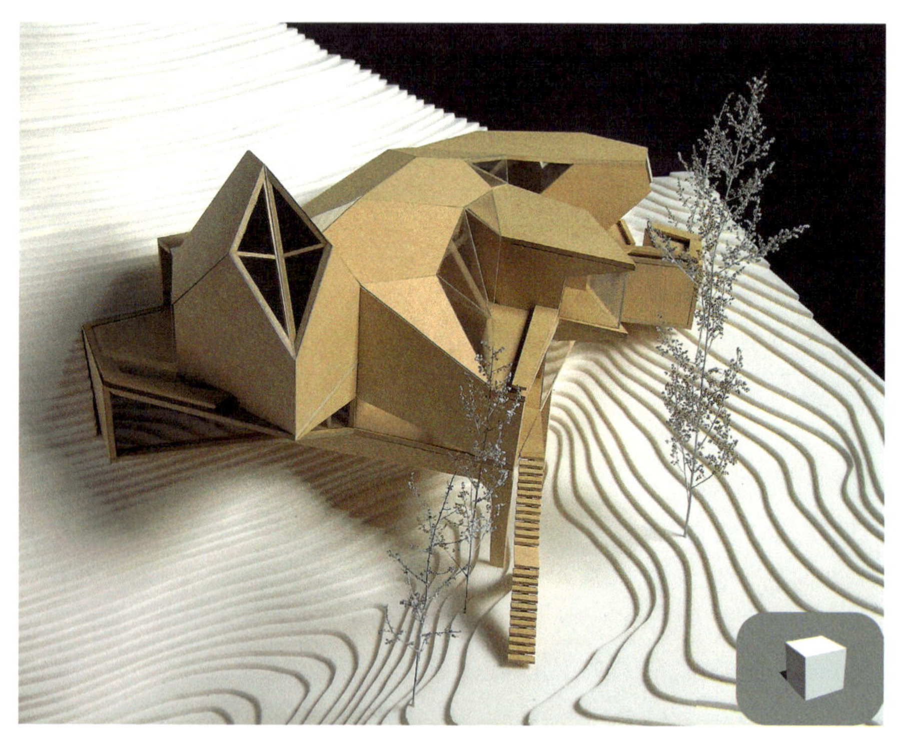

图8.31 室内光源（加柔光箱）下拍摄的模型照片效果柔和、气氛恬静，右下角是所采取的明暗布局。拍摄过程中如发现暗部影调过深，可以用反光板或一块大一些的白纸板迎向主光源，将部分光线反射给模型暗部和阴影区域。在阳光下拍摄时，这一办法也能很有效地让暗部层次丰富。

柔和，获得了安静、细腻、反差适中的风格。

感光度ISO值

对于传统相机来说，相机本身没有感光度的概念，感光度是胶卷的性能指标之一。而数码相机的影像感应器是固定不可更换的，通过改变感应器信号的放大率，数码相机实现对感光度（相对感光度）的调节。感光度越高，意味着获得同样曝光效果所需要的曝光量越少，也就是说，如光圈设定相同，感光度高的情况下可以使用更快的快门速度，方便手持相机稳定地拍摄。一般数码单反相机的感光度可以在ISO100－800范围内调节，有的可以扩展至ISO50－1600，甚至更高。

传统胶片的感光度越高，一般颗粒也越粗。而同一台数码相机上采用高感光度拍摄一般也比低感光度时杂点、杂色增多（特别是在照片暗部），这是因为感应器信号被放大时，干扰电流也被放大了。一般情况下，建议数码单反相机的感光度设定不要高于ISO400。如在室内拍摄模型，光线较暗时，建议使用三脚架。

8.2.2 室内拍摄常用布置

图8.32是使用一盏影室闪光灯拍摄建筑模型的场景，这种灯设有亮度不大的造型灯，供摄影者观察大致的明暗关系，与数码相机通过连线或引闪器联动时，闪光灯发出极短暂而强烈的白光，瞬间照亮被摄物体，瞬间即可满足所需的曝光量。这里使用了反光伞反射闪光灯的光线，以获得一定的漫射光效果，避免生硬的阴影。图8.33是使用常明的灯具加上柔光箱产生柔和的光线，优点是可以直接看到最终的照明效果，缺点是亮度比闪光灯稍弱，曝光时间可能加长，如相机拍摄时不稳定，可能造成影像模糊。

在使用上述单一光源拍摄时，同样要精心布置光源投射方向和模型上的明暗关系，可参照图8.29。而模型暗部通常需要一定的反光，以获得较好的层次，避免暗部曝光不足。反光时可以根据需要选择面积和反光率不同的反光板，使用较大面积的白色纸板也可满足要求。

模型放置在拍摄台上，最常用的是黑色不反光的背景幕，从模型背面一直铺至拍摄台平面，以弧面转折。如果模型颜色很深，可考虑选用白色幕布，而特殊的幕布颜色则需要配合模型本身的颜色和质感，或是表现建筑设计意图的需要。如果对照片中背景效果不满意，完全可以通过后期PS软件进行处理。只不过对于大批量的模型照片，纯色的背景可以减少后期PS的工作量。

图8.32 使用一只影室闪光灯、反光伞和反光板的模型拍摄场景

图8.33 使用一只常明白光影室灯、反光伞和反光板的模型拍摄场景

图8.34a 暗部缺少反光，曝光不足。

图8.34b 暗部所给反光过强，明暗关系被破坏。

图8.34c 暗部反光适中，亮面、灰面和暗部的反差适中。

如果模型尺寸很大，一盏影室灯可能不足以均匀的照亮整个模型，在模型上产生不合时宜的明暗渐变，这时需要更大面积的发光表面或更多光源，所需要的器材较多，布置也较为复杂，这里略去，请有需要的读者参考专业室内摄影灯光布置的书籍。

光源的色温需要在拍摄前予以确定，在相机上设定好，也可使用自动白平衡设定。

8.2.3 室内拍摄特殊布光方式

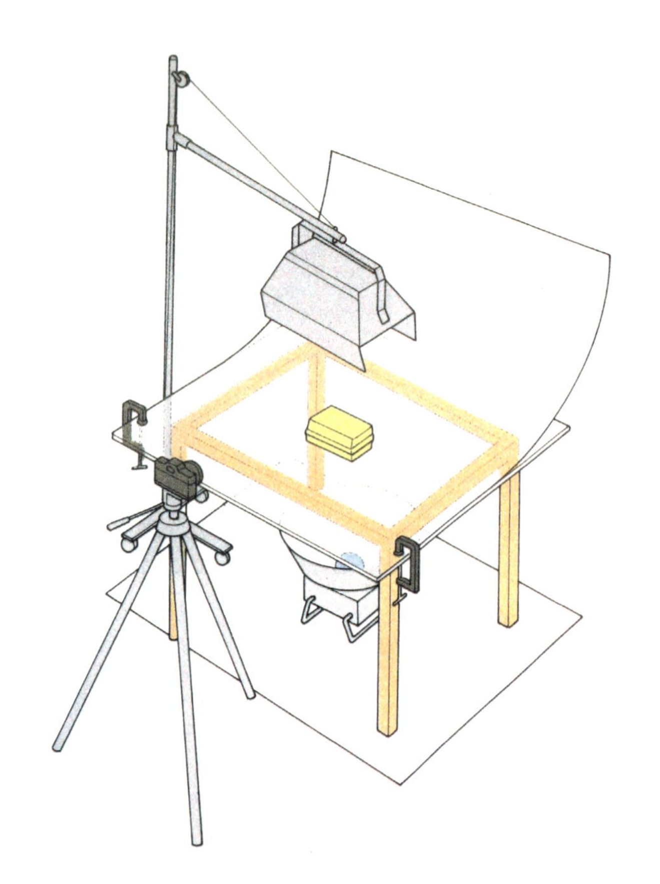
图8.35a 拍摄较小而精致的模型或静物时的布光方式

用一大块半透明的亚克力板，放置在玻璃桌面上，用夹子把亚克力板前部边缘夹在桌面上，将桌子靠近墙边，让亚克力板自然弯曲靠在墙上。亚克力板将产生柔和而自然的色彩、明暗过渡效果。

使用面积比被摄物体大一些的面光源，为避免过热，桌子下面的灯具可选用闪光灯。

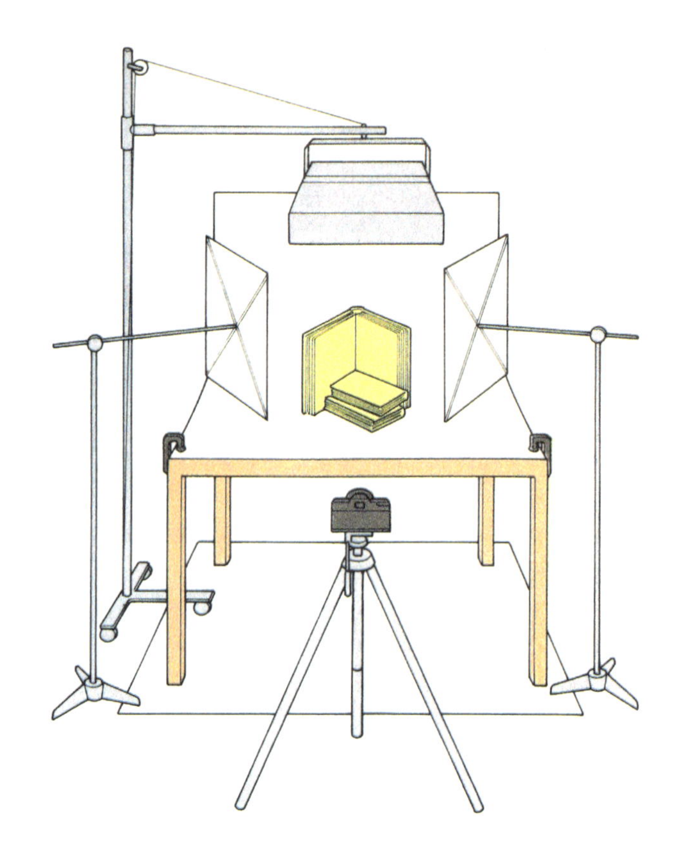
图8.35b 同样是基本的大面积顶光布置。可根据需要，可在被摄物体旁边放置镜子、金属箔、白卡纸的反光面。

拍摄此类物体，50mm左右的定焦微距镜头是较好的选择。如果需要清晰全面的反映被摄物体的细节，将光圈收至很小将获得大景深，而三脚架则是精确构图和稳定拍摄所必须的。

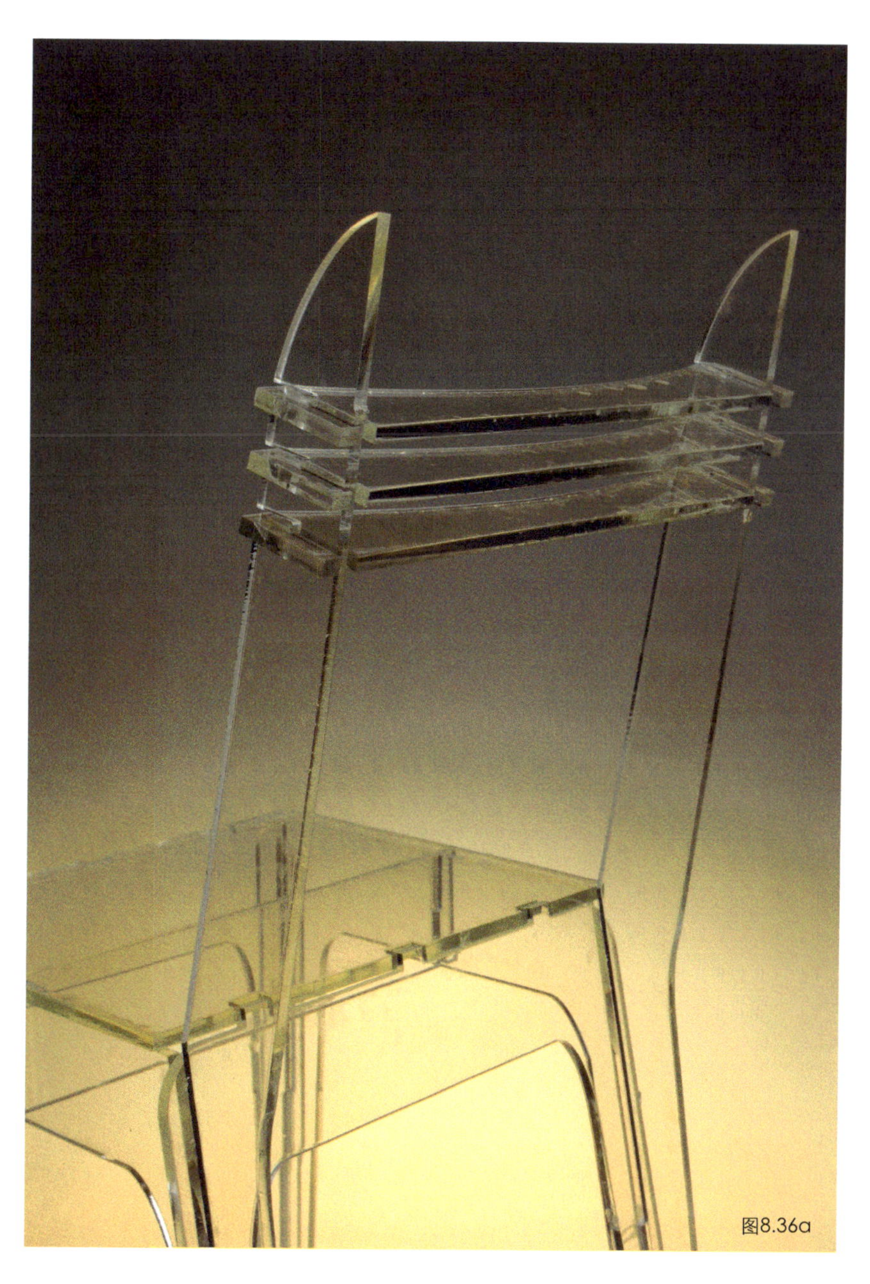

图8.36a 椅子——采用半透明亚克力板作为拍摄台面的模型照片实例。亚克力板底设置灯光照明，模型顶部采用长明灯照明。这样的灯光布置可以去除物体的大部分阴影，能够较好反映透明物体的质感。模型采用3mm厚透明亚克力板经过激光切割制作，所有部件均相互插接，不使用胶水粘接。

图8.36b 绣球——采用半透明亚克力板作为拍摄台面的模型照片实例。模型采用厚纸板经过激光切割后，手工装配粘结，并喷银色漆。半透明亚克力板产生由亮渐暗的退晕背景。

图8.36c

图8.36d

图8.36c 奶酪——采用半透明亚克力板作为拍摄台面的模型照片实例。模型采用厚纸板经过激光切割后，手工装配粘接。半透明亚克力板产生没有阴影的背景。

图8.36d 飞鱼——采用半透明亚克力板作为拍摄台面的模型照片实例。模型采用深蓝色合透明亚克力板经过激光切割制作而成，左右的曲线环可以相互嵌套。

8.3 对焦与景深

根据凸透镜成像原理，要使处于不同距离（物距）的被摄物在感应器上清晰聚焦，必须调整镜头（镜片组）与感应器的距离（即像距）。因此调焦（对焦）是摄影过程的必需环节。

现代的数码相机和自动镜头基本都具备方便的自动对焦功能。入门级数码单反的自动对焦功能已经可以满足一般模型拍摄需要，高档相机对焦点数量更多、高档镜头对焦也更为精确、迅速。轻按快门，相机进行自动对焦和测光，对焦点上的被摄物成像最清晰，而在对焦点之前和之后一定范围内的被摄物也会有一定的清晰度，这一范围即为景深范围。

影响景深大小的因素有：1. 光圈大小；2. 镜头焦距；3. 被摄物与镜头的距离。一般的规律是，光圈越小景深越大，光圈越大景深越小；焦距越短景深越大，焦距越长景深越小；物距越大景深越大，物距越小景深越小。

前面曾推荐选购能够设置多种曝光模式的相机，

图8.37 相机的拍摄模式转盘

并且在拍摄模型时，采用光圈优先模式进行曝光，有利于控制景深效果。景深大的照片可以全面清晰反映模型细节，而适度的远景虚化则可以营造空间纵深的感觉，强化某些局部的视觉效果。

自动对焦通常伴随自动测光，在光圈优先模式下，相机通过测光，自动匹配出曝光程序认为合适的快门速度，从而进行正确的曝光。而测光方式常见的有点测光、全局评价测光、局部测光、中央重点平均测光等。有经验的摄影者还可以通过曝光补偿进一步控制想要的曝光效果。这里不再详述测光方式，读者可以根据相机说明书进行使用。由于数码相机即拍即得实时显示照片的优点，既使某些情况下，曝光不理

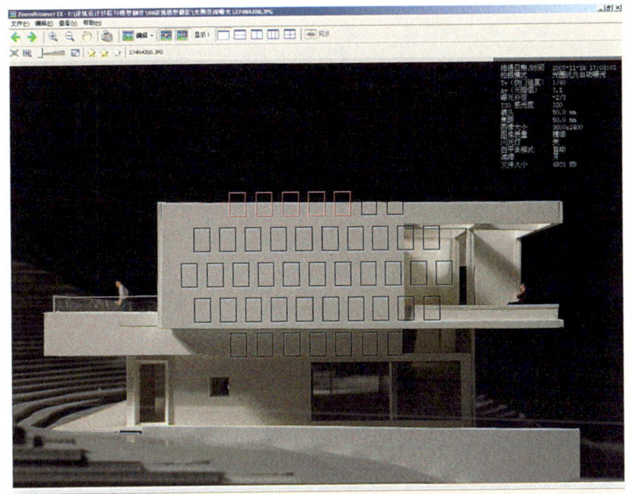

图8.38 对焦点分析图，50mm定焦微距镜头，ISO320，F7.1，1/40秒，曝光补偿－2/3级。红色方框为对焦点。

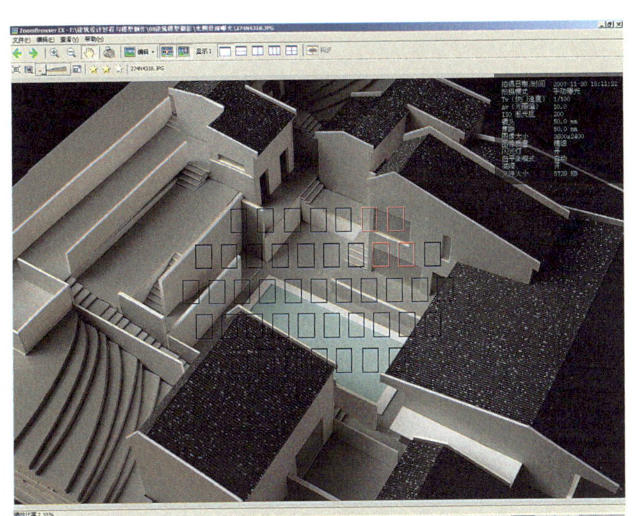

图8.39 对焦点分析图，50mm定焦微距镜头，ISO200，F10，1/100秒。红色方框为对焦点。

图8.40 索尼袖珍数码相机拍摄，ISO200，F2.2，1/30秒。由于对焦点靠近前面的斜撑，在光圈较大的情况下，景深较小，远处虚化效果明显，画面较为生动，而且取景构图时注意使远处垂直线条与画面左边线平行，取得稳定的视觉感。

图8.41a 50mm定焦微距镜头，ISO200，F2.5，1/100秒

图8.41b 50mm定焦微距镜头，ISO200，F8，1/10秒

图8.41c 50mm定焦微距镜头，ISO200，F32，2秒

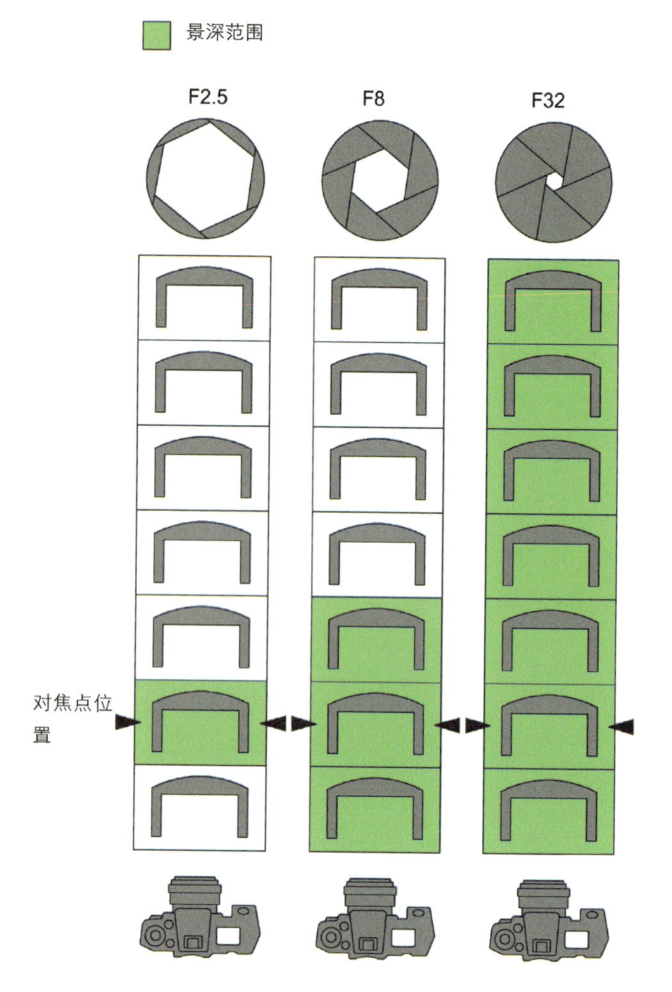

图8.42 光圈与景深关系示意图

使用佳能EOS 1Ds Mark II数码单反相机和50mm定焦微距镜头在约60cm的距离上拍摄了这三张模型照片。对焦点均落在从前数第2榀门架上（图8.41a、b、c）。

可以清楚的看到光圈大小对于景深变化的影响。在该镜头最大光圈（F2.5）时，景深极短，不足2cm，既使紧邻的第1排和第3排门架仍然不清晰。而F8光圈时，第1、2、3排门架获得清晰影像。将光圈收至最小F32，所有门架都清晰地记录在数码照片中。

需要注意的是，随着光圈的缩小，在同样的照明条件和ISO感光度下，曝光时间需要加长以获得相同的曝光量。F8光圈和F32光圈时，曝光时间分别长达1/10秒和2秒，此时必须将相机稳定的支撑在三脚架上，最好同时启动反光镜预升功能，以避免反光镜动作带来的振动。还有一个问题是，质量和档次不高的影像感应器和处理器在长时间曝光时，影像噪点问题可能加剧。

想，也完全可以重复用不同的快门速度或曝光补偿多拍几张，选出满意作品。

图8.38采用横平竖直的构图，突出如建筑立面一般的效果，由于拍摄距离不大，且光圈较大，因此产生了景深较小的虚化效果，一定的空间层次感避免了过于平淡的画面。图8.39采用大角度的俯拍，构图裁剪出模型的局部，将庭院空间置于画面中心位置，强调建筑内院空间的丰富性，采用收小光圈的办法，将屋面、台阶、水面的质感并置在画面中，倾斜的构图也与起伏的屋顶折面相呼应。

图8.41a、b、c是进一步说明景深效果的拍摄实例。使用佳能EOS 1Ds Mark II数码单反相机和50mm定焦微距镜头在约60cm的距离上拍摄了这三张模型照片。光圈分别设定为F2.5（这只镜头的最大光圈），F8，F32（这只镜头的最小光圈）。图8.42是这组照片光圈与景深关系的形象图解。

图8.43和8.44是另外两个实例，都利用了景深强化照片拍摄的意图。

图8.43是一个幼儿园设计模型。拍摄时将对焦点落在构图中央的圆形游戏池上，清晰的突出其形状特征和模型制作时所作的精细切割。而适度虚化的前景则把人的视线引向折线长廊的深处，这正是建筑设计的精彩之处。这是一个暂时去除了屋面的模型，长廊两侧纤细立柱的阴影为画面增加了视觉节奏感。

图8.44是一个别墅设计模型。拍摄时也采用了虚化近景，对焦于中景的方式。而近处较暗的部分正好衬托出构图中心明亮的建筑入口，而入口大厅上部的顶窗撒下柔和亲切的光成为点睛之处。

图8.43 幼儿园设计模型，折线长廊

图8.44 别墅设计模型局部

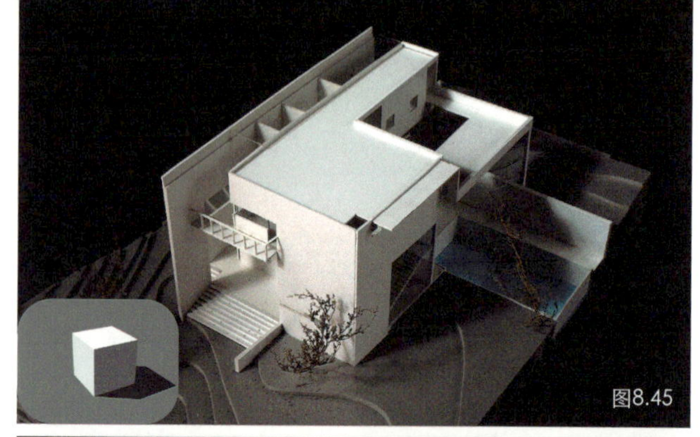

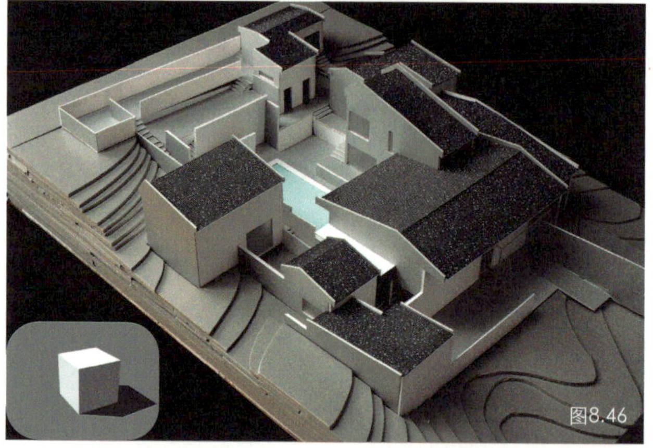

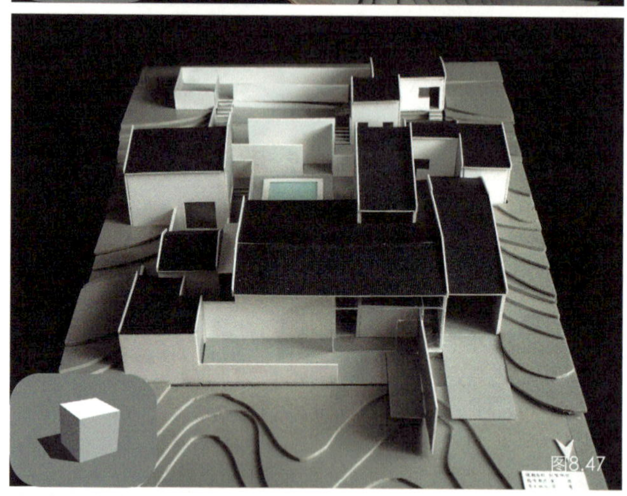

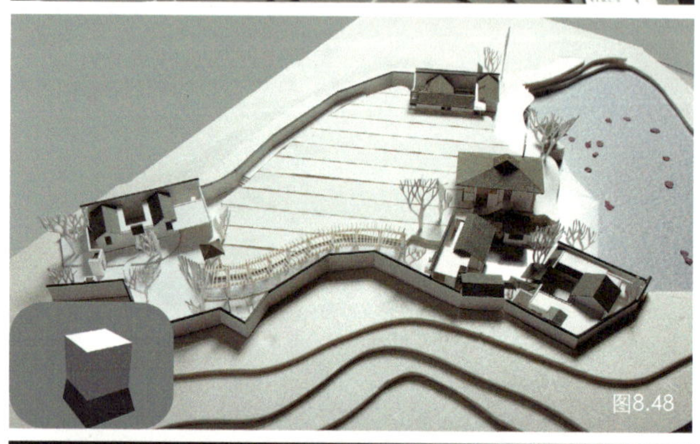

8.4 模型拍摄角度与构图

8.4.1 俯视

以俯视角度拍摄模型整体是最常用的拍摄角度，目的是反映建筑设计各部分的关系，此时要注意与光线来向的配合。既形成合适反差的明暗关系，也要突出设计的某些精彩部分。布置光源和摆放模型时，尽量遵循实际场地的日照方向，取得一定的真实感，事实上，建筑设计师必然要考虑到日照问题对建筑的影响，让摄影灯从建筑物的北侧照射过来，对于为北半球设计的建筑显然是不合适的。

图8.45将别墅模型主入口置于亮面，强调入口片墙、台阶和二层出挑阳台。建筑的长向在画面中形成向右上方延伸的斜线，有一定的视觉动力感，而处于暗部的游泳池和墙体与主体建筑垂直，形成相对比的另一个次要轴线。

图8.46和图8.47是另外一个别墅模型，其中图8.47的构图有意让模型的短边平行于画面底边，强调屋顶、室内空间和庭院空间层层递进、虚实相间的效果。制作模型时大胆采用深色瓦楞纸，造成肌理和色调的明确对比。灰色地形底板、白色墙体和黑色屋面是吸引人的一种配置。拍摄时使用了加了柔光箱的常明灯。

图8.48是一组园林式布局的别墅组团，为了强调折线围墙所形成的领域感，笔者选择了不常用的逆光拍摄，全局俯视角度加上平衡的构图，两条围墙曲折的阴影勾勒出这所大宅的边界。拍摄时使用影室闪光灯加反光伞，如果拍摄角度较低，要注意避免闪光灯的强光直射入镜头，给镜头加上适当的遮光罩能有效的避免眩光进入镜头。

图8.49是较低角度的俯拍，尽管仍然将模型整体摄入，此时的拍摄参数为ISO200，F18，1/100秒。F18是较小的光圈，但由于对焦点较近（物距小），使得景深较小，远景虚化效果明显，画面纵深感强。

敏锐地捕捉每个模型和建筑设计的特点，以明确突出的构图，适合的明暗关系与反差，恰当的景深效果凸显这些特点，这是模型摄影的主要目标。

图8.45～图8.47 一组别墅设计模型俯拍

图8.48、图8.49 别墅模型的两个俯拍角度。设计人：清华大学王丽方教授，模型制作：李久太、蔡俊

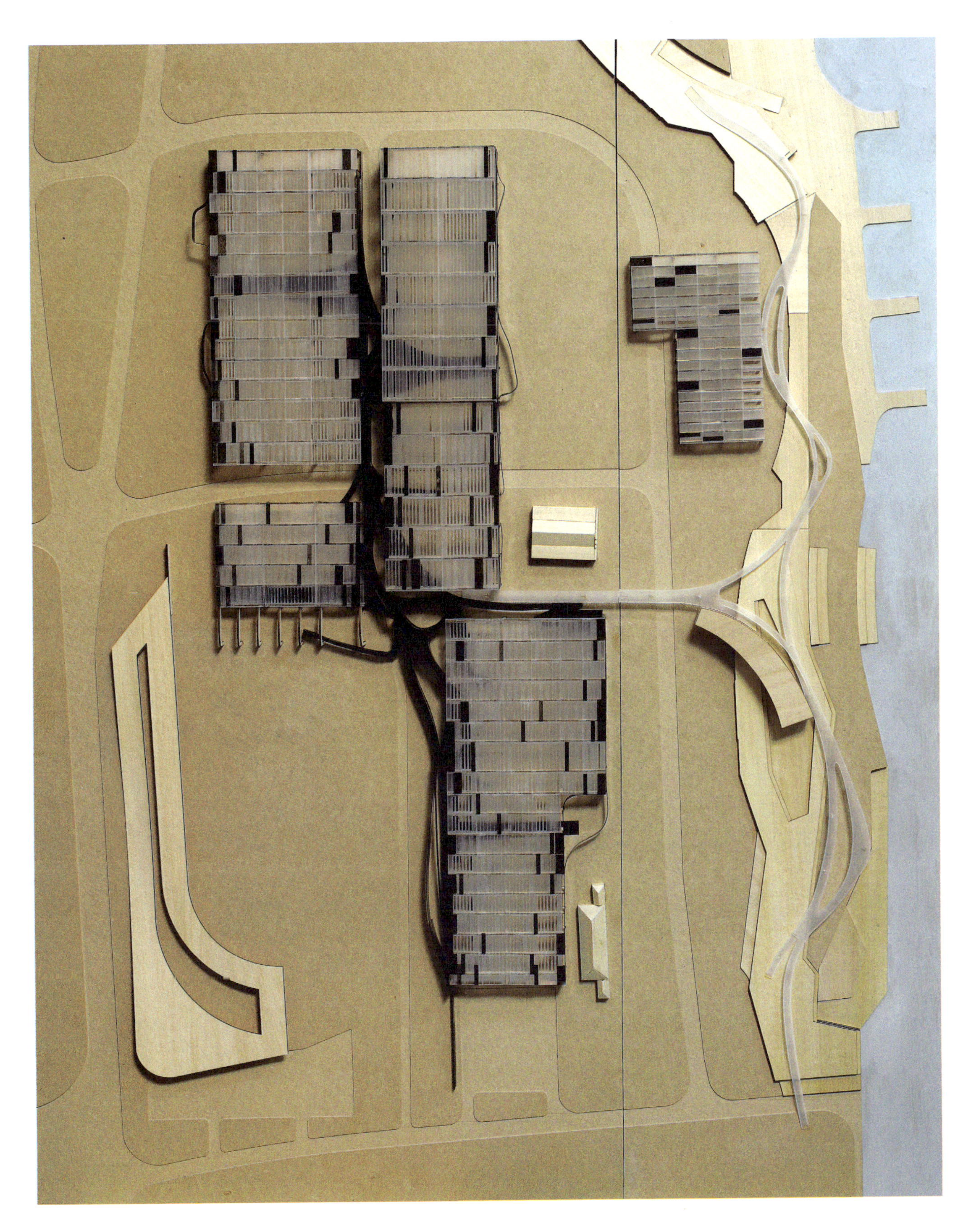

图8.50 从模型正上方俯瞰拍摄将得到类似总平面图的效果，可用于反映建筑各部分或规划区域的完整关系。这种拍摄类似翻拍平面图，最好使用标准焦距的微距镜头。取景时要将相机镜头完全垂至于模型中心点正上方（或正前方），使模型四边线平行于取景器中画面的边线，确保构图方正。尽量使用面积大的面光源（如加了柔光箱的光源），将模型各部分均匀照亮，并注意阴影区域的大小适中，不要暗部面积过大影响对设计主体的阅读。

图8.51

图8.52

8.4.2 平视

平视构图的基本意图是模拟正常视点高度时人的视觉体验，由于建筑模型是缩小的比例模型，需要降低照相机高度并靠近模型进行拍摄。除去拍摄模型局部或特殊夸张效果的要求，平视构图时，一般保持建筑模型的竖向线条与画面竖向边线平行，也就是在相机镜头轴线保持水平情况下拍摄，否则，将出现模型竖向线条向上（仰拍）或向下（俯拍）汇聚的现象，影响画面稳定感（图8.54）。

平视构图时，仍然需要注意光源方向和模型表面的明暗布局。图8.51将视平线放在三层平台栏板的高度上，用典型的侧光照明获得亮面、灰面和阴影暗部的合适对比度。注意让透过有机玻璃的光线照亮部分室内的场景。

图8.52利用了从右侧来的一缕侧逆光突出了由树木围合出的室外环境，婆娑光影烘托出舒适惬意的氛围，建筑本身则略带神秘的后退。树的枝干和白色絮状的质感在逆光时得到充分表现。前景中的家具和比例人使得模型获得良好的尺度感。

图8.53在拍摄时除了注意保持相机水平外，还应注意模型本身围合与镂空部分的虚实关系。

图8.53

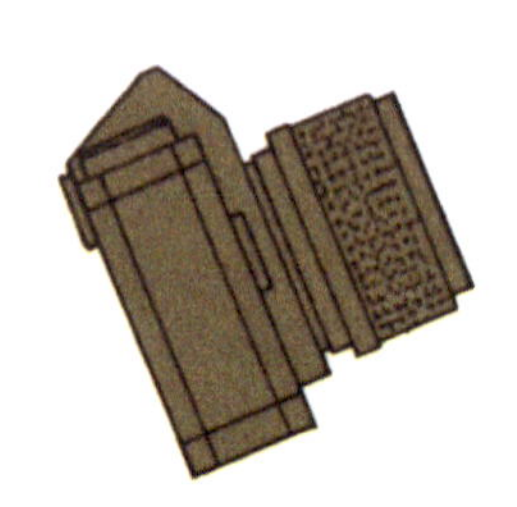

图8.54

图8.51 别墅设计模型平视拍摄
图8.52 别墅设计模型平视拍摄
图8.53 观景平台设计模型平视拍摄
图8.54 相机主轴斜向上仰拍时出现的透视线汇聚现象

8.4.3 局部与细部

拍摄模型的局部与细部可以精确反映建筑的结构、构造关系，也可以强调特定的场所感。

图8.55a、图8.55b是小型观景塔模型的局部，这是将四个集装箱框架竖直起来作为小型观景塔的主体结构，辅之以双螺旋的楼梯。这里使用了柔和的北向漫射自然光弱化阴影和对比，否则，过于强烈的光影交错将可能使画面过于杂乱，影响对构件关系的表现。

图8.55a

图8.55a 小型观景塔设计模型局部
图8.55b 观景塔局部，反映顶部平台与两侧楼梯的衔接关系。

图8.55b

图8.56a是一个别墅设计模型局部，拍摄时将主卧室斜向上的天窗洞口放置在画面三等分线的交点上予以强调。画面中也隐含着一条从右下方曲折向左上方的视觉引导线。外突天窗指向画面外部，而视觉引导线指向画面深处，两者一静一动，一外一内，产生对比与呼应。

虽然是剪裁模型的局部进行拍摄，仍然需要明确拍摄意图和画面的相对完整性。

这里提及的画面三分法是经典的构图法之一，要点是，把画面要表现的主体，通常也是较静止的部分，放在画面三等分线的交点上，并且注意为其他辅助部分或是画面整体的动势留出展开的空间。

前面提到过的垂直与水平线法、视觉引导线法，对称构图法、景深虚实法等都是常用的构图方法。初学者可以参考采用。而熟练老道的摄影者则可以探讨构图的“法外之法”，更为主动的传达拍摄意图和个性化的特殊意味（图8.56b、图8.56c）。

图8.56a 别墅设计模型局部

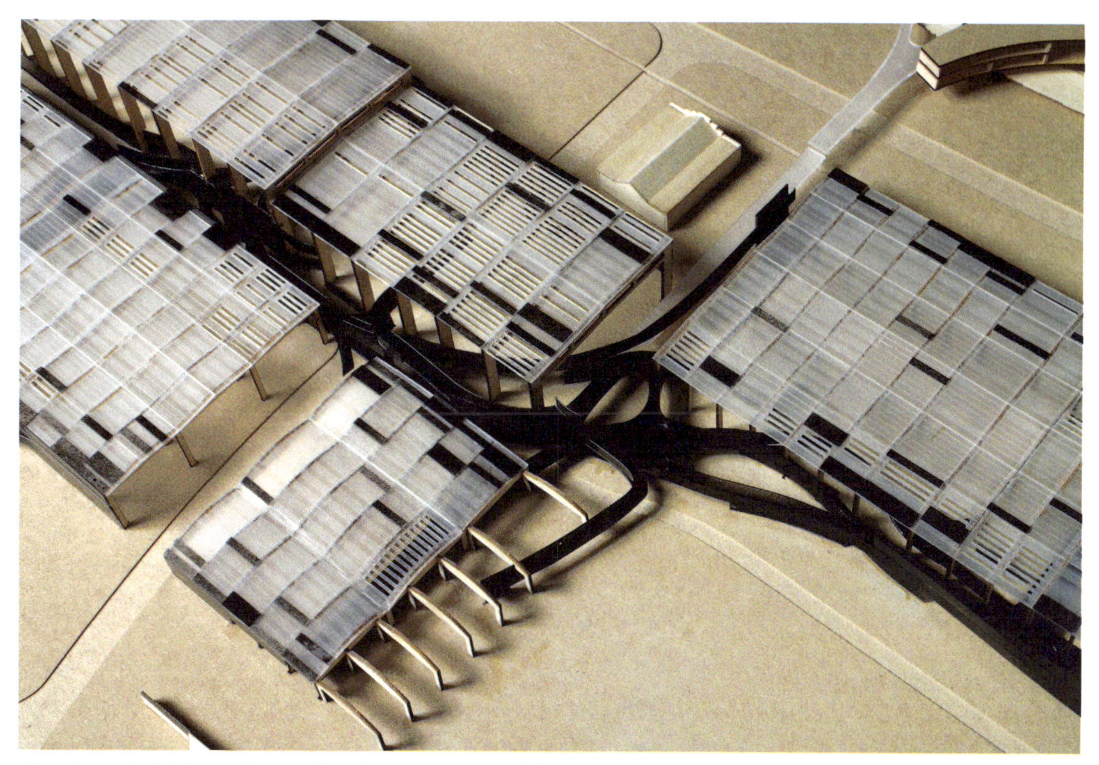

图8.56b 大型厂房改建方案模型局部。数控加工与手工弯制的方法相结合制作出该模型，屋面没有采用模拟实际建筑材料的思路，而是采用半透明的磨砂亚克力板，结合喷漆等手段，表现原有的厂房结构与新的流线型连接体。

拍摄时采用了对角线构图法，将从右下至左上的流线作为主线，左下至右上的流线作为副线。

Canon EOS-1Ds Mark II拍摄，50mm微距镜头，1/125s，F13，ISO200，金鹰影室闪光灯加反光伞

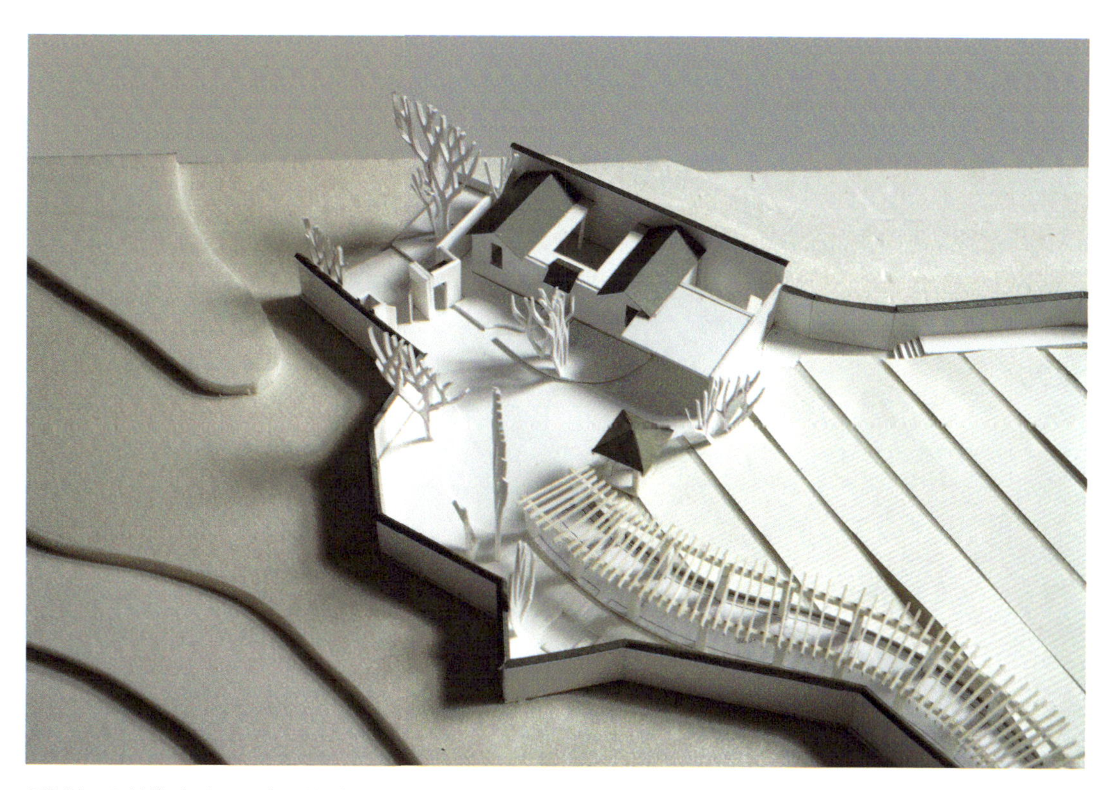

图8.56c 取材模型局部，一条S形的曲线从右下方进入画面，将视线引至建筑群的入口处。光照角度将有特色的树木剪影描绘出来，处理背景时，没有填充黑色，而是选择了与底板接近的浅灰色，避免黑色调重压模型主体的感觉。

Canon EOS-1Ds Mark II拍摄，50mm微距镜头，1/100s，F18，ISO200，金鹰影室闪光灯加反光伞

图8.57 拍摄模型的内部常需要较小体积的相机和镜头，因为有时甚至需要把相机放在模型内部拍摄，要求相机镜头的微距性能较好，能够在很近距离内（有时近至2～4cm）清晰对焦。如果取景屏能够打开翻转，则会更方便在低角度拍摄时取景和构图。图为尼康coolpix5400数码相机，虽是一款停产的老型号，但兼具体积小巧、微距拍摄、广角和具备翻转取景屏的优点。

图8.58和图8.60是两个木结构建筑模型。

图8.59和图8.61是对应的模型内部照片，将小型数码相机直接放置在模型底板上，沿模型长轴方向拍摄。

8.4.4 模型内部

因模型内部空间通常较小，所以数码单反相机在拍摄模型内部照片时因为体积庞大而显得不甚适用，一些小型消费级数码相机却可以大显身手。广角端在24～28mm（相当于135相机），且微距拍摄模式时对焦距离小于4cm的小型数码相机较为适用。需要指出小型相机的感光元件质量一般低于数码单反相机，在光线不足时拍摄，成像质量可能下降较多，图像噪点问题加剧，因此，使用小型数码相机拍摄模型内部照片时，照明应该充分。模型背景常选择黑色、灰色、白色不反光材质，或与模型内部颜色相协调的背景幕。

拍摄模型内部目的是模拟人的视角考察建筑室内的效果，特别是当建筑结构暴露在室内，参与形成室内效果时，拍摄模型内部照片更为必要。

拍摄模型内部照片还有助于认识建筑立面处理和开口方式对于室内自然光环境的影响。

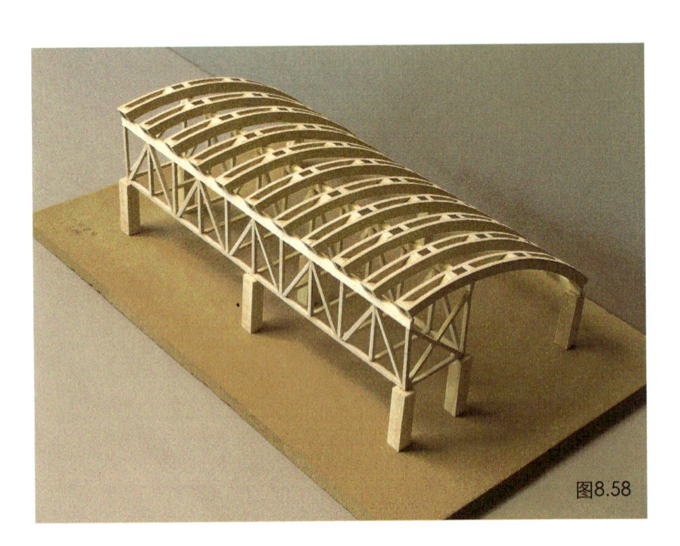
图8.58

图8.59

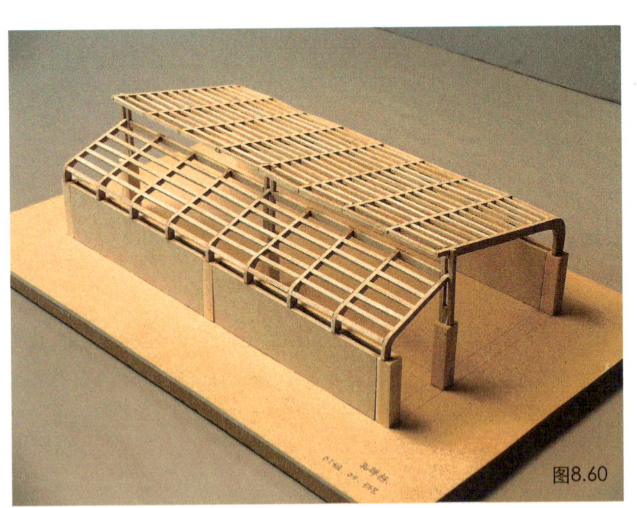
图8.60

图8.61

8.4.5 记录构思和模型制作过程

除了在模型完成之后进行拍摄和记录，建筑学专业的学生也应该特别注意模型在构思过程中的修改，以及模型制作过程中的拍摄和记录。

对构思过程的不同修改阶段进行记录，常常有助于说明方案的产生和推敲过程，可以用于最终的方案汇报。图8.64记录了幼儿园设计中班级、音体教室、后勤用房之间关系的推敲和确定过程。这是在制作正式模型的单独体块之后从固定的三脚架上拍摄的，视角固定而体块关系在变化，较为充分的反映了一条内部折线形长廊的生成过程。拍摄时还可以采用手动曝光模式，固定合适的光圈和快门速度，使得拍摄出的照片曝光量一致。

拍摄模型制作过程有时是为了记录模型内部的情况和空间关系，虽然可以制作可拆解的建筑模型，但有时因为过于麻烦，模型常常被胶水完全固定不可拆分，其内部效果随着模型的完成而变得不可拍摄。因此在制作过程中进行阶段性拍摄变得很必要。

图8.62是一个别墅设计模型的过程照片，揭示了内部空间的转折关系，图8.63是完成后的模型外观，此时内部空间大部分已不可见，而对建筑设计的评价却不能忽视内部空间而仅看外观。

图8.62 别墅设计模型（制作过程中）

图8.63 别墅设计模型（制作完成后）

图8.64 幼儿园设计，空间推演

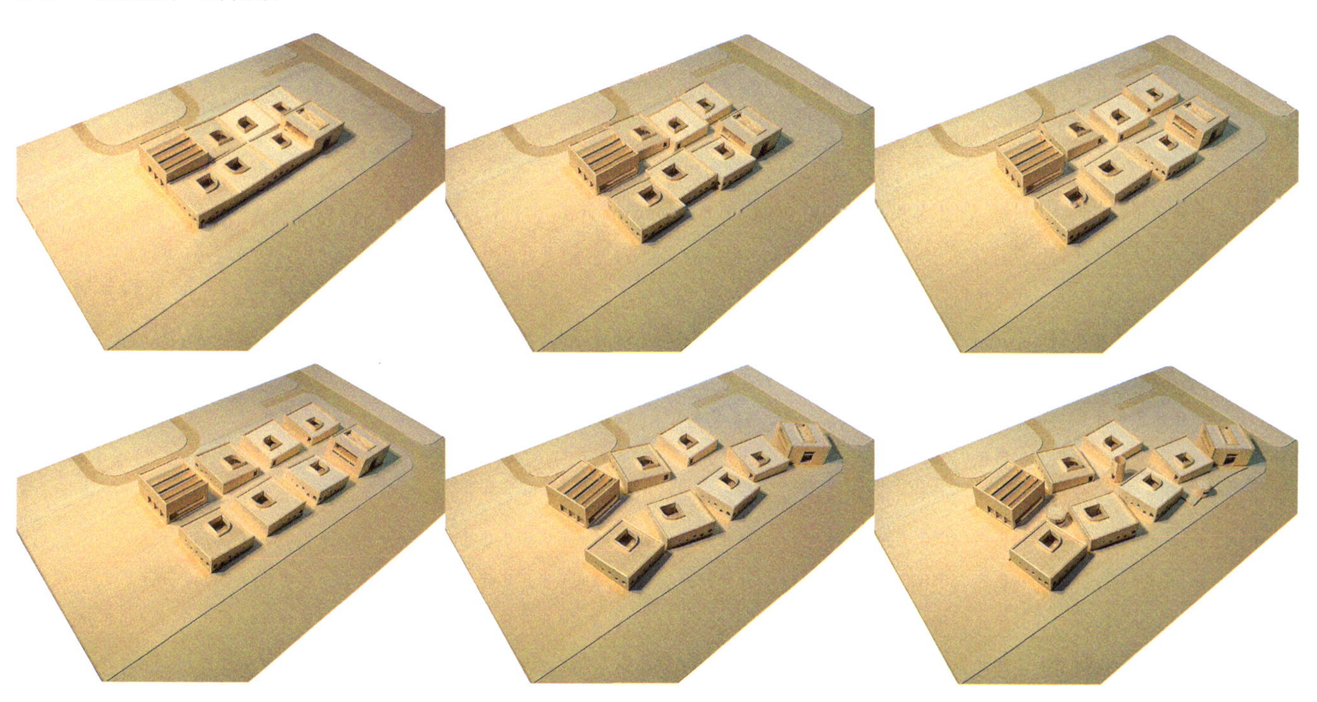

8.5 模型照片的后期处理与存储

8.5.1背景处理

如果拍摄时没有采用合适的背景幕布，应该在后期对模型照片的背景杂乱进行处理，以突出模型主体。而模型照片在去除背景后也可以与同样角度的实景照片进行合成，输出“快速表现图”。这类工作通常在电脑中使用图像处理软件完成。常用的软件是Adobe Photoshop，该软件不断推出新的版本，但基本功能是一致的。该软件的重要功能之一是把传统暗房的关键程序和功能集成为一体，使得在电脑上处理数码照片变得简单容易。该软件也可以用于图案设计、网页设计和插图。

Photoshop是一款处理光栅图像的软件，像素是其记录和描述图像的最小单位，这不同于Freehand、Illustrator、Coreldraw、AutoCAD等矢量绘图软件。典型的区别是在Photoshop软件中用缩放转换工具对一张光栅图像进行缩小或放大时，将改变图像的质量，特别是将一张已被缩小的图片再放大后，将严重损失画质。而用矢量绘图软件对矢量图形进行放大缩小操作时将不会影响对图形和图像的描述。

模型照片的背景常用的是黑色与白色，也可以完全不用背景，直接将模型本体沿外轮廓用套索工具选择出来，组合运用到其他排版文件中去。

图8.65是模型照片与现场照片合成“快速表现图”的实例，这在方案推敲阶段常常是快速有效的表达方式。需要注意的是保持模型照片的拍摄角度尽量与实景照片拍摄角度一致，而且照明和光线的角度也尽量保持一致，合成后才具有较好的真实感，可以进一步评判设计方案与周边环境的关系。

图8.66a～f，是典型处理模型照片背景的过程。

术语解释

光栅图像，又称位图，一般用于照片品质的图像处理，是由许多像小方块一样的像素组成的图形。由像素的位置与颜色值表示，能表现出颜色阴影的变化。简单说，位图就是以无数的色彩点组成的图案，当你无限放大时你会看到一块一块的像素色块。

矢量图，也称为面向对象的图像，有时也称之为向量图，在数学上定义为一系列由线连接的点。矢量文件中的图形元素称为对象。每个对象都是一个自成一体的实体，它具有颜色、形状、轮廓、大小和屏幕位置等属性。既然每个对象都是一个自成一体的实体，就可以在维持它原有清晰度和弯曲度的同时，多次移动和改变它的属性，而不会影响图例中的其他对象。这些特征使基于矢量的程序特别适用于图形绘制和三维建模，因为它们通常要求能创建和操作单个对象。基于矢量的绘图同分辨率无关。这意味着它们可以按最高分辨率显示到输出设备上。

矢量图以几何图形居多，图形可以无限放大，不变色、不模糊，常用于图案、标志、VI、文字等设计。常用软件有：Coreldraw、Illustrator、Freehand等。

图8.65 将低角度平视模型照片去除背景后，与现场照片进行合成。综合运用了套索选择工具、图层工具、透明度调整。

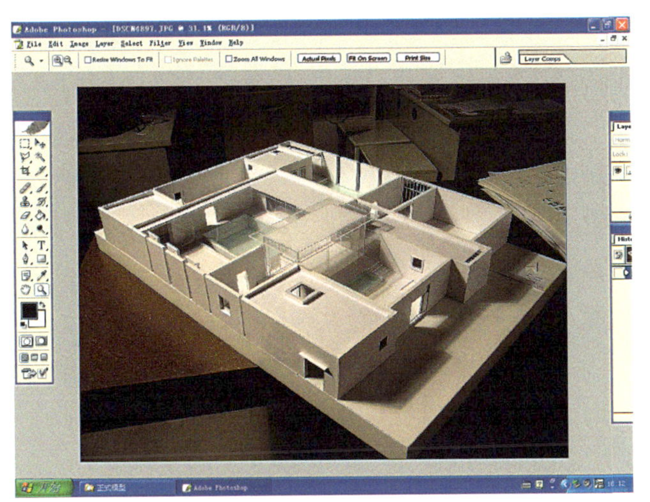

图8.66a 原始拍摄图像，背景较杂乱。

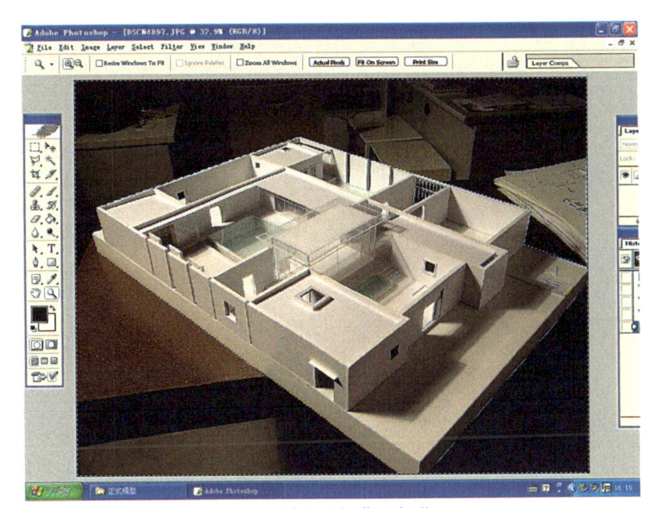

图8.66b 用套索工具沿模型外轮廓选择背景部分。

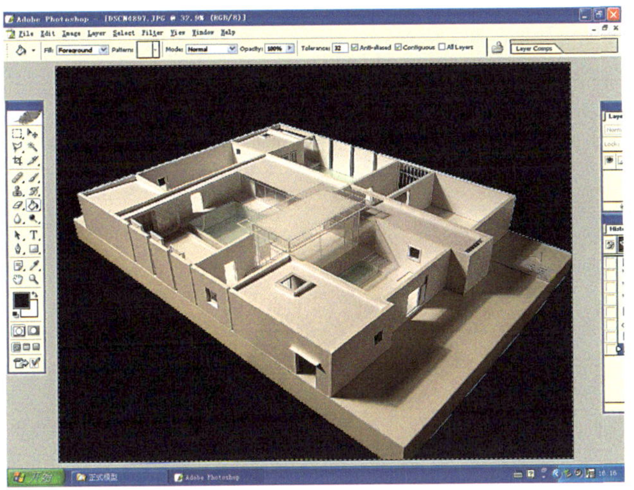

图8.66c 将背景部分填充为纯黑色。

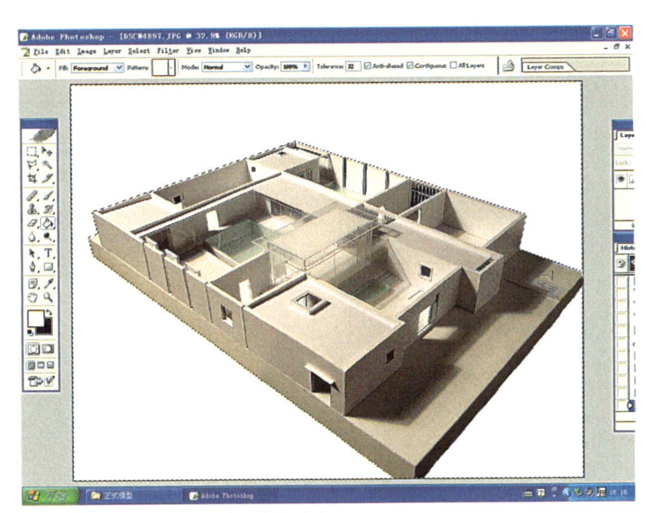

图8.66d 或将背景部分填充为纯白色。

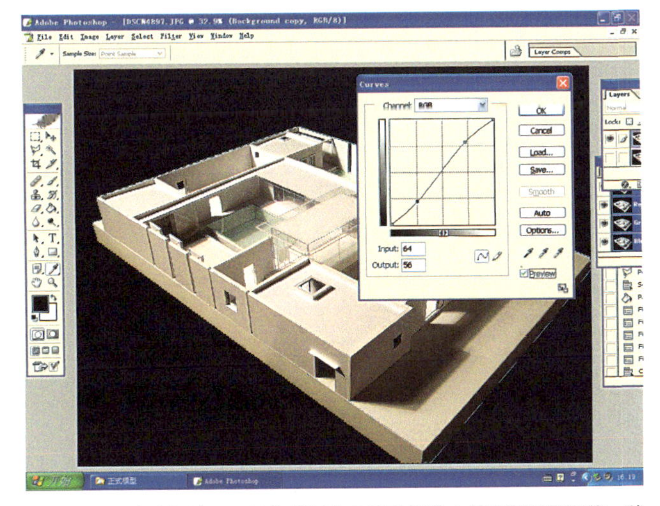

图8.66e 反向选择选区，用曲线调整工具对模型本身进行适当调整，稍微提高模型照片本身的对比度。

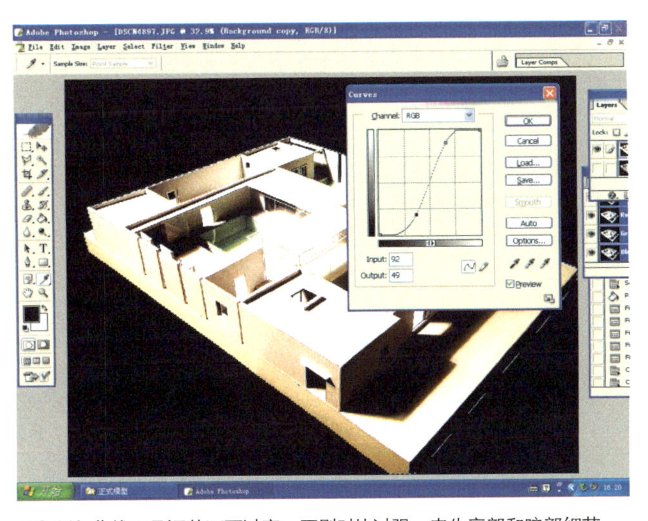

图8.66f 曲线工具调整不可过度，否则对比过强，丧失亮部和暗部细节。

8.5.2色阶、密度直方图与色调

数码相机拍摄的模型照片常常会看起来画面偏灰、曝光不足、对比度不足，在Photoshop软件中可以使用色阶（levels）调整工具进行后期调整。

如图8.67，打开一张数码照片，使用色阶工具，可以发现在此图像的密度直方图中的黑色区域两端距离横轴有一定距离，而一般情况下，曝光准确、反差合适的密度直方图距离横轴两端距离应该很小，中间的色调分布也应较为均匀。可以调整直方图横轴上一黑一白两个三角控制点，如图8.68，可以发现，图像的明暗对比得到加强，画面变得明锐有力。

一张曝光过度，画面大部分为灰白色的图像的直方图上，大部分色调（直方图上黑色部分）将堆积在靠近白色高光的部分，而曝光不足或是画面大面积为暗部的时候，直方图的大部分色调将堆积在横轴的黑色端，此时，暗部和阴影中的大量细节可能丢失。

特殊情况是，拍摄高反光的物体（如反光的金属表面或镜面）、或是剪影效果时，密度直方图上的色

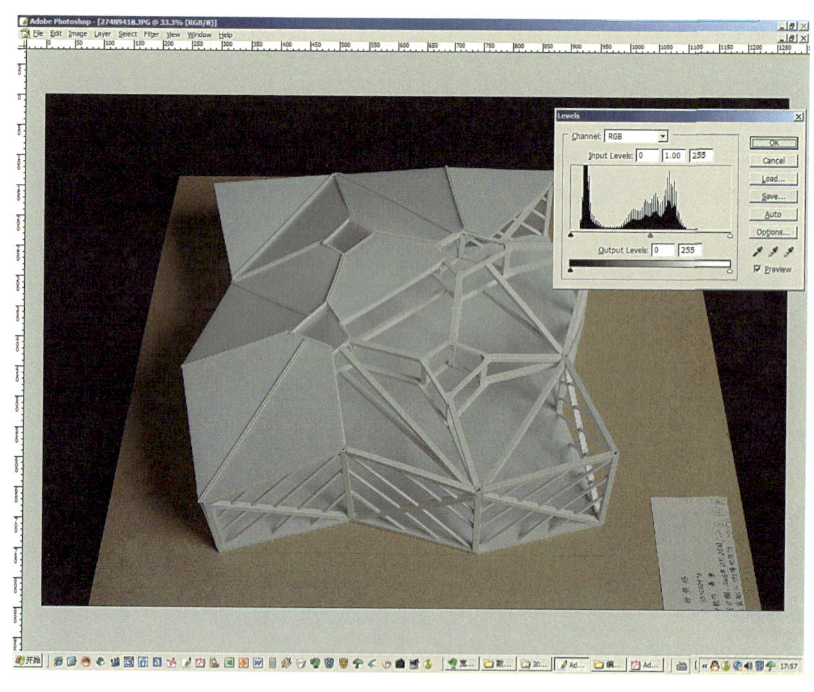

图8.67 一张模型照片的密度直方图。黑色区域两端距黑白三角控制点有较大的距离。
该设计课题关注结构形态与空间。

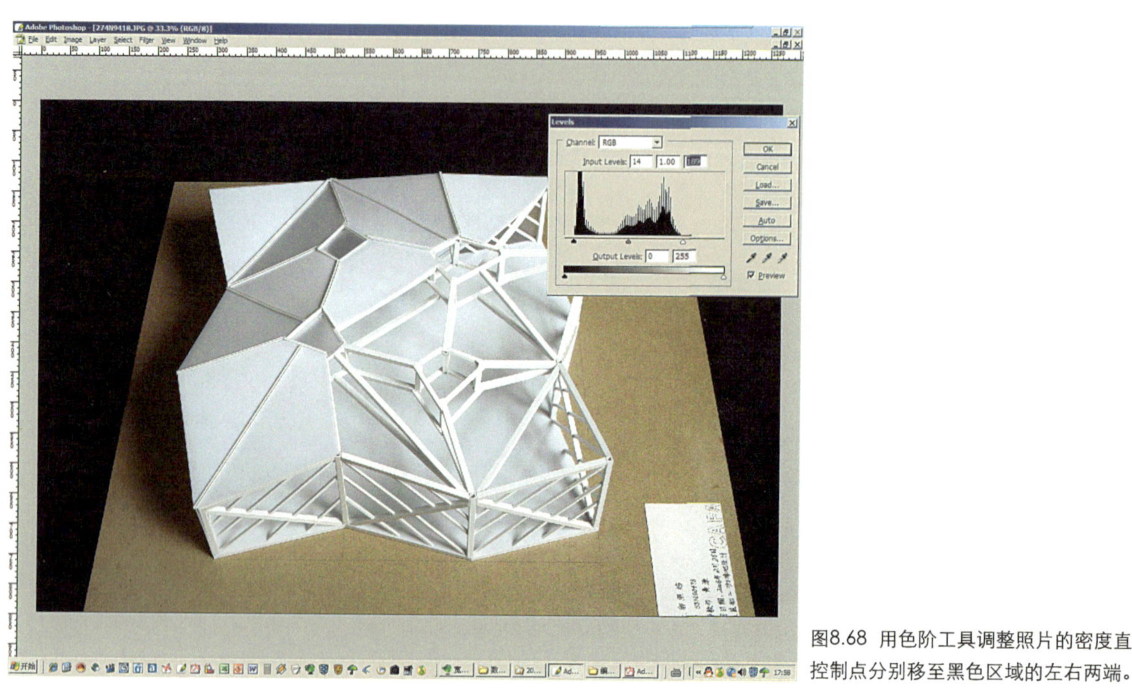

图8.68 用色阶工具调整照片的密度直方图。将黑白两个控制点分别移至黑色区域的左右两端。

调区域将明显偏于横轴的一端，而这可能正是所需要的效果。

进行完色阶的调整，照片可能还存在偏色的问题，如图8.69，画面偏绿。这时可以使用调整菜单中的色彩平衡工具减少画面中绿色的成分。如图8.69，减少了绿色成分（也可以说增加品红的成分），使得画面色调显示正常，模型底板的灰色也得到了正确反映。

当然，每台电脑显示器所显示的图像色调和明暗与最终输出的效果常常不完全一致。精确的调整显示器效果需要专业的校色仪器与软件，但在一般情况下（除印刷和高清晰打印之外的一般输出要求下），如果显示器偏色问题不太严重，则根据未精确校准的显示器进行图像调整也是可行的。

图8.70反映了该图像的像素尺寸、打印尺寸和分辨率等信息，可以根据需要进行关联调整。

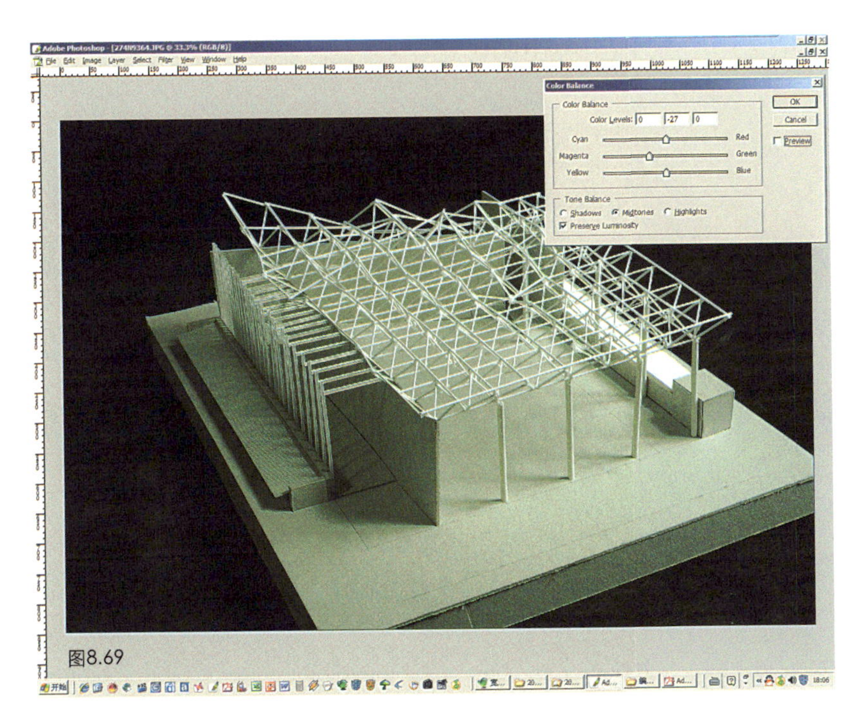

图8.69 用色彩平衡工具调整照片色调，消除过多的绿色调。

图为结构形态与空间课题的另一个学生作业。

图8.70

图8.70 这张860万像素的数码照片的像素尺寸为3600x2400，在300dpi分辨率下可以用于输出304.8mmx203.2mm的图片（高精度打印或印刷要求）。

Photoshop主要处理的是位图图像。对于一张位图（或数码照片）最重要的参数是其影像尺寸（用横纵向像素数目描述），比如一台数码相机有效像素为1010万，记录的最大影像尺寸为3648x2736，可认为这幅图像是一个3648列、2736行的无间隙的像素阵列。

而描述这张图像的分辨率则会根据不同的输出要求有所变化：可以在Photoshop软件中在保持图像横纵像素量不变的情况下，设定图像为100dpi（dpi是分辨率的单位之一，即每英寸的像素点数），这个分辨率可以用于输出大幅面的喷绘图，可输出的尺寸可以在Photoshop软件中自动计算得出，也可以计算如下：横向3648/100×25.4=927mm，纵向2736/100×25.4=695mm；而将图像分辨率设定为300dpi时，则是印刷和高精度打印图片的要求，这时，同一张图像的可输出实际尺寸将缩小，可以计算如下：横向3648/300×25.4=309mm，纵向2736/300×25.4=232mm，即缩小为上述喷绘输出时的1/3。

反之，如果决定输出一张A1竖向的喷绘图纸，则可计算在Photoshop新建图像文件的尺寸（点数）为：横向594mm/25.4mm×100dpi=2339像素，纵向841mm/25.4mm×100dpi=3311像素，如果希望打印的清晰度高一些，可以设定150dpi的分辨率，则图像像素尺寸为3509×4966。

8.5.3 照片存储与后续利用

使用Photoshop处理图像，储存图层、文字层、特效层的图像格式为PSD，而TIFF、JPEG格式是储存单张图像的常用格式，TIFF格式可以选择保留图层或不保留图层，JPEG格式不支持图层。图像储存时还应注意图像的色彩模式，图8.71中，考虑到此图片可能用于印刷，故将图像模式设定为CMYK模式(印刷四色模式，分别代表青、品红、黄、黑四种印刷油墨色)。如只是用于显示器上观看，则可以保留为默认的RGB模式（分别代表红色、绿色、蓝色3种色光）。对于无彩色的图像可以选择灰阶图像模式（即Grayscale模式，包含256个色阶）。色彩深度方面可以保留默认的8位/通道。这样，如储存为RGB模式，则总的色彩深度为8×3=24位色，而储存为CMYK模式时，总的色彩深度为8×4=32位色。

8.1.1节介绍了TIFF格式与JPEG格式在储存质量和文件量大小方面的区别，读者可根据需要储存为适当的图像格式。

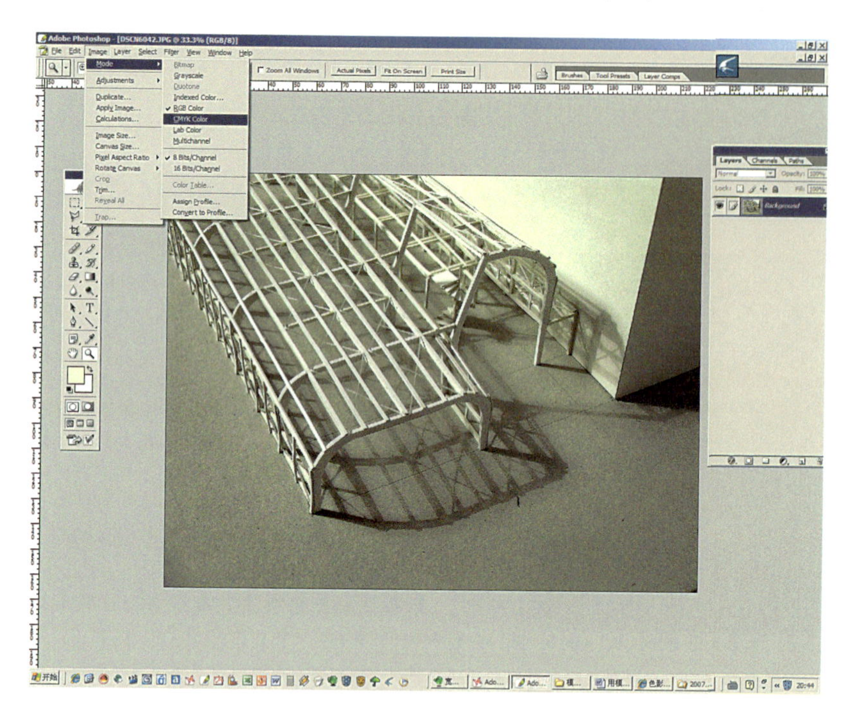

图8.71 储存图像前应选择图像模式

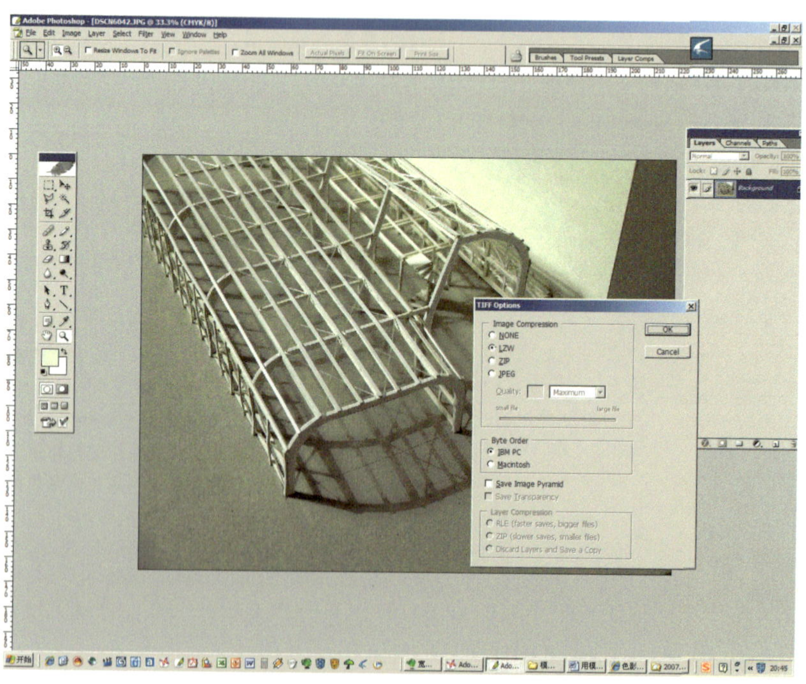

图8.72 储存TIFF格式图像时，可根据需要选择压缩选项或不压缩，LZW压缩选项是笔者常用的选项，对图像进行适当压缩，最终文件量较小，但对质量影响不大。

此外，还需确定针对IBM PC机或是苹果计算机的字节顺序。建筑学学生目前常使用前者。

8.5.4 常见模型摄影问题分析

数码相机虽然已经普及到大众，但初学者由于经验不足、缺乏用光技巧、缺乏基本的构图知识和相机使用技巧，常常拍出不理想的照片。本小节针对拍摄模型照片时的常见问题进行点评和分析。

图8.73是一张接近俯拍的照片，主要问题是构图太满，主题四周留出的“余地”太少。照片右边线甚至切入模型的一个角，也导致画面不完整。拍摄照片时，眼睛不仅要观察被摄的主体，还要观察周围留出的空地，即主体的“负形”，最终的照片是正负形状综合作用的产物。学习建筑设计的学生应该对此高度敏感，因为设计中既要处理建筑结构（实体部分）、同样要处理空间问题（虚空的部分）。

相机使用方面，由于光照不足导致的快门速度较慢，加上没有使用三脚架，手持相机的不稳定导致模型主体有些模糊。此时要么提高照明度、要么提高相机感光度以提高快门速度，要么使用三脚架稳定相机。照片右下角有相机自动留下的时间记录，一般应取消相机的这一设定，不在画面上留下时间记录。每张数码照片都自带拍摄时的信息记录，需要时可以在Acdsee这类浏览图片软件中打开文件属性查看，没有必要把拍摄时间留在照片上。

图8.74的突出问题是拍摄意图不明确，画面不知所云：既没有反映足够的结构实体关系，也没有反映足够的空间关系，更没有体现基本的构图原则。

图8.75虽然在主体周边留出了余地，但主体位置太偏下，甚至模型的一个角伸出画外。究其原因，拍摄者按下快门时眼睛只看到模型上凹入的开口部分，简单的把这个开口放在图像接近中央的位置，没有顾及画面全局。

图8.76同样是主体过大过满，对于主体水平和竖直线条在图像中的位置不讲究，对于正方体的透视角度也缺乏考虑，拍摄过于随意。

图8.77考虑了光线照射形成的气氛，这是优点。但主体位置偏低，画面稍微满了些，且模型竖直线条

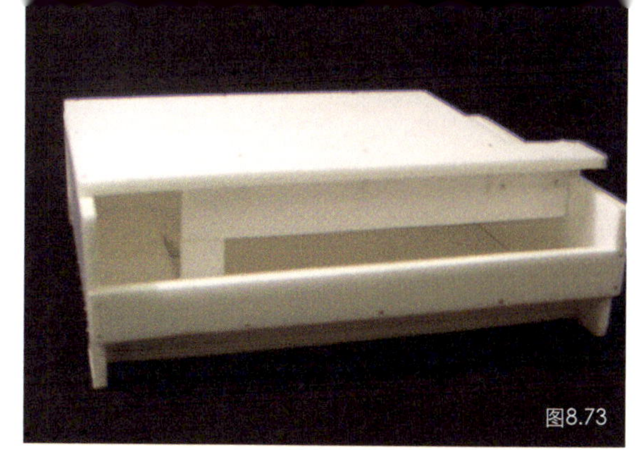
图8.73

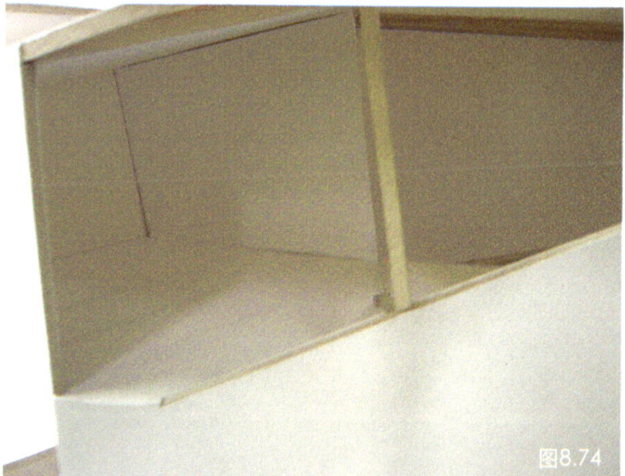
图8.74

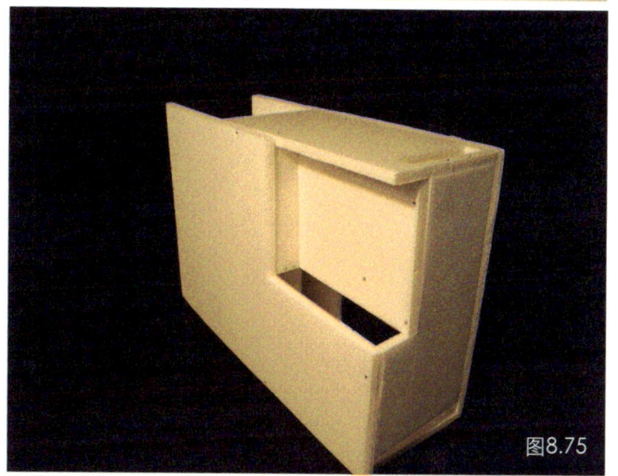
图8.75

图8.76

图8.77

图8.73～图8.82 一组存在问题的模型照片

图8.78

图8.79

图8.80

图8.81

图8.82

由于相机不水平而汇聚向上，这时既没有大角度透视变形时的夸张效果，也没有稳定的建筑感，构图显得不够严谨。

图8.78拍摄时对光照条件不讲究，简单置于教室多盏荧光灯分散照明的地面上，模型上明暗分布不明确，画面平淡，构图方面也存在不完整、倾斜不稳定的问题。拍摄意图还需再明确：如果是反映立面虚实变化效果，可以将相机放得再低些，接近立面拍摄效果；如果想反映体量间的相互关系，则需要提高相机位置。

图8.79 拍摄时对光照条件也不讲究，加上没有后期处理，画面平淡对比不足，且背景材料和颜色太接近模型主体，使得主体不突出。

图8.80是模拟人视角对模型内部进行的拍摄。这种一点透视的构图方式下，建筑物水平和竖直线条一般应该保持水平和竖直，构图时应确保相机的端正。要学会向取景器四边观察，不能让眼睛总定在画面中央的主体上。这张照片右侧墙面面积也稍微大了一些，左侧墙面开口表现不足。优点是，拍摄时有明确捕捉光影效果的意图。

图8.81构图过满，画面歪斜不稳定。一个并不是主要内容的树干在近于画面中间的位置穿过，有割裂画面之感。如果一定要仰拍模型，可以让水平线条与画面底边平行，让竖直线条向上汇聚，也能在一定程度上保持建筑的稳定感。

另外，这张照片中，模型大面积处于逆光暗部，光影效果不理想。

图8.82中，由于前景树木的遮挡，导致要反映的模型主体关系不明，拍摄意图不明确。

此时应主要拍摄模型本身的主要关系（体量关系、空间关系、结构关系等），顺便交代建筑与环境与树木的关系即可，不能喧宾夺主让树木成为主体。

如果是在户外拍摄，应根据需要对背景进行处理，否则背景的细节将影响主体的表现。这张照片中枯黄草地的质感对建筑外墙质感以及模型中树木的肌理表现都是有影响的。

8.6 模型摄影与建筑摄影的内在联系

好的摄影技术一定要与对建筑模型乃至对建筑设计意图本身的深入理解相结合。建筑模型虽小，摄影者却应该有能力在想象中把自己也缩小，放在模型之中像体验真实建筑那样去游历，去发现好的拍摄角度和光影恰恰合适的瞬间。

有时建筑的体量、实体关系成为主题，则两点透视（即成角透视）成为首选的构图，如图8.83葡萄牙建筑师阿尔瓦罗·西扎设计的教堂，白色的体量在右侧光照下简洁而纯净，大面积处于暗部的墙面有着微妙的明暗和色调渐变，并不空洞，而右翼的钟楼投下斜线的阴影并留下镂空的亮点，成为照片的点睛之笔，而这一位置也是接近画面三分线交点的，符合经典的构图方式。画面中让主体稍微偏右是为了给向画面左侧延伸的汇聚线留出动态空间。而主要的明暗交界线也不是位于画面正中央，避免了将画面等分的僵硬格局。

图8.84在拍摄时同样采用成角透视构图，关注模型的体量关系—被架空的主体以及透过倾斜柱群看到与主体垂直相交的另一个体量。主体亮面和暗面对比明确，且暗部中仍有丰富的开窗细节，柱群的暗部与远景中建筑的亮面构成另一对比，拉开了建筑的空间层次。在后期将背景进行处理后，效果会更好。

图8.85是上述教堂的入口立面照片，采用一点透视构图，水平线条和竖直线条完全平行与画面周边，建筑入口空间凹入的状态和层次感得到表现。光影效果也是等待多时获得的——夕阳西下时，一个很小面积的阴影，且阴影的边界线没有“侵犯”高大10m的入口大门。这完全不同于图8.83的阴影效果，图8.83是在中午过后不久的时刻拍摄，从画面右侧向左形成了明确的明暗节奏：“亮部-暗部-阴影区-亮部-暗部-阴影区”。如果时间再晚些，太阳继续偏西，将形成的明暗格局如下：“亮部-暗部-阴影区-亮部(入口大门所在墙面)-亮部（左翼墙面）-暗部-阴影区”。此时，中间两个亮部的出现会打破节奏感。

图8.83

图8.84

图8.85

图8.86

图8.83 光影下的白色教堂
图8.84 模型拍摄时也应该注意明暗部在画面中的分布
图8.85 一点透视的建筑照片
图8.86 接近一点透视的建筑模型照片

图8.86也采用了一点透视为主的构图，反映空间的纵深感，由于采用小型数码相机低角度拍摄，视觉效果很接近人的正常视点，对评估设计方案有较好的作用，通过Photoshop软件在后期处理好背景，照片效果将更好。

图8.87是小型相机微距模式下拍摄的模型内部照片，模拟了夕阳西下时，通过天窗投入室内的光影，略带宗教气氛。图8.88则是某建筑实景照片，傍晚的天空将浓重的蓝色渲染在白色墙面上，室内暖色调灯光与此辉映，冷暖、明暗交织，视觉效果丰富。

图8.89和8.90虽然分别拍摄的是模型立面和实际建筑室内，但都意在表现画面中明暗和虚实的微妙变化。白色表面的受光部分以及反光部分都不过分强烈，加之含蓄的阴影，造成画面安静细腻，好似精致的几何关系素描。这两张照片都用了一点透视表现空间进深和垂直于画面的层次。

图8.87 小型相机微距模式拍摄模型内部

图8.89 别墅模型立面照片

图8.88 某建筑内院傍晚时的绚丽色彩

图8.90 某建筑室内照片

9. 建筑模型赏析

本节集中展示来自中央美术学院以外的、国内外其他院校的模型作品，以及北京非常建筑事务所、中国建筑设计研究院李兴钢工作室、北京多相建筑设计工作室、安藤忠雄事务所的模型和设计作品。在扩展本书视野的同时，年轻的读者应该注意到，在实际设计工作中，模型在推敲方案、推进设计方面仍然起到非常重要的作用，世界上著名的设计事务所均非常重视各阶段的建筑模型制作。

图9.1

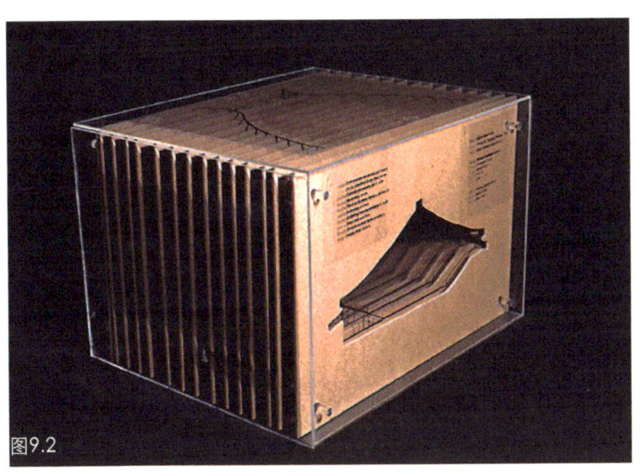

图9.2

图9.3

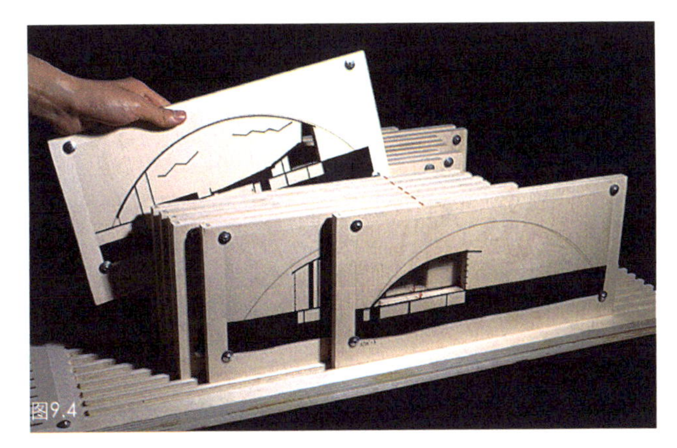

图9.4

图9.1 美国某大学学生作品。采用木制材料制作的建筑模型，造型上主要运用了直纹曲面形成起伏的屋面效果，与山势相呼应。

图9.2～图9.4 美国某大学学生作品。采用薄木片、透明亚克力板或卡纸板制作的系列剖面模型，反映内部空间概念。剖面部分采用镂空、打印等方式进行表现，众多的剖面插片表达内部空间的连续渐变效果。

图9.5 香港中文大学建筑系学生模型，研究片状墙体与杆状结构的空间关系模型，以及楼板与支撑墙体的复杂形态联系。

图9.6 香港中文大学建筑系学生模型，建筑的屋面参与到地形的塑造中，分别是小比例的概念模型和较大比例的成果模型。

图9.7 香港中文大学建筑系学生模型，研究多层建筑的不规则结构形态可能性。结构成为建筑造型生成时的重要影响因素。

图9.8、图9.9 德国某大学学生作品——汽车展示空间。曲线的管状结构中搭载汽车的移动平台穿行而过，技术色彩浓厚的一次表演。模型以金属制作，需要较高的机械加工和金属焊接技术。

图9.10 德国某大学学生作品。大尺度的悬挑与周围传统保守的建筑氛围形成鲜明对比。

图9.11、图9.12 德国某大学学生作品——南极科考站设计模型。设计意在传达“架空的瞭望所”的概念，不同的舱体将工作空间和生活空间联系在一起。

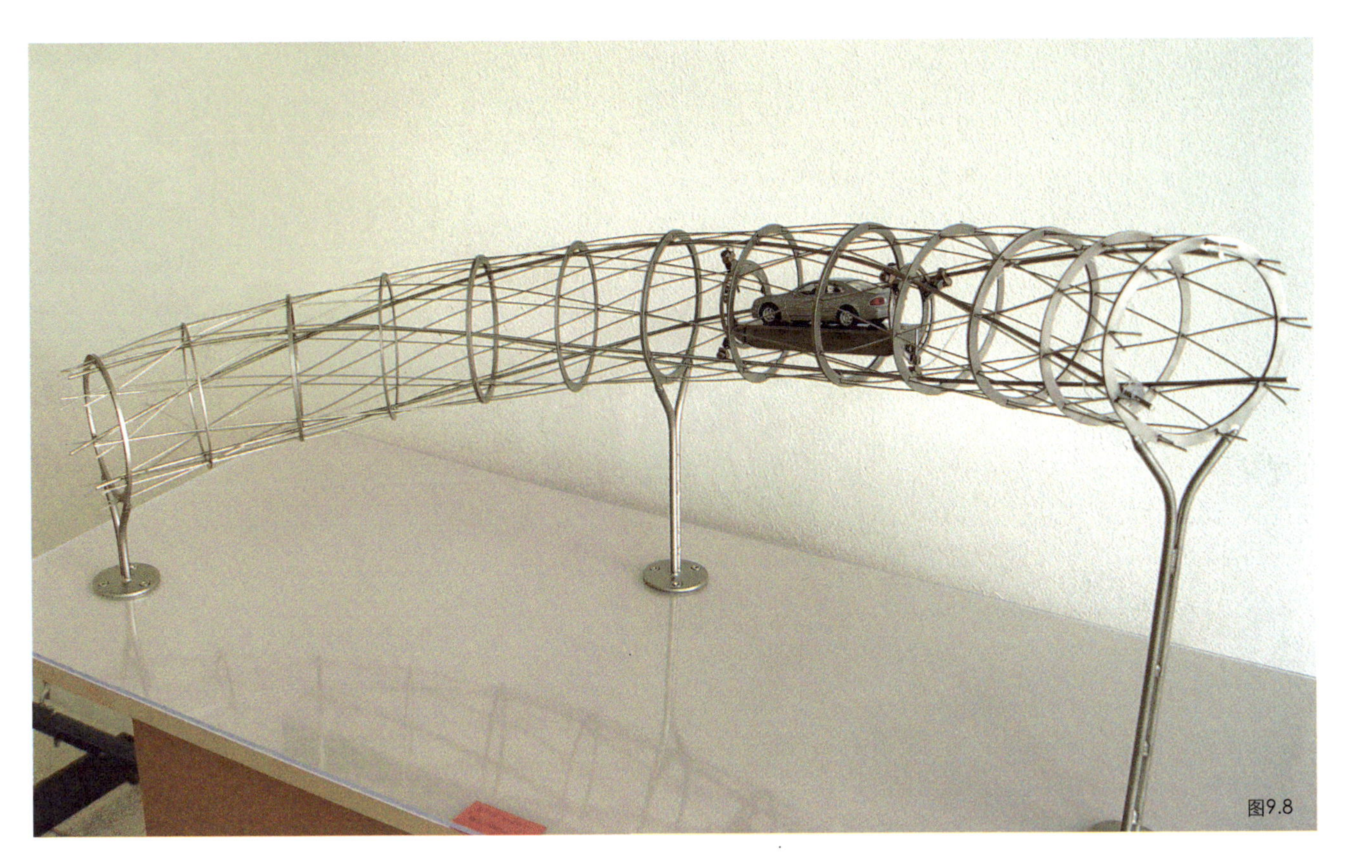
图9.8

图9.9

图9.10

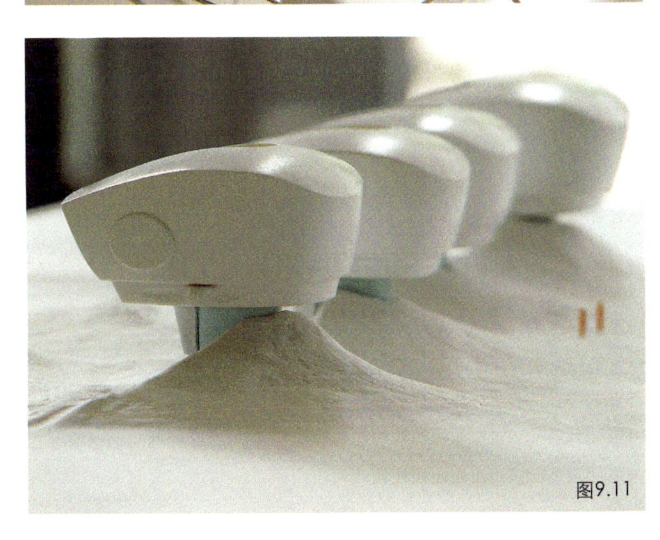
图9.11

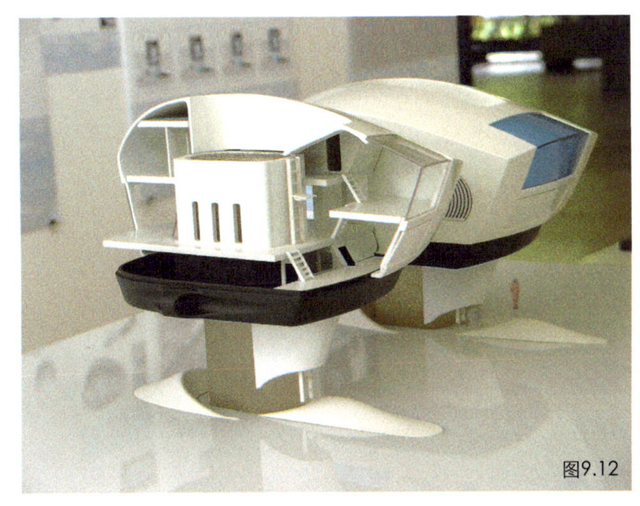
图9.12

图9.13 英国建筑联合学院（AA School）学生在演示其模型。关注机械和可变形体系在建筑和结构领域的应用一直是该校教学的特点之一，建筑设计的互动性被凸显出来。学生有较强的能力自己动手进行精密的加工制作和装配。

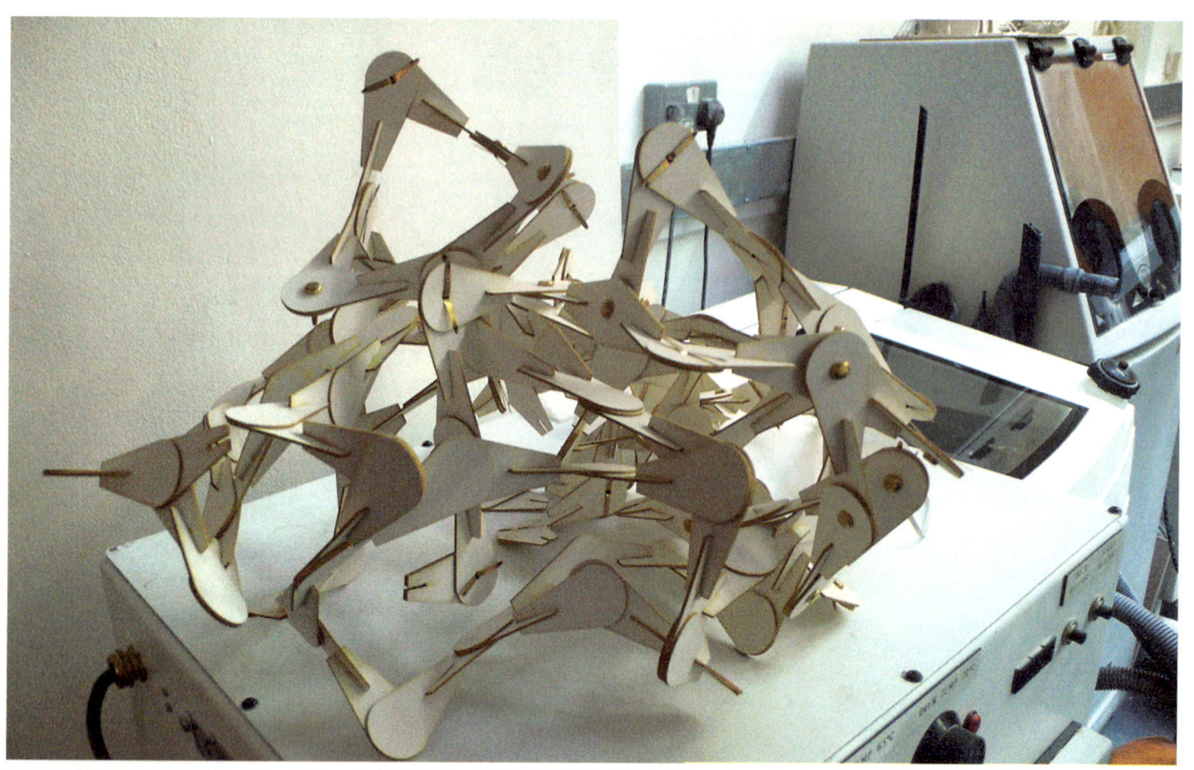

图9.14 英国建筑联合学院（AA School）学生模型。使用数控激光切割机切割出重复的单元构件，从不同方向进行插接形成三维空间形态。此类练习基本的目标是探索新的加工工艺对造型和空间构成方式的影响。8.2.3节中的模型照片是本书作者在中央美术学院进行的类似教学实践成果。

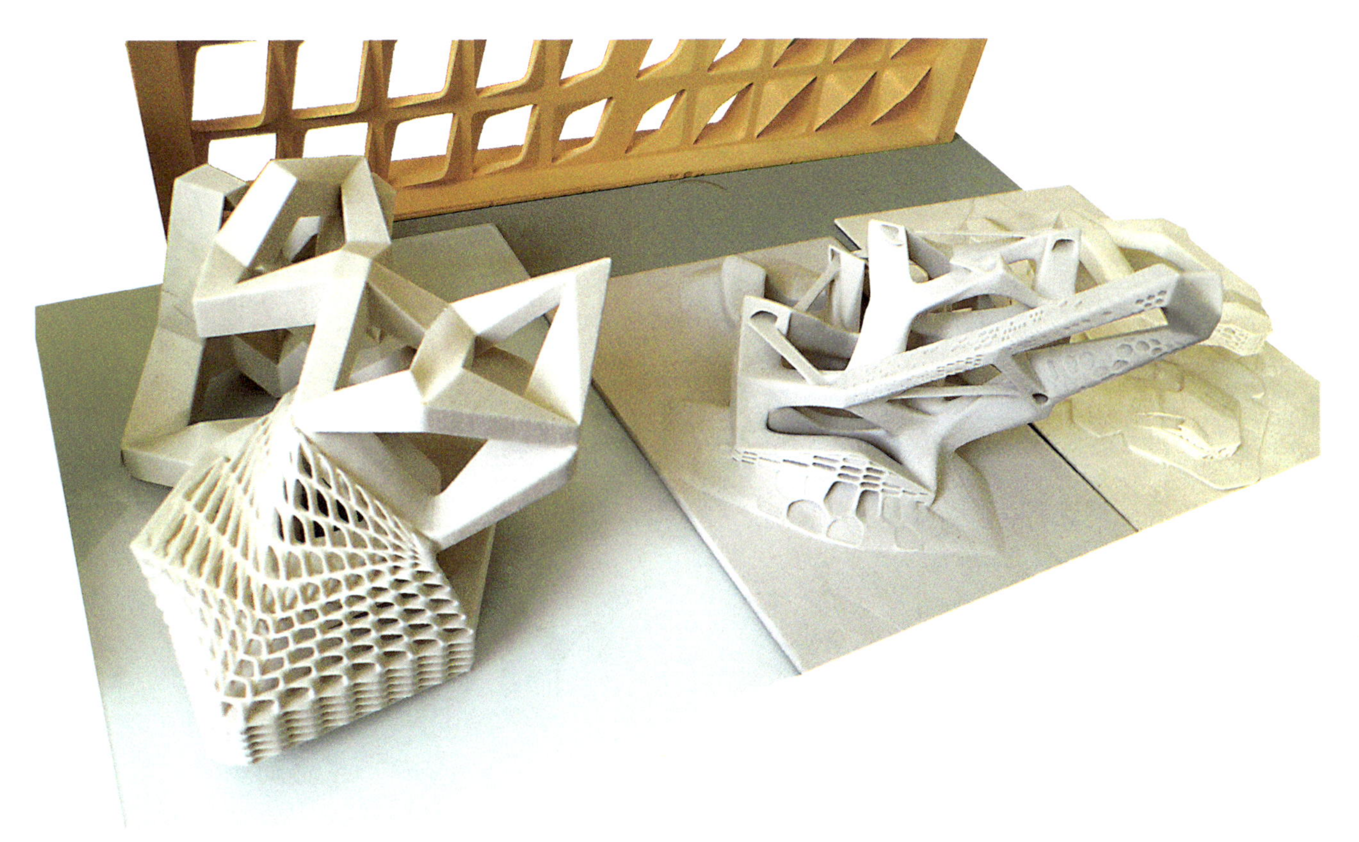

图9.15 英国建筑联合学院（AA School）学生作业——使用计算机建模软件生成的三维造型经过三维打印机成形后的状态。三维打印机是快速成形设备的俗称，前面第7章有所介绍。本书暂没有涉及三维快速成形设备的详细工艺。

图9.16 英国建筑联合学院（AA School）学生作业——三维打印机成形后的各种复杂造型。数字化建模和快速成形技术固然给奇异的造型带来了创作上的可操作性和可控制性，但此类形式奇观与建筑设计的内在联系、合理联系仍然是需要追问的问题。如果设计者只是关注视觉奇景和视网膜愉悦的刺激，而忽视人类社会生活的切实状况，不能不说是一种偏颇。

图9.17

图9.18

图9.20

图9.19

图9.21

LOT-EK是一个设在纽约的设计工作室，他们使用现成物来做建筑，而现成物的系统和技术被视为建筑的原材料，通过质疑传统中对于居住、工作、娱乐空间的配置和定义，LOT-EK希望发现新功能的潜力，而新的功能和使用需求被置于现成物的系统中，常常产生意料之外的体量和空间。他们的工作将艺术、建筑、娱乐和信息的边界模糊，意在考察我们建成环境中未被探索的人造元素。

图9.17、图9.18 LOT-EK基于集装箱单元做的设计模型。新的结构体系中植入经过变形的空间单元。

图9.19 瓜达拉哈拉的哈利思科图书馆新馆设计模型。报废波音飞机机舱管状空间成为这一次的现成品选择。

图9.20 瓜达拉哈拉的哈利思科图书馆新馆效果图。此类方案的危险恐怕在于过于技术化的外观和文化性的缺乏。

图9.21 LOT-EK在北京三里屯北区的一个建成项目。虽然是商业建筑，LOT-EK仍然试图体现他们在集装箱建筑研究中获得的独立空间单元特征。

图9.22

图9.23

图9.24

图9.25

图9.26

多相建筑设计工作室是一个全部由年轻建筑师组成的集体，2006年在北京成立。“多相”暗示的是人在生活中的多种状态，以及看待同一件事情的多种立场，希望获得开放的、多角度的、允许自我怀疑的认识。多相的表征可能是“多向（设计方向）”、“多象（形式结果）”抑或是“多项（设计门类）”。多相建筑设计工作室对挖掘事物背后的生成机制感兴趣。多相强调“恰当”，这比“新”、“奇”更有价值；强调“理解”，并试图以“建立理解”来对抗“滥用风格”。

图9.22 多相建筑工作室设计2010上海世博会万科企业馆中标方案外观效果图。设计师采用秸秆层压板作为主要的建筑材料，经过防水处理的秸秆再利用材料在为期半年的展期内形成展览空间，主题则是全球变暖和环境问题。
图9.23 2010上海世博会万科企业馆室内效果图
图9.24 2010上海世博会万科企业馆俯瞰效果图
图9.25 2010上海世博会万科企业馆方案模型。采用数控雕刻机分层切割后叠合而成。
图9.26 2010上海世博会万科企业馆方案墙体局部模型。由秸秆层压板经过数控雕刻机加工后叠合而成。材料的肌理、质感和结合方式是研究和表现的重点。

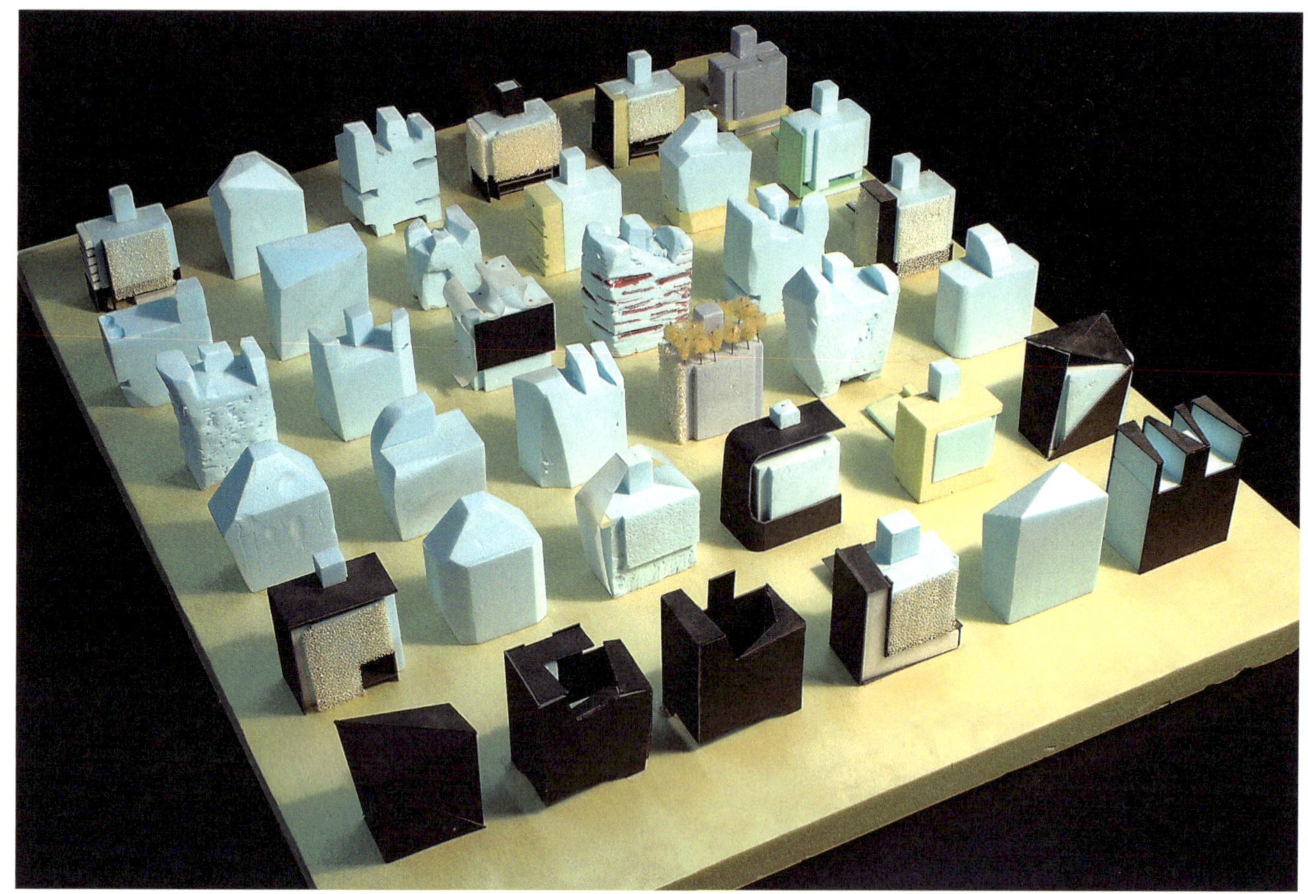

图9.27

图9.28

图9.29

图9.30

图9.27 北京复兴路某办公楼改造项目——多方案比较与多个概念设计模型，中国建筑设计研究院李兴钢工作室设计。
图9.28 项目建成后外观，不规则网状表皮结构在内外灯光映射下。
图9.29、图9.30 室内实景照片。

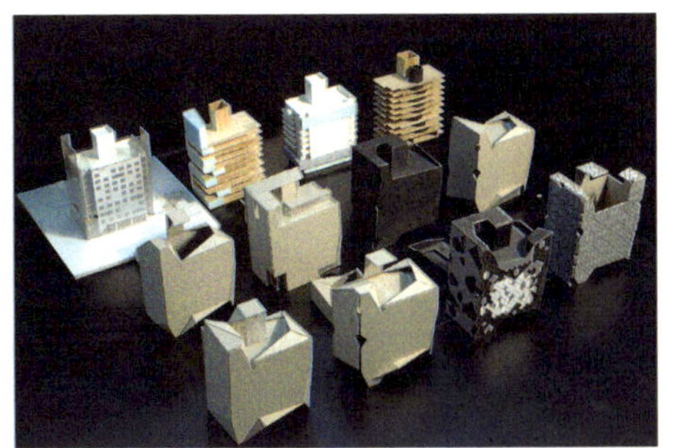

图9.31

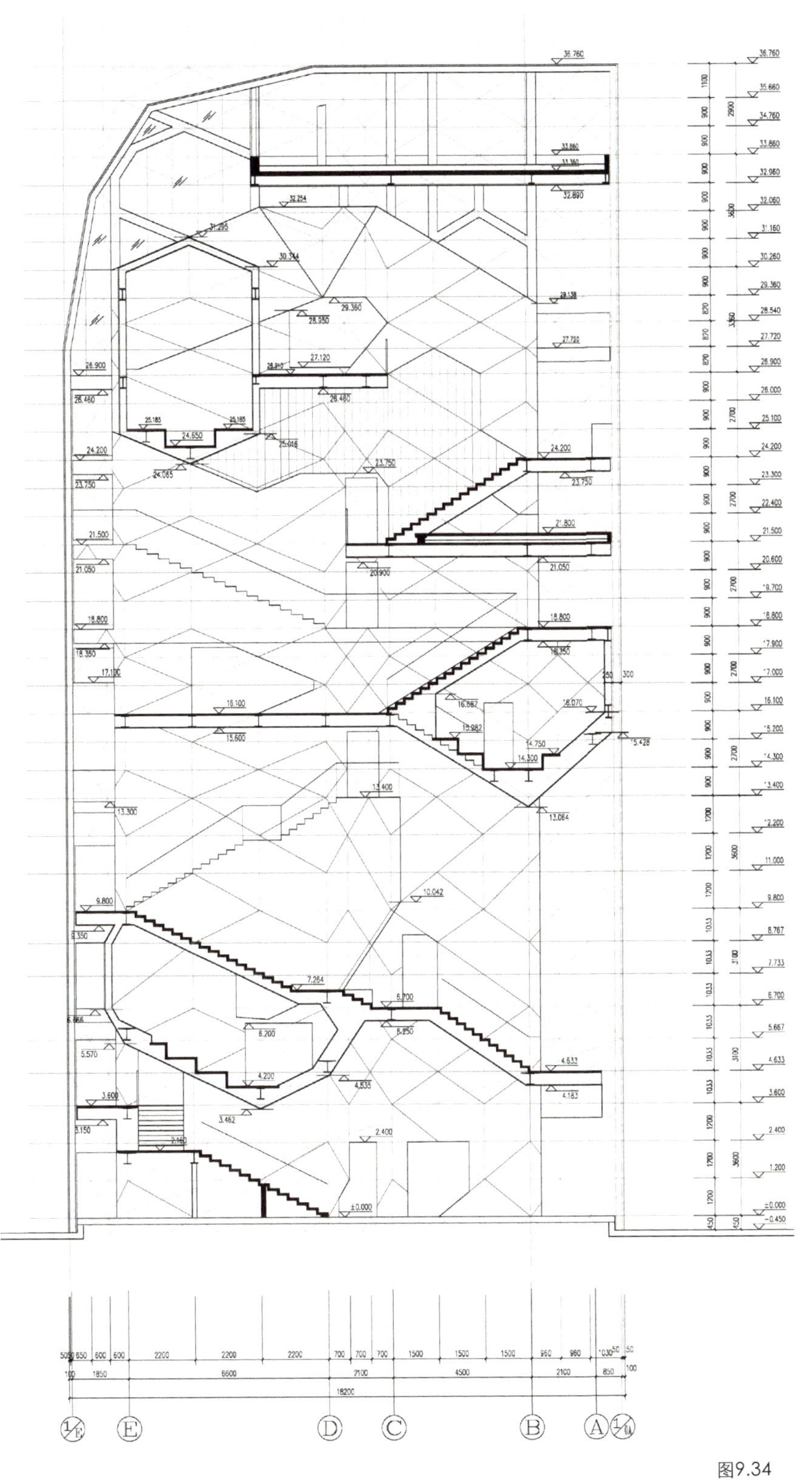

图9.34

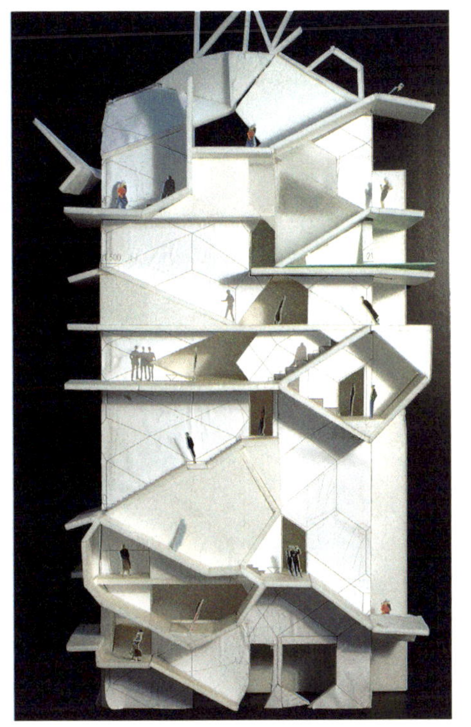

图9.32

图9.33

图9.31 进一步研究该外立面和内部空间改造项目的数个研究模型。

图9.32 内部交通空间的室内模型研究，外立面的四边形网格也用于室内墙面分格，取得表皮内外的统一效果。

图9.33 室内设计模型。对室内洞口、墙面和吊顶效果进行推敲。

图9.34 交通空间的剖面图，墙面分格反映了外部表皮的结构。

图9.35 施工前制作的1:1外表皮结构样品，实物大小的片段帮助设计者进一步确定尺度感、细部效果和构造做法的可行性。

图9.36 使用多种灯光和照明方式实验样品的夜间效果。从小比例的概念模型到足尺实物片段，设计得到了较为充分的深化。

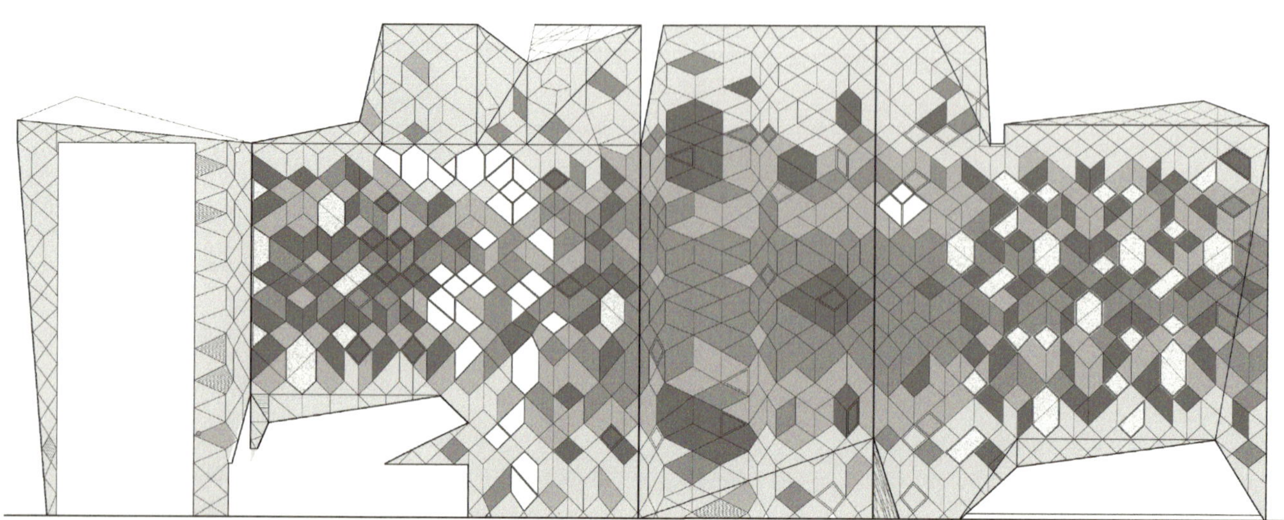

图9.37 外立面表皮展开图

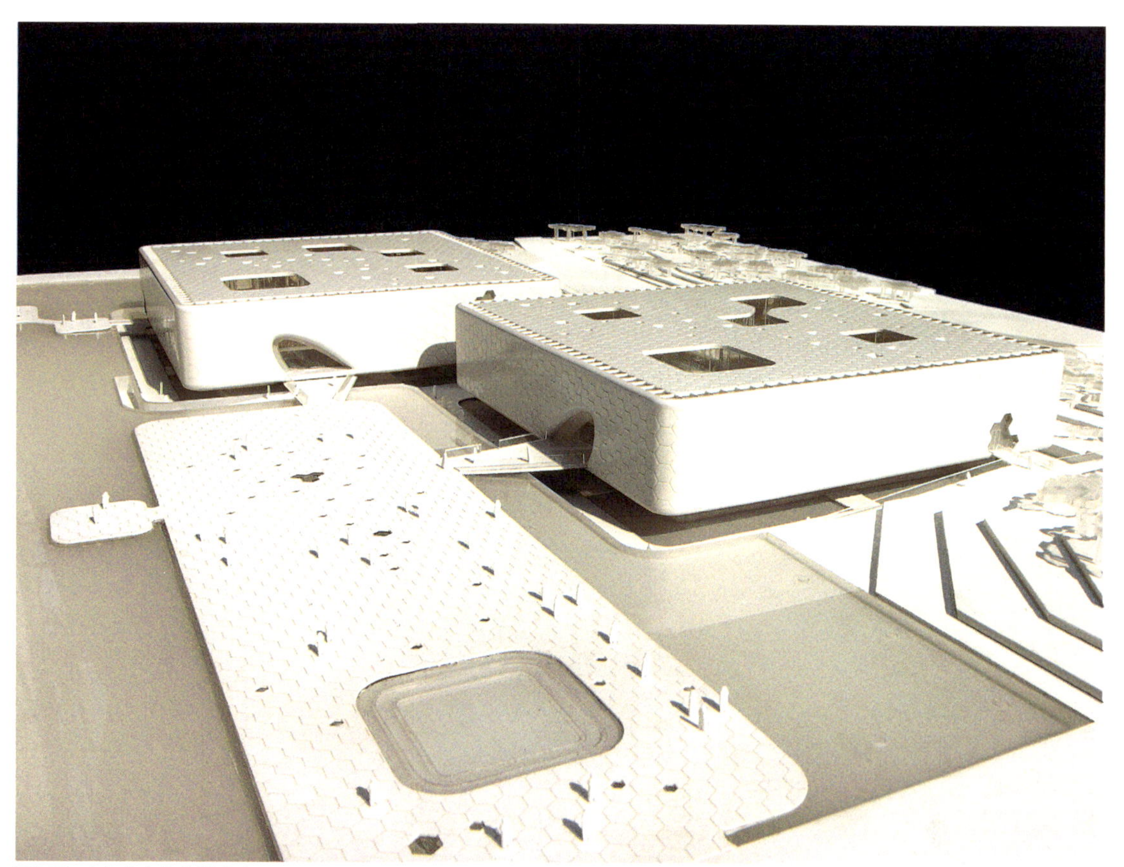

图9.38 山东乳山文化博览中心设计方案（阶段成果）模型，中国建筑设计研究院李兴钢工作室设计。

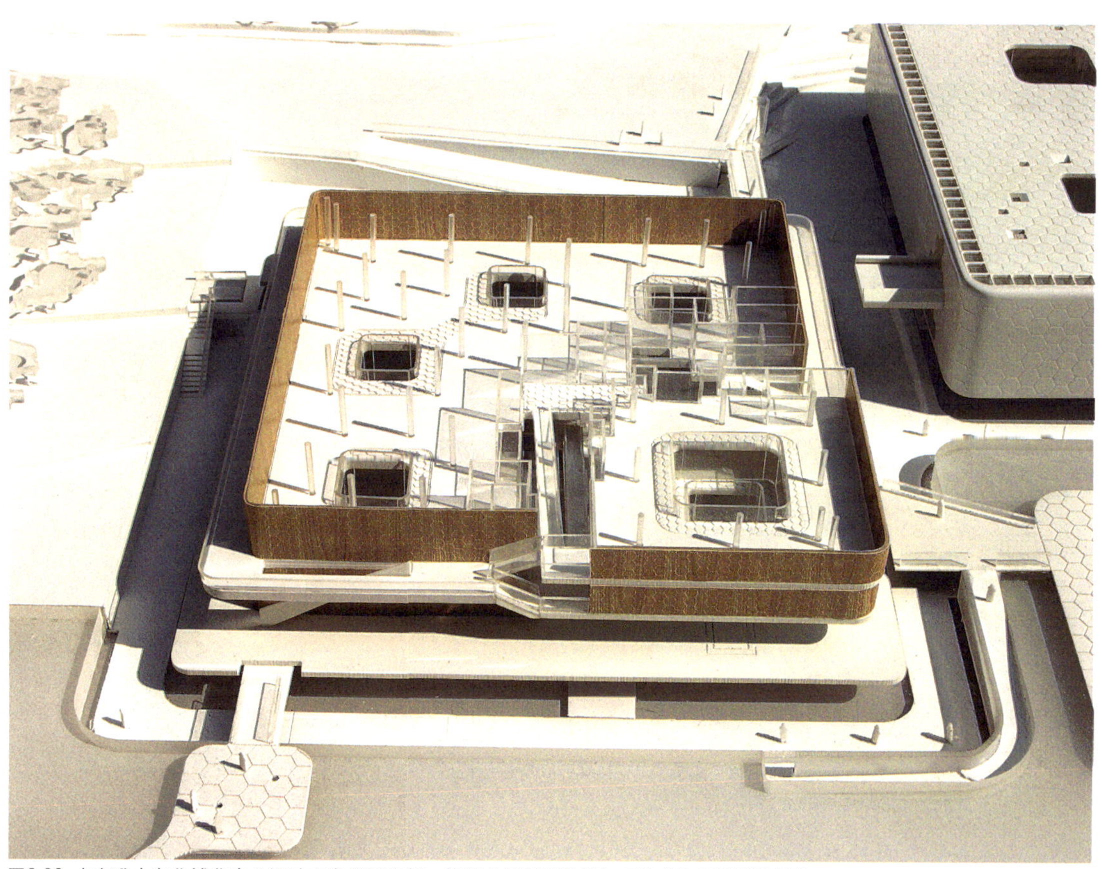

图9.39 山东乳山文化博览中心设计方案模型内部。模型公司采用数控加工技术和多种材质制作。

图9.40

图9.41

图9.40 二分宅方案模型，北京非常建筑事务所设计。项目位于北京延庆水关长城附近。由夯土和胶合木作为主要建材。模型的地形部分采用5mm厚的中密度板制作，不同于通常的水平叠合方式，这里采用垂直剖切断面线叠合的方式，每片地形断面层之间加入一定厚度的垫片，采用通长的螺杆和螺帽进行串联固定。
图9.41 建筑模型主体采用薄木片制作，嵌入地形之中。

图9.42

图9.43

图9.42、图9.43 钢格栅住宅模型，北京非常建筑事务所设计。模型采用了不常见的钢丝网作为材料，而实际的建筑材料也被设定为钢格栅——同样是非常用建筑材料。制作模型的过程与实际建造过程均带有很强的材料试验特点。

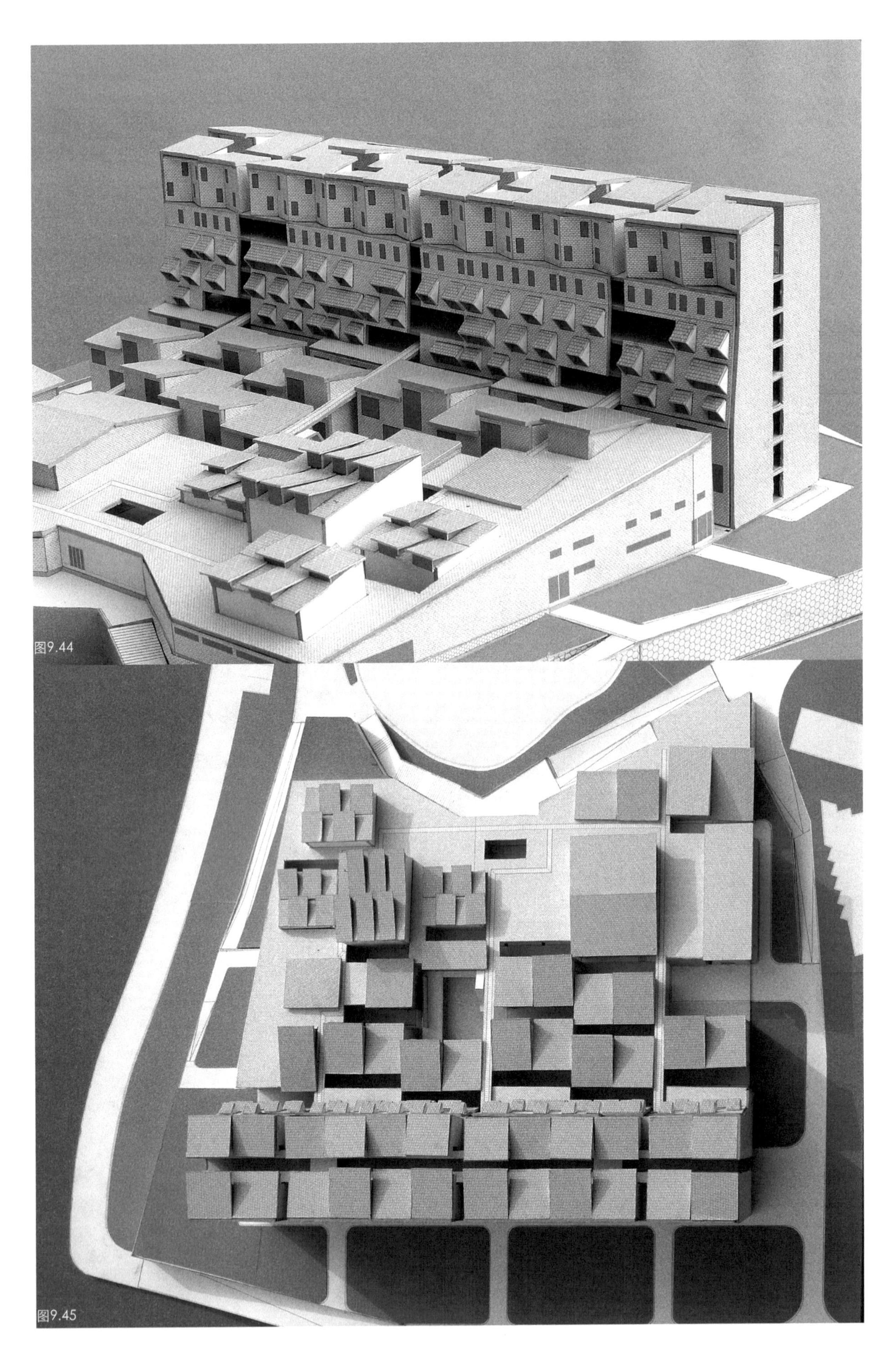

图9.44

图9.45

图9.44 湖南吉首大学新校区教学楼模型，北京非常建筑事务所设计。逐步抬升的建筑体量暗示着原本存在的山地和坡度。模型外表面粘贴了表现材质的打印图片。

图9.45 湖南吉首大学新校区教学楼模型俯拍。高密度的建筑体量被化解为一系列较小的体块。

图9.46 北京用友软件园体块模型，北京非常建筑事务所设计。

图9.47 北京用友软件园工作模型，同样采用表面粘贴方式研究材质效果。

图9.48 北京用友软件园展示模型，模型公司制作。

图9.49

图9.50

图9.49 北京用友软件园展示模型局部

图9.50 日本建筑师安藤忠雄的设计作品。交通空间的剖面模型。NIKON E5400相机拍摄，1/10s，F3，ISO50，展厅灯光
图9.51 日本建筑师安藤忠雄的设计作品。实木模型反映建筑内部空间与外部的空间关系。NIKON E5400相机拍摄，1/4s，F2.8，ISO96，展厅灯光
图9.52 日本建筑师安藤忠雄的设计作品。统一的模型材料、精细的做工。本图和上图都将背景去除，凸显模型轮廓和主体。NIKON E5400拍摄，1/8s，F2.8，ISO50，展厅灯光

图9.51

图9.52

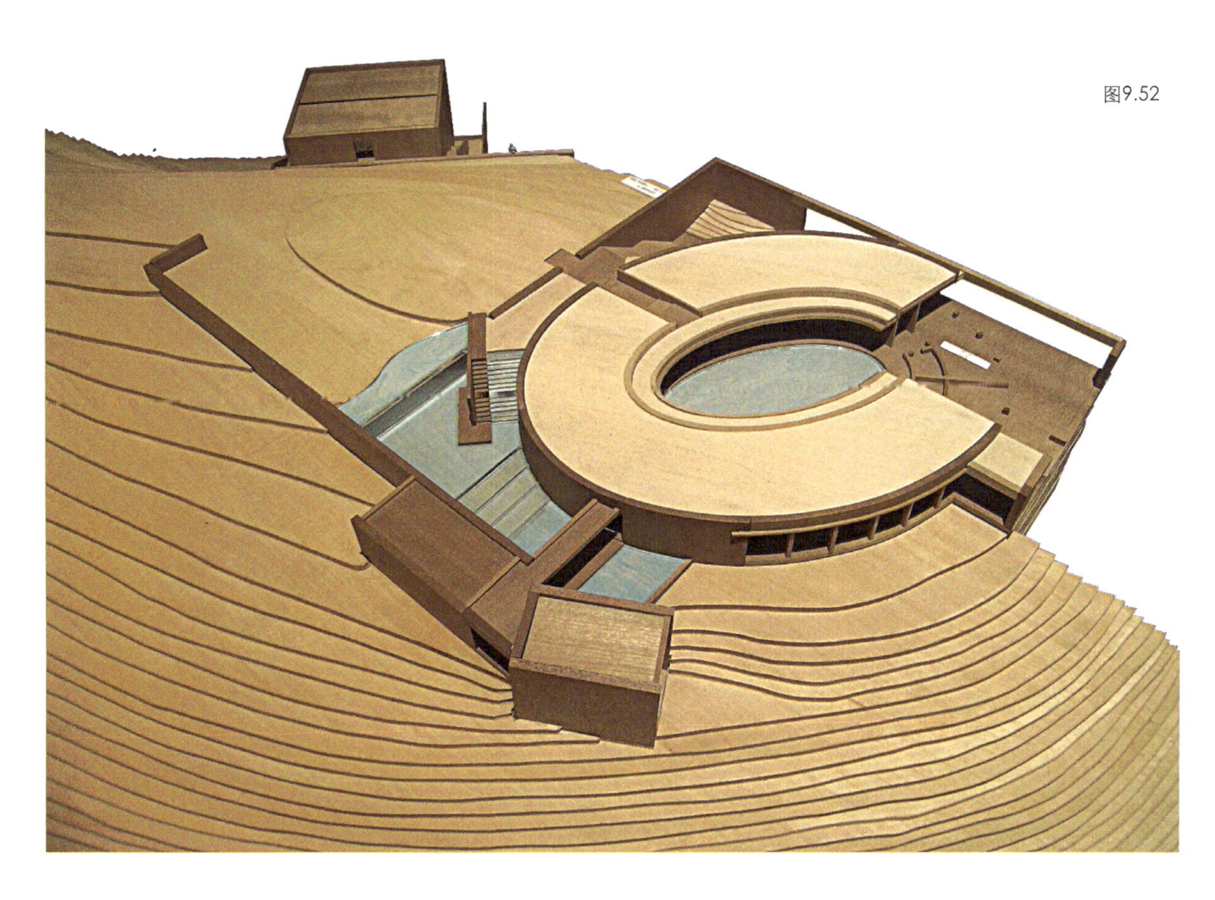

图9.53 日本建筑师安藤忠雄的设计作品。颜色雅致、制作精细、形体关系交代的干净利落，凸显日本设计师的风格。NIKON E5400相机拍摄，1/7s，F2.8，ISO50，展厅灯光

图9.54 日本建筑师安藤忠雄的设计作品。难得一见的剖面模型，运用灯光凸显空间的效果和意境，不同于一般商业模型公司以灯光作为点缀和装饰的态度。NIKON E5400相机拍摄，1/7s，F3，ISO50，展厅灯光

图9.55 2010上海世博会规划方案模型之一，商业模型公司的作品，特点是材料运用丰富（有时是过多）、光色效果丰富（有时是灯光效果泛滥）。
Canon PowerShot A80相机拍摄，1/15s，F3.5，荧光灯加窗口自然漫射光

图9.56 2010上海世博会规划方案模型之一，商业模型公司的作品，使用大量半透明材料、艳丽的色彩和炫目的底灯效果。
Canon PowerShot A80相机拍摄，1/40s，F3.5，荧光灯加窗口自然漫射光

参考书目

[1]黄源.建筑设计初步与教学实例，北京：中国建筑工业出版社，2007.

[2]（美）盖尔•格里特•汉娜.设计元素——罗伊娜•里德•科斯塔罗与视觉构成关系，北京：中国水利水电出版社，知识产权出版社，2003.

[3]（德）沃尔夫冈•科诺，马丁•黑辛格尔.建筑模型制作——模型思路的激发（第二版）.大连：大连理工大学出版社，2007.

[4]（英）汤姆•波特，约翰•尼尔.建筑超级模型——实体设计的模拟.北京：中国建筑工业出版社，2002.

[5]（日）茶谷正洋.折纸建筑——现代名建筑.北京：中国电力出版社，2007.

[6]罗格•希克斯.静物与近摄——探索微细世界.湖南：湖南科学技术出版社，1999.

[7]（美）Scott Kelby.数码摄影手册.北京：人民邮电出版社，2007.

[8]（美）Jay Dickman.Jay Kinghorn.美国数码摄影教程.北京：人民邮电出版社，2007.

[9]（美）Scott Kelby.Photoshop CS2数码照片专业处理技法.北京：人民邮电出版社，2006.

跋

“你不可能在一张纸上很好地进行三维设计”——引自《设计元素——罗伊娜•里德•科斯塔罗与视觉构成关系》。该书介绍了美国设计教育家罗伊娜•里德•科斯塔罗的设计基础课程，罗伊娜坚持认为，创造三维形体的唯一方法是用三维方法工作。这也是我所持的观点。

快速而尽可能多的模型帮助学习者把握事物的直观视觉感受和复杂的抽象关系——形体、空间和运动是如何进行交流的；除去视觉，模型还提供触觉感受，反映材料肌理；通过荷载实验，模型还能提供结构的力学反应。这些丰富的信息激发设计者的兴趣，引导他们发现隐蔽的问题，并获得解决困惑时的欣喜。

本书提供了约900张图片和详尽的文字说明，涵盖了建筑学专业本科阶段所涉及的大多数设计课题，具有异乎寻常的信息量。然而，仅仅浏览这大量的视觉信息并不能代替学习者亲自动手制作模型所获得的直接体验。本书只是一个唤醒器，一个闹钟而已，真正有价值的是读者随后的行动——掌握多样化的三维设计方法和工具。

本书引用了众多实例，大多数的设计和制作者是笔者的学生，少数的模型实例有其他来源。我选择自己的教学案例并非认为这些案例十全十美，而是因为我了解该设计和模型生成的全过程，其中的经验和教训我可以详细叙述给读者。当然，这些实例本身已经具有较高的水平，它们应该提供设计灵感、触发读者活跃的设计思考， 我显然不希望这本书只是一本模型制作方面的“技术”参考书。

经过5年的教学实践，积累了数百个设计教学实例和数以万计的各类照片、图纸。书中精选出的每个实例包含了我与学生耐心细致的工作，这些成果积累成书，为接下去的学生提供便捷的参考和启发。这一过程中，有许多人为此付出劳动：

1.我完成了文字撰写，选排了全部图片，其中绝大多数为本人亲自拍摄，少数器材照片来源于相关公司网站，亦有极少数照片来源不可考。

2.我的女友张玉婷是一位优秀的建筑设计专业毕业生，在制作模型方面有着出众的能力，本书相当多的设计实例和模型制作方法演示均来自她的贡献。如果没有她的贡献，我甚至可能不会有动笔写此书的念头。

3.按照所选模型在本书中出现的顺序，设计和制作者如下：

李红、王成业、李国进、魏倩倩、孙敏、王小姣、解潇潇、卢旺、梅君君、王昂、刘婷、袁立君、李江欢、张晓娟、林钧、范伟、王兴华、韩默、贾霁、徐楚、王朋、徐旸、柏久绪、郑娜、崔晓萌、王文栋、贺建威、付玮玮、张哲姝、温鹤、李俐、项晖、王晓汀、李雨芯、李世兴、郭帅、李溪、郭曦、陈培新、周格、党小雨、郭晓琦、黄天驹、周丽雅、赵囡囡、厉玮、高宇迪、李博、董雪、申佳鑫、梁飞、蔡鸿奎、邵然、谭银莹、姜勇、蒋廷大、范尔溯、王文涛、王滨、王溪莎、邓潘丽、刘梦波、左航、洪玮璐、梁以刚、邓媛、薛丹、金龙强、马丽娜、吕祖翠、王一萌、孙毅、王海岩、唐璐、李朵阳、熊四海、郭照炜、胡侃侃、范懿、段敏、曹卿、杨剑雷、马超、袁野、张寒莹、晏俊杰、易琴、孔祥栋、庞博、范翼欣、赫赫、刘禹、郑海晨。

另外我在清华的研究生同学蔡俊、李久太等制作了本书中刊登的3个模型。

本书最后一章中刊登了数个设计工作室慷慨提供的方案和模型照片。余琦、朵宁、张晔为本书联系或提供了其他院系的一些学生模型作品。娄义川为模型摄影章节提供了宝贵的资料和建议。

在此一并致谢。这个长长的名单恐有遗漏，敬请谅解。

4.本书的出版单位和编辑对本书的出版和推广做出了令人欣赏的贡献。

愿本书的出版对建筑设计莘莘学子有所助益。

黄源

2008年12月

作者简介

黄源，现任教于中央美术学院建筑学院，清华大学建筑学院博士（在读）。本科就读于清华大学建筑学院，硕士研究生师从北京大学建筑学研究中心张永和教授,博士阶段师从清华大学建筑学院王丽方教授。

2003年起，从事建筑学专业本科多门课程的教学,同时也是中央美术学院建筑学院材料加工车间（包括模型制作）和数字化建造实验室负责人，这两个实验室配备了完善的模型制作与材料加工工具、设备，在国内同类院校中处于先进水平。作者5年来在国内著名建筑期刊和大型学术会议上发表10余篇论文，指导学生在校内以及国内各级优秀作品（作业）评比中获奖10余人次。

作者有丰富的建筑教学经历，熟知各个设计阶段模型制作的方法，近年来在多个课题中指导学生用模型制作的方法深入推进建筑设计，积累了大量第一手资料。

在建筑摄影和模型摄影方面，作者具有相当的专业知识和经验，亲自拍摄了上千张模型照片，熟知拍摄器材、过程和最终效果。